公元787年，唐封疆大吏马总集诸子精华，编著成《意林》一书6卷，流传至今
意林：始于公元787年，距今1200余年

意林青年励志馆

抱怨自己的天赋，不如提升你的努力程度

《意林》图书部 编

吉林摄影出版社
·长春·

图书在版编目（CIP）数据

抱怨自己的天赋，不如提升你的努力程度 /《意林》图书部编. — 长春：吉林摄影出版社，2022.11
（意林青年励志馆）
ISBN 978-7-5498-5551-3

Ⅰ．①抱… Ⅱ．①意… Ⅲ．①成功心理－青少年读物 Ⅳ．①B848.4-49

中国版本图书馆CIP数据核字(2022)第189723号

抱怨自己的天赋，不如提升你的努力程度
BAOYUAN ZIJI DE TIANFU, BURU TISHENG NI DE NULI CHENGDU

出 版 人	车　强
主　　编	杜普洲
责任编辑	吴　晶
总 策 划	徐　晶
策划编辑	肖桂香
封面设计	资　源
封面供图	古　云
美术编辑	刘海燕
开　　本	889mm×1194mm 1/16
字　　数	350千字
印　　张	11
版　　次	2022年11月第1版
印　　次	2022年11月第1次印刷
出　　版	吉林摄影出版社
发　　行	吉林摄影出版社
地　　址	长春市净月高新技术开发区福祉大路5788号
	邮　编：130118
电　　话	总编办：0431-81629821
	发行科：0431-81629829
网　　址	www.jlsycbs.net
经　　销	全国各地新华书店
印　　刷	天津泰宇印务有限公司
书　　号	ISBN 978-7-5498-5551-3　　定价 36.00元

启　事

本书编选时参阅了部分报刊和著作，我们未能与部分作品的文字作者、漫画作者以及插画作者取得联系，在此深表歉意。请各位作者见到本书后及时与我们联系，以便按国家相关规定支付稿酬及赠送样书。

地址：北京市朝阳区南磨房路37号华腾北搪商务大厦1501室《意林》图书部（100022）
电话：010-51908630转8013

版权所有翻印必究
（如发现印装质量问题，请与承印厂联系退换）

目 录

1 一个有思想的人，会闪闪发光

002 | 错爱和误判　徐 蓉
003 | 你有多久没见过未经美颜的照片了　杨 璐
004 | 哈利·波特和李白　岑 嵘
005 | 用好你的天赋，不去管它的大小　周国平
006 | 那些梦想，在岁月深处熠熠生辉　念 白
007 | 回　答　刘 擎
008 | 人类和马桶的对话　李 雅
009 | 一碗牛肉面最好放几片肉　姜榆木
010 | 为流浪儿童开"银行"　佟雨航
011 | 所学都忘掉　何 帆
012 | 体验北方的静电，悟到了生活真谛　发财金刚
013 | 抄尽百万字，方得真译功　邓 郁　余子奕
013 | 鹰与乌鸦　邓 笛
014 | 人生的痛痒　倪西赟
014 | 关于独处　[德]叔本华
015 | 闪闪发光的你　戴帽子的鱼
015 | 安全脱险法　[美]杰克·谢弗
016 | 我的妈妈，把自己放在第一位　罗 芊
018 | 网络消灭小情思　杨 杰
019 | 围城的斜杠　蓬 山
020 | 等不到的公交车　许 旭
021 | 真正的倾听　胡 勇
022 | 如何养活一只螃蟹　汤馨敏
024 | 猴子优先　[美]奥赞·瓦罗尔
024 | 与自己谈话的能力　周国平

2 不负青春，让每种经历都变成宝藏

026 | 我就是要站在金字塔尖　路观山
027 | 在高处　刘江滨
028 | 那个教我写故事的女老师　闫晓雨
029 | 共识多了一定是好事吗　罗振宇
030 | 你敢把自己的朋友分分类吗　王志纲
031 | 年轻是一种氛围感　艾小羊
032 | 你的斗篷还在吗　明前茶
033 | 长大是个残忍的词　小丸子
034 | 隧道尽头的那道暖光，是你　一两贰两
036 | 有只丑小鸭，没有变天鹅　简　洁
037 | "五级批评"　徐　玲
038 | "我不配"那些年　李柏林
039 | 朱光潜的座右铭　张达明
040 | 学会做饭，是妈妈给的救命锦囊　凌公子
041 | 资源越多就越好吗　罗胖儿
042 | 鲈鱼解馋，还能保命　彭　敏
043 | 寒瘦下来，方可迎春　夏生荷
044 | 来自时间的回音　韩小暖
044 | 一切都是我的错　[美]罗宾·斯特恩
045 | 机械手升起奥运梦　biu
046 | 石之予：拍一部电影，与母亲和解　黄先懿
048 | "摩擦力"帮你戒掉坏习惯　向睿洋
049 | 区别对待的善良　俊　彦
050 | 100岁那年，你还会立flag吗　李　悦
051 | 爱与恨　[英]奥斯卡·王尔德
052 | 你就是他　狮　心
053 | 学习不是刷题，而是学会在旷野中生存　何　帆
054 | 叫阿青的男孩　遐　依
055 | 爱的本质　[英]奥斯卡·王尔德
056 | 鲁迅的回响　霹雳蓝

3 看别人的问题，找自己的答案

058	给你的收藏夹"吹吹灰"　余冰玥
059	第二增长曲线　吴晓波
060	海外的新华书店，卖得最火的竟然是饺子　发财金刚
062	社交牛人　青　丝
063	手机会"偷听"吗　伯　季
063	怎么拥有一个笑话　罗振宇
064	诺奖告诉你，读书到底值多少钱　胡姚雨
066	"螺丝钉"，还是"万金油"　古　典
068	"学霸两支笔，差生文具多"到底在说什么　Duni
069	现实中有"皇帝的新衣"吗　罗振宇
070	飞机失事为什么一定要找到黑匣子　壹读君
071	缺口理论　从　嘉
072	山　居　川　梅
073	智慧越给越多　钱　穆
073	恐　惧　史铁生
074	人马赛跑　小　丽
075	为什么睡觉要用"zzz"表示　哆啦A梦
076	不开倍速，行不行　apple
077	人生意味最忌浅薄　梁漱溟
078	当知识变得唾手可得　陈平原
079	从"毛遂自荐"到"毛遂自刎"　段奇清
080	当妈妈开始加速衰老　尹海月
082	最难考的法国学校　桂一心
083	注定奔走一生的藏羚羊　徐　刚
083	第四种幽默　刘世河
084	"国潮"正当时，万物皆可"潮"　李　愚
086	吴黑米的手　陈力娇
087	世界上最漫长的是等泡面的那三分钟　岑　嵘
088	李四光的一步之长　侯美玲
088	使　力　郭华悦

— 03 —

4 不设限的人生，可以有多精彩

090 | 在迪拜给酋长养马，是种什么体验　Ken
091 | 情意比岁月更长久　宝　民
091 | 植物受伤的气味　李碧华
092 | 孤人与鸟群　傅　菲
093 | 一字情书　来日方长
094 | 父亲的课堂　明前茶
095 | 交　换　张大愚
096 | 神枪手的右眼　孙凤国
097 | 一个社恐入职的第一周　人比小虫闲
098 | "一生悬命"1995年　罗宜淳
100 | 有学问的外国人都怎么起中文名　念　缓
101 | 捂住耳朵去观察　寇士奇
102 | 精神长相　世界文学社
104 | 如何走出无人区　土浪漫
105 | 鸡蛋理论和宜家效应　刘　润
106 | 去博物馆里吃大餐　樊北溟
107 | 现　在　[巴西]保罗·柯艾略
108 | 德铁的任性　豆　妖
109 | 那条逆流而上的死鱼　雷炳新
110 | 我不是完美主义者　高　源
111 | 你吃的蛤蜊也许已经好几百岁了　berlika
112 | 珍惜那个跟你去啃羊蝎子的人吧　饱　弟
113 | 地铁出入口，哪个闸机多　罗振宇
114 | 害怕后悔　岑　嵘
115 | 天空热闹又辽阔　傅　菲
115 | 应变的智慧　王鼎钧
116 | 冰场上的歌德　黄雪媛
118 | 把聪明藏起来　鲍鹏山
118 | 幸福的能力　吴伯凡

5 抱怨无法改变现状，努力才能带来希望

120 | 向内求　马亚伟
121 | 另一种井底蛙　黄丽娟
122 | 一定要学会的三句咒语　刘　润
123 | 堵　车　顾静怡
124 | "摸鱼"理论　青　丝
125 | 爱到八分是最美　申国强
126 | 没说出口的话　顾一灯
127 | 心门很轻　程　泽
128 | 朋友的"贝塔值"　岑　嵘
129 | 用故事说出城市的性格　骆以军
130 | 别怕，你没有受骗　李松蔚
131 | 这碗羊肉汤，让我原谅了凛冬江南　申功晶
132 | 时间的心跳　华明玥
133 | 从伊甸园带走的礼物　毕淑敏
134 | 循正而行，自与吉会　苑天舒
135 | 说快乐　高洪波
136 | 野马结局　张文成
137 | 退货险里的概率思维　刘　润
138 | 欠　练　韩大爷的杂货铺
139 | 当怪物来敲门　李峥嵘
140 | 嘿，同学，来把瓜子吗　叶繁华
141 | 用"箭头反弹法"，人前不紧张　［日］矢野香
141 | 教　育　［波斯］萨迪
142 | 贴在崖壁上的"生活费"　徐立新
143 | 大小皆宜　草　予
144 | 英国怎样偷走了中国的茶　何　帆
145 | 香　饵　黄小平
146 | 纸巾和口罩里的人生温度　崔　立
146 | 关注利益而非立场　［美］贾斯汀·李

6 山高路远，看世界也找自己

148 | 人生的契机和姿态　卞毓方
149 | 乍醒时　沈从文
150 | 你好，鸡块侠　你的外星小姨
151 | 保养好你的微笑　白音格力
152 | 多学习一种语言，成绩会更好吗　袁则明
153 | 树　帖　赵大民
154 | 古人"鸡娃"也疯狂　竹映月江
155 | 真正的孤单　[智利] 罗贝托·波拉尼奥
156 | 窗中戏剧　[德] 伊尔泽·爱辛格尔
157 | "人生赢家"　王国梁
158 | 小细节，大命运　清风慕竹
158 | 互锁定律　寇士奇
159 | 蔬菜也有脾气　厉勇
159 | 你在读什么书　[美] 威尔·施瓦贝尔
160 | 贝勃定律：幸福本质上是种"敏感度"　张文成
161 | 演讲的开场白到底怎么说　李南南
162 | 看恐怖片能增强我们的记忆力吗　库逸轩
163 | 卡在时间里的亲人　肖遥
164 | 炒一盘《诗经》里的青蔬　王太生
165 | 别吵到我的眼睛　李轩畅
165 | 乌龟和兔子　[美] 詹姆斯·瑟伯
166 | 手里有柠檬，就做柠檬水　[美] 戴尔·卡耐基
167 | 知识晒成咸鱼干　赵周
167 | 蘑菇王族
168 | 黎明的沉思　周莹
168 | 耐心　刘瑜

1
一个有思想的人，会闪闪发光

错爱和误判

□徐 蓉

托尔斯泰与契诃夫是非常好的朋友。

托尔斯泰对契诃夫的短篇小说有极高的评价，认为俄国作家论小说的写作技巧，别人都不及契诃夫。1899年，契诃夫的短篇小说《宝贝儿》发表之后，托尔斯泰如获至宝，一再当众朗读这篇小说，称小说的女主人公是个"以无限的爱去爱未来的人"。在契诃夫的小说中，他最喜爱也最推崇这一篇。

但托尔斯泰并不喜欢契诃夫创作的戏剧。他曾对契诃夫说过："莎士比亚很烂，你比莎士比亚还烂。"契诃夫的戏剧创作非常不顺利，《海鸥》在圣彼得堡首演惨败，作家的身体和心理遭受沉重打击。他需要有人对他的戏剧创作给予有眼光和有远见的评论。这一点，托尔斯泰没能给他。

托尔斯泰对《宝贝儿》的喜爱和对契诃夫戏剧创作价值的评判，都非常真诚，却也是某种程度的错爱和误判。

《宝贝儿》这篇小说，托尔斯泰称小说的女主人公是个"以无限的爱去爱未来的人"，他没有看出契诃夫对在"女性由于无限的爱而自我丧失"的微讽，虽然这样的微讽温和而隐含不露。

出现这样的解读偏差，实质是由于两位作家对"女性之爱"有着不同的认知和界定。小说女主人公宝贝儿在"女性之爱"中所体现的自我牺牲精神，契合了"自我牺牲的托尔斯泰主义"，他为此激赏。

契诃夫却在某种程度将女性作为与男性一样平等、独立的人来对待。读他写给女友们的信件以及他的戏剧创作，可知他更倾向的观点是：爱不是互相捆绑，也不能自我丧失。他更在意的是在爱这种关系中，男性和女性同样需要的独立和成长。

托尔斯泰对《宝贝儿》的真诚赞美，难免让契诃夫既高兴，又尴尬。

在当代，随着对契诃夫研究的逐渐深入，对契诃夫戏剧创作的价值则正在形成一些新的认识。在契诃夫逝世半个世纪后，《荒诞派戏剧》的作者英国人马丁·艾斯林将契诃夫称为贝克特、品特等现代派剧作家的老师。俄罗斯科学院高尔基世界文学所编写并出版的《俄罗斯白银时代文学史》一书甚至提出，契诃夫"日益增长的声誉已经超越了托尔斯泰和陀思妥耶夫斯基"。诸如这样的论断，大多来自对契诃夫戏剧的重新认识。（引自《因为戏剧，他比托尔斯泰更伟大》）

托尔斯泰与契诃夫是非常好的朋友，他们惺惺相惜，互相关心和鼓舞。相对于他们的友谊而言，托尔斯泰对契诃夫作品价值的误判，其实并不重要。只是，一位文学大家对另一位文学大家作品的错爱和误判，可能会再一次提示我们：文学并无唯一或绝对正解，是每一位读者的解读，延续着作品的生命，也丰富着作品的意义。

你有多久没见过未经美颜的照片了

□杨 璐

修图的总体方向是皮肤白、脸小和眼睛大，这符合心理学对人脸吸引力的实验结果："好皮肤最能吸引人，好的五官，特别是大眼睛和瘦脸颊也吸引人。"在这个基础上，美颜软件可以让人的脸更加精致和完美。

随着人们越来越多地沉浸在虚拟世界里，长相真实的照片消失了，取而代之的是美颜图片。这些被精修的图片从皮肤到五官偏离了真实的长相，并且是一种标准化的容貌。因为，跟自然形成的外貌相比，修图软件再个性化甚至达到整容的效果，它们依旧是基于数据的、人工雕琢的形状。

这些完美却简单的照片主要用在社交账户的头像、发朋友圈、微博或者其他APP（手机软件）上。长相真实的照片和美颜照片的此消彼长，对应的是人类向网络化迁徙。现实是复杂和有缺陷的，虚拟世界是简单和完美的。

发展到现在，真实甚至在照片里彻底不见踪影。现在经常能够看到社交媒体上的照片打假，对比真实的图片会发现那些窗外蓝天白云的豪华下午茶照片，从美女的长相到酒店环境和窗外背景都可能是美颜加上如片场布景一样的道具完成的。

把自己的照片发在社交媒体上，是一种呈现。美国学者欧文·戈夫曼写过一本社会学经典著作《日常生活中的自我呈现》，他引用莎士比亚的话来阐述理论，"世界是一个舞台，我们都是演员"。

长相真实的照片一旦彻底消失，说明人们可能过于活在社交媒体里，这值得警惕。社交媒体呈现的是一种自恋文化，暗含的意思都是"推销自己"。美国学者简·腾格和基斯·坎贝尔在《自恋时代》中写道："网络2.0时代和自恋文化就像是一对双生儿，它们难舍难分，彼此依存。"用户展示理想却片面的自我，其他人的留言和点赞作为即时反馈鼓励了这种"晒"的行为，同时强大的算法投其所好，比用户还了解自己的喜好。这一切机制营造出"我"仿佛是互联网的中心。

迷失在自己的"手机倒影"里，会造成很大的问题。在虚拟世界里，每个人的视角都是从"我"出发去看外在和他者。在现实社会里，以自我为中心可行不通，自恋会遇到很多人际交往、工作、生活上的障碍，给自己和他人都带来痛苦。

虚实不分，还会造成自我美化，不切实际地炫耀自己，认为自己与众不同，选择性忽略自己的缺点。董晨宇说："举个例子，比如我们都会在简历中稍微美化一下自己，这是非常正常的自信，也是自我推销的战术。但是，自恋者会信以为真，觉得自己本来就和简历上写的一样优秀。"虚拟世界里形成的这种自我认知偏差回到现实中，也会带来很多困扰。

长相真实的照片可能五官比例不够完美，皮肤也有岁月痕迹，但所有的不完美甚至缺陷都是独一无二的，也是有血有肉活过的痕迹。越是身处能够轻易遁入图片中拥有完美自我的时代，越是应该时常面对一下真实的自我。

哈利·波特和李白

□岑 嵘

1996年2月，雷特尔文学代理公司的职员埃文斯打开了一个信封，扫了一眼后就随手把它扔到了退稿箱里。她发现这是一本儿童读物，而公司对代理儿童读物不太有兴趣。在下班前，埃文斯出于习惯，又整理了一遍那些要退回作者的稿件。她再次把这份书稿读了一下，她觉得或许可以试一试。

这份投稿就是《哈利·波特》。

假如埃文斯没有在下班前整理退稿箱的习惯，假如作者罗琳接到退稿信后心灰意冷不再投稿，那么在这个世界上，那个带着宠物猫头鹰到魔法学校就读的男孩是不是永远不存在了？

著名科技作家凯文·凯利提出过一个与众不同的观点，他说："虽然听起来很奇怪，但养猫头鹰当宠物、上魔法学校、从火车站的月台进入异想世界的少年巫师的故事，在西方文化中必然会在这个时刻出现。"

罗琳当然是位很独特的作家，她的想象力也是无与伦比的，世界上也的确没有人能写出完全一样的故事，但凯利说得没错，类似的故事一定会出现在大众视野。

事实上，1994年就有个叫艾娃·伊的作家出版了《十三号月台的秘密》，里面描述了伦敦的国王车站第十三号月台就是通往地下魔法世界的门户；1991年有个叫尤兰的作家，写了一个年轻巫师去魔法学校上课的故事；1990年有个叫盖曼的漫画家，他笔下的主角是个黑发的英国男孩，在过十二岁生日时发现自己是巫师，一位有魔法的访客送给他一只猫头鹰；1984年美国童书作家史达佛出版的一部小说中，主角是一名失去双亲的少年巫师，有一头黑色卷发，戴着黑色眼镜，他的名字叫拉里·波特。

考虑到这些是已经出版的书籍，还有大量没能得到机会出版的作品，其中出现更类似哈利·波特的故事也完全可能。

由此，我们就能理解凯文·凯利的话了，他所说的其实是一个重要的概念，即趋同性。有些东西看起来独一无二，事实上有很多人同时在创造和发明（发现）。

如果爱迪生没有诞生，我们今天还会在用电灯吗？其他人也会想出这个点子。英国人把约瑟夫·斯旺称为白炽灯泡的发明者，他的设计稍早于爱迪生，两人还通过成立合资公司来解决争议，而俄罗斯人则把发明灯泡的荣誉归于亚历山大·洛德金。据《爱迪生的电灯：发明的传记》一书统计，有不少于23人在爱迪生之前发明出了某种形式的白炽灯泡。

一旦电力成为常态，灯泡就不可避免地会被发明出来。尽管每个发明家所用的材料可能不一样，灯泡的灯丝形状、电力强度也可能大相径庭，但是这些发明家都是奔着同一个目标而去。爱迪生毫无疑问是伟大的发明家，但即便没有他，电灯迟早会出现在我们的生活中。

就算电话的发明者贝尔在前往专利局的路上突然失忆，电话同样不会一直不被发明出来。伊莱莎·格雷和贝尔是在同一天申请的电话专利。假如没有爱德华·詹纳研制的天花疫苗，人类也不会还在饱受天花病毒之苦，在詹纳之前，已经有四名科学家独立发现了牛痘的效力。

这种例子很多，同时发明电报的有五位，发明温度计的有六位，发明蒸汽船的有五位，发明摄影术的有四位，发明电气铁路的有六位。没有奥本海默，人类仍然会制造出原子弹。没有爱因斯坦，相对论也会被发现。没有莱特兄弟，飞机也一定会在天空出现。

无论科技还是文艺，在某个时刻，这些发明和创作会"瓜熟蒂落"，必然到来。即便某些天才是无与伦比的，不管他是李白、杜甫，还是达·芬奇、米开朗琪罗，他们仍然是时代的产物。那些艺术盛世的强大趋同性，注定会孕育出伟大的艺术家。假使李白没有出生，我们固然读不到"孤帆远影碧空尽，唯见长江天际流"，但一定会有另一位"诗仙"让我们倾倒。

作家茨威格告诉我们，人类的艺术和历史是由伟大的人物在某一刻创造的，但我们别忘了，这本书的名字就叫作《人类群星闪耀时》，尽管我们记住的是一小部分人，但人类的历史是无数人互相学习启发借鉴而创造的。正是由于无数群星闪耀，才有了璀璨的人类文明。

用好你的天赋，不去管它的大小

□周国平

我倾向于认为，一个人的悟性是天生的，有就是有，没有就是没有，它可以被唤醒，但无法从外面灌输进来。已经达到大学程度的人，你无法让他安于读小学，就像只具备小学程度的人，你无法让他上大学一样。

人是有"种"的不同的。当然，"种"也有运气的问题，是这个"种"，未必能够成这个才。

有一些人，如果获得了适当的机遇，完全可能成为异常之才，成为大文豪、大政治家、大军事家、大企业家等，但事实上他们默默无闻地度过了一生。譬如说，我们没有理由不设想，在古往今来无数没有机会受教育的人中，有一些极好的读书种子遭到了扼杀。另一方面，如果不是这个"种"，那么，不论运气多么好，仍然不能成这个才。

打一个不确切的比喻：商品的价值取决于必要劳动时间，价格则随市场行情浮动。与此同理，上帝造人——说人的自我塑造也一样——也是倾注了不等的时间和心血的，而价值的实现则受机遇影响。所以，世上有被埋没的英雄，也有发迹的小丑。

但是，被埋没的英雄终究是英雄，发迹的小丑也终究是小丑。

每个人能力的总量也许是一个常数，一个人在某方面过了头，必在另一方面有欠缺。因此，一个通常意义上的有智力障碍的儿童往往是某个非常方面的天才。因此，并不存在完全的有智力障碍的儿童，就像并不存在完全的超能儿一样。

人很难估量自己天赋的大小，因为当你的潜能尚未实现时，你自己是不知道的。那么，管它是大是小，干脆不要去估量。你可以做的是逐渐认清自己天赋的类型，朝那个方向努力，把它用好，让它开花结果。只要你这样做，就能最大限度地开发你的潜能。

遗憾的是，人们往往受环境的支配，在错误的方向上折腾，结果就把自己天赋总量中的一大部分荒废了。

那些梦想，在岁月深处熠熠生辉

口 念 白

近些天看史铁生的《病隙碎笔》，生活能让人有多绝望呢？有人说是爱的人牵了旁人的手，有人说是理想不能如愿，有人说是遥远的回不去的故乡，是穷困潦倒，是求而不得……我也曾这样顾影自怜。

我读高中的班级不是那种"学霸班"，大家都不是呆板到只知道学习的性格，偶尔会串通好"口供"一起逃课。我那时很羡慕他们。别人不上学，就是逛街、打游戏，而我不去上课时，则是在医院度过的。

我拿着拍好的片子排着长长的队等待复查，身前身后都没有50岁以下的人，青涩稚嫩的我在队伍里格外扎眼。

前面的老人微微驼背，头发已全白，转过身来问我："小姑娘你怎么了啊？"

"胃病。"

"胃病？这么小的年龄，那你父母呢？"

"去取别的片子了。"

是的，除了胃病，我的颈椎、脊柱都有问题，还有自初中起就伴随我左右的偏头痛和失眠。前几次胃不舒服去看医生，医生说我年纪小，只要注意饮食就好了。后来也许是知道我胃疼、呕吐得太过频繁，医生终于开了单子让我去做胃镜。

其实现在看来，那简直不算病，城市里十个年轻人九个有胃病。可我那时才16岁，朋友不时去吃麻辣烫，而我只能捧着热水杯，看他们一边神采飞扬一边大口吞咽，然后自己回家喝粥吃面条。

我抱怨着、颓丧着，常常阴沉着一张脸，为了那些不值一提的事情，好像整个世界都欠我一个解释和一份补偿。后来，我无意间知道了史铁生，看到了他的文章。

这个从18岁起就被病魔折磨的人，在21岁的一次手术后彻底瘫痪了。他频繁进出医院，一次次地上手术台却不见丝毫好转，三十几岁时病情恶化成尿毒症。

可是你看他的文字，没有故作温暖的"鸡汤"，也没有因苦难而生出的刻薄。他跟普通人一样，曾经愤愤不平，而后又慢慢坦然接受。他开始写生活，写艺术，写信仰，写长长的关于自己的故事。他坐在轮椅上，内心一片清明。

"命运并不受贿，但希望与你同在。"

十七八岁时，对未来抱有过分美好的幻想，内心做着一个到处流浪的梦。生活的平淡与狭隘让所有关于远方、旅行流浪的词有了神圣的意味。彼时，我坐在教室里，看着厚厚的卷子，心里的厌弃溢于言表。

耳机里播放的总是"重金属"音乐，平淡的外表下是一颗躁动不安的心。

我开始梦想着一场逃亡。

是的，那间教室和所有同考试有关的事情，都被我视为禁锢自由的囚笼，内心也有个越来越大的声音不停地告诉我："离开吧。"

那时还没有"说走就走的旅行"这种说法，但我确实这样做了。一个平常的下午，自习时我看着窗外，突然觉得不能浪费这样大片洒下的阳光，于是我谎称胃疼，堂而皇之地拿着假条从校门离开，去奔赴那个遥不可及的梦。

我总是看到很多年轻的作家，写自己曾经多么离经叛道，去哪里远行又去哪里避世，住在当地人家里去感受一个地域经年累月形成的文化，在扬着尘土的路边伸手拦下一辆车搭乘，在街角巷口遇见了或洒脱或魅力无限的人……我带着期待和忐忑坐上公交车去了火车站。

"我想买一张，一张……"我站在售票窗口时发现自己居然连目的地都没有考虑。停顿了一会儿，直到身后开始有人催促，我开口："到大理的吧。"

"什么时间？"

"最近的。"

"今晚7点15分，只有硬座了，可以吗？"

我点点头，衣兜里的手一直在出汗。

"一共379元，请出示您的身份证。"

我愣住了。我兜里只有300元，在当时的我看来这已是一笔巨款，却连一张硬座火车票都买不起，更重要的是我还没有办理身份证。我抱歉地摇摇头说不买了，在后边人的小声抱怨中失魂落魄地离开售票处。

什么年少轻狂、离经叛道，都是别人的青春。那天的我在公园的长椅上坐了一个多小时，看着来来往往的行人出神。

他们在想什么呢？有没有人和我一样想逃离头顶这一方小小的天？然而没有人给我答案，每个人都是行色匆匆，有岁月经年累月留下的痕迹。

夜色降临时，我回到家里，重复着循规蹈矩的生活。没有人知道那天的我用了多大的勇气尝试逃离，内心有一个乌托邦，却在迈出第一步时就失败了。

后来机缘巧合下我读了史铁生的散文集，并放在手边常常翻看，莫名觉得原来幸运竟时常伴人左右。

发烧了才知道不烧时有多清爽，咳嗽了才知道不咳时有多安详，坐了轮椅时觉得天昏地暗，等生出褥疮才知道端坐的日子有多晴朗，病情恶化导致头脑时常浑浑噩噩才更加怀恋往日时光……

医生甚至不敢在检查前透露太多，因为怕打击到年轻的病人，总是在拍了片子，做过检查后，才告诉史铁生，他有多幸运，躲过了一劫。一如他曾写的那样——园神长年累月地对我说："孩子，这不是别的，这是你的罪孽和福祉。"

我曾无数次抱怨过夜里11点才结束的晚自习，总是在跟朋友道别后一转身脸色就变得比夜还沉，耳机里总是吵闹的音乐，心里暗暗诅咒着一切。

一个雨夜，雨水拍打在地面上的声音隔绝了喧嚣，天地间仿佛只有我一人，静谧让我难得平静了心绪。而当我不再一路于心里怒骂时，才发现沿路的夜景也有醉人的美丽，两年来日日经过的小路，时至今日才发现墙上缀着绿藤，墙缝里蜿蜒生长着不知名的小花，夜风轻吹，闻得到角落里传来的玉兰花香。

所以你看，我没有看过西北的落日是否苍茫，也没有到过遥远的新疆，可我依然因为头顶的月光而沉醉。生活啊，远比你想象的要宽厚许多，它从不会让人一无所有。

现在回想起来，发觉最有幸福感的时候居然是在高中。能够因为生活过于平淡而把自由放在最值得挂心的位置，是在多少年后才明白，生活里只有那样单纯的烦恼，是一件多么幸福的事。

穿着朴素的校服，心里做着一个仿佛触手可及的梦，身边有可以一起走一辈子的朋友，或许还有一个想携手共度余生的少年。

那样如草生堤堰的生活，那些闪闪发光的岁月，是无论以后走到哪里，都不敢忘记的最珍而重之的回忆。

回答

□ 刘擎

第一，人生不是一个先要制定完美蓝图，再去施工的工程项目。人生也不是一场先要确定剧本，再去表演的电影。

第二，对人生意义的问题，什么样的回答算是一个"回答"呢？其实，真正的回答不必（其实是不能，也不应该）采取一种哲学的、理论的或体系学说的形态。我们每个人的思考和心得，更可能表达为一个叙事，是不断讲述一个关于自己的故事。

人类和马桶的对话

□李 雅

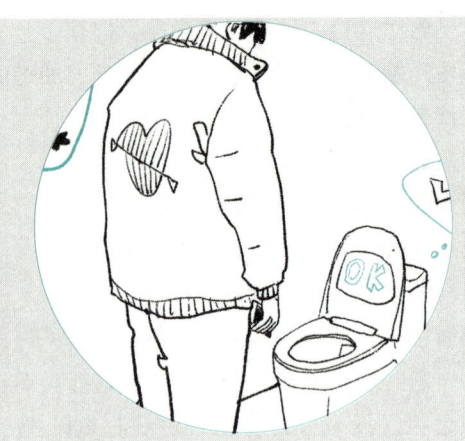

智能家电,在年轻人心里可谓精致生活必备。然而,据我所知,身边大部分朋友对智能家电的使用体验都是又爱又恨——在给生活带来便利的同时,也会因为故障带来一系列麻烦,让人哭笑不得。

新房装修时,我在各种网络推荐的"轰炸"下,入手了一台带显示屏的大冰箱。据说这种冰箱,文能提供菜谱,武能连Wi-Fi(无线上网技术)追剧。但当怀着极其激动的心情把冰箱摆在厨房之后,我才发现显示屏过厚导致冰箱体积太大,这让原本就狭小的厨房更显逼仄。一边炒菜一边看菜谱的我,更是两边跑,不得不请老公来当"外援"。他一边盯着我的炒菜进度一边喊着"该放辣椒啦",过一会儿又喊"该勾芡啦"……一道菜炒下来,我俩是精疲力尽。最终,他把手机摆到橱柜上,完美解决了问题。每个周末都是我俩的"增肥"时间,但只要一天开冰箱门超过5次,它就会不断提示我俩:"少吃点儿哦!"气得我对它大吼:"我但凡这么听话,早就上了北大!"

就算炒菜能累个半死,也总归是我们来控制它。但有些智能设备处于间歇性不受控制的状态。"Hi,Siri!"随着美剧中的演员一声令下,我家两部手机、一部iPad和一台电脑同时被唤醒,一时之间我竟不知道该先关闭哪个。有一次我和朋友电话聊天,顺口立了个flag(旗帜):"姐妹!我今天要早睡,明早一定5点起床去锻炼!"但当晚我就因为刷剧12点多才睡,哪知道早上5点被一阵刺耳的闹铃吵醒,原来是我家的智能音箱默默记住了这句话,并偷偷定好了5点的闹钟,想给我一个"惊喜"。我只能睡眼蒙眬地回应它:"同学,别说话了!"但我可爱的智能音箱仿佛没有听清,仍然答非所问:"主人,您在说什么?"这下我彻底醒了。

从开门的指纹锁、进门的感应灯,再到收拾屋子的扫地机器人、自动晾衣架,智能家电在我家可谓无孔不入。但享受了精致生活没两天,智能家电"兄弟们"便纷纷开始上演不靠谱。原以为扫地机器人能帮我清理掉猫咪的掉毛,结果猫咪一声"喵",一脚把扫地机器人踹到了墙角,如果不是我去"抢救",恐怕到现在它都在犄角旮旯打转。感应灯也不甘示弱,老公夜里打鼾都能把它唤醒,只留下我一个人对着晃眼的灯泡瞪眼发呆。而最惨的莫过于老公的一声"媳妇,没电啦",偶尔忘记充电卡的我们,只能眼睁睁看着所有的智能家电罢工。

但这些都仅限家庭内部,一切好说。最让人尴尬的是语音智能马桶,我至今没有弄懂,为什么上厕所冲水,一个按钮能解决的事儿,非要用聊天来代替!下午2点老公在卫生间喊:"我要加热!"下午2点20分老公继续喊:"我要冲水!"我和客人坐在客厅听得一清二楚,片刻尴尬后,大家哄堂大笑。但笑得最欢的那位朋友,亲身体验了一把,就再也笑不出来了。普通话不好的他,在厕所一直在喊"重水嗦!重水嗦",却迟迟得不到马桶的回应。于是老公赶往现场救援,用纯正的普通话挽救了尴尬的场面。

诚然,智能家电还是给我们带来了很多便利,也并不是所有人都会被坑,但还是得多看攻略,不要轻易入手,以免被收了"智商税"。有朝一日,等到智能家电真的成熟起来,我们的日常起居也会变得更便利,生活也会真正精致起来。

一碗牛肉面最好放几片肉

□姜榆木

老板十多年前开了一家面店,请了一个师傅来做牛肉拉面。为了调动师傅的积极性,老板先用每碗抽提成的方式进行奖励:每卖出一碗拉面,师傅有5毛的抽成。

乍一看是不是很合理?工资和销量挂钩,师傅自然就会卖力地做更多碗面。

但这个奖励方案执行了一个礼拜,老板就发现不对劲了。原来,师傅为了有更多提成,做面时给每碗面多放许多牛肉,如此一来,客人是被吸引了,销量也上去了,可一碗牛肉面才卖4块钱,多给几片牛肉,老板的利润也就几近于无了。

为此,老板调整了工资发放的方式——每个月发固定工资。这样,一方面适当提高月薪来留人,另一方面防止师傅为刷提成多放牛肉。

可很快又出现了问题:师傅的确不多放牛肉了,这回他给每碗面少放许多牛肉。如此一来,客人就会不满意,回头客也会变少,而当生意变得清淡,师傅在工资不变的情况下,工作强度就能减小许多。

很显然,基于现有的思维模型,这两种分配模式都存在明显缺陷,正因如此,这位老板的面店最后也没能长久。

如今老板重提此事,却在网上引起了激烈讨论。

针对这个话题,高赞回答可谓一击切中要害:"让师傅只负责做面,加牛肉的流程由老板自己完成。"

牛肉面作为产品,牛肉是主要卖点和成本来源,只要控制加肉这道工序,师傅多加牛肉以获取更高提成的顾虑自然也就解除。

讨论中,其他答案也纷纷涌现:"不要单纯以销量,而是以整体利润、抽成奖励。""把牛肉的消耗量作为绩效考核的指标,促使师傅在销量和成本之间寻求平衡。"……

纵观这些观点可以发现,很多看似简单的事情,若想得到满意的解决,所要考虑的层面通常远远比事情本身复杂。唯有跳出眼前的问题,抓住背后驱遣的关键诱因,才不会在线性思维的困囿中沦于自我消耗。

有人说,在强调社会分工的时代,任何领域都在不断细分,既然做不到面面俱到,不如在一个点上无可取代。

如此判断无可厚非,可如果我们的思维与信息输入因此趋于单一,便很容易陷于自我的思维枷锁。

我对《平凡的世界》中一个情节印象很深。孙少安花钱买设备、建厂房、请师傅、雇工人,组建了完整的产业链。可等实际运营时,烧砖的环节出现了问题。由于他请来的师傅是骗子,烧出来的砖都碎了,导致砖厂一度面临倒闭。

孙少安东山再起时,不仅花重金请来专业的烧砖师傅,而且亲自学习烧砖的技艺。这不是说他从此要亲力亲为,而是在明白办砖厂这件事的关键后,他只要抓住烧砖这个关键点,就能无所顾忌地将各个流程委托出去。

换言之,认知上的破局,让我们能更好地跟别人合作。就像经济学中的沃尔森法则——你能得到多少,往往取决于你能了解多少。

唯有对一件事有系统的认知,则不管是自己做,还是请别人做,才能时刻将主动权掌握在自己手中。否则所谓合作,往往会降格为单方面的随波逐流,并以惨痛的失败作为试错成本。

为流浪儿童开"银行"

□佟雨航

在印度,有一家专门为流浪儿童开设的银行,它的名字叫"儿童发展宝箱"。银行职员都由流浪儿童担任,储户也全是流浪儿童。

萨布纳维斯是印度儿童权益保护组织"蝴蝶"的负责人。因为工作需要,他经常接触一些流浪儿童,由此他发现一个问题:很多流浪儿童每天捡废品、洗盘子、擦鞋,大约能赚到200卢比(约合人民币16.8元),但他们当天就会把挣来的钱一分不留地花掉,或去游戏厅打格斗游戏,或去小酒馆喝劣质酒,甚至去吸食低档毒品。

萨布纳维斯问其中的一名流浪儿童:"为什么不把钱留下一点儿,以备不时之需?"这名流浪儿童告诉他:"留不住的。我们也曾把每天挣的钱留下来一些,但放在兜里不是弄丢了,就是被一些街头混混儿抢走了,甚至一些坏警察也来趁火打劫。所以,我们只有把当天挣到的钱全部花掉才会安心。"听了流浪儿童的话,萨布纳维斯忽有所悟,他有了一个想法:开设一家流浪儿童银行,专为流浪儿童服务。

2001年1月,专为流浪儿童开设的银行"儿童发展宝箱"正式营业。

为了便于流浪儿童参与管理和储蓄,银行就设在流浪儿童收容站。行长和职员都从流浪儿童当中选出,每半年重新选出一名行长和一名职员。

"儿童发展宝箱"仅为9~17岁的流浪儿童和青少年提供服务,他们每天可以存入几卢比或几十卢比,并享受5%的高额利息。流浪儿童可以根据需要随时取钱,每次最多可取500卢比(约合人民币42.2元)。每天傍晚,银行全天存储的钱,会由"蝴蝶"派来的一名志愿者负责存进国家银行。这样不但能保证流浪儿童储户所存的钱的安全,还可以赚取5%的利息用来支付流浪儿童储户的利息。

"并不是所有流浪儿童都能成为'儿童发展宝箱'的储户。"16岁的现任银行经理卡兰说,"那些靠乞讨赚钱或是靠贩卖毒品赚钱的儿童不得开设个人账户,我们只为那些相信辛勤工作就能改变生活的流浪儿童服务。"

15岁的鲁克是"儿童发展宝箱"的老储户,他把每天靠卖别人丢弃的饮用水瓶赚来的钱全部存进"儿童发展宝箱",现在已经存了五六千卢比了。鲁克说:"我长大后想成为一名摄影师,所以我现在要多存些钱,有朝一日给自己买部相机,或进入摄影学校学习,做一名受人尊敬的摄影师。"

如今,"儿童发展宝箱"不仅在印度各大城市设有多家分行,还在尼泊尔、孟加拉国、阿富汗、斯里兰卡和吉尔吉斯斯坦开设了300多家分行。当年的一些流浪儿童储户如今已长大成人,他们有的成了著名的摄影师,有的成了大公司的老板,还有的成了大学教授……每一个实现理想的流浪儿童谈到"儿童发展宝箱"对他们的帮助时都会说:"没有'儿童发展宝箱',就没有我们的今天!"

所学都忘掉

□何 帆

知识并非越多越好，信息也并非越多越好。"吾生也有涯，而知也无涯，以有涯随无涯，殆已。"信息增长的速度远远超过真知增长的速度。由此推论，在不断增加的信息中，噪声所占的比例也越来越高。

这真是一件令人苦恼的事情。有时候，真的是知识越多越叛逆，信息越多越糊涂。

真正的学习并不是像守财奴积攒财富那样积累知识，而是要像磨炼自己的赚钱能力那样修炼见微知著、见此知彼的洞察力。

为了培养这样的能力，你要学会不断地腾空自己的知识库存，忘记自己原本相信的真理，随时以一种空灵、开放的心态接受新的事物。

比记住已经学过的知识更重要的是，你要学习如何忘记已经学过的知识。真正重要的知识，是你忘记之后还能记住的东西。

举个最粗浅的例子。上小学的时候，语文老师要求我们把每一课的课文都背下来。我现在考考你们，谁能把小学一年级的课文背下来？全忘了。但我们为什么还能读书，还会写那些字呢？

我很喜欢《倚天屠龙记》里的一段故事：强敌当前，临阵磨枪，武学大师张三丰要教张无忌他新发明的太极剑法。张三丰将剑招慢吞吞地演示了一遍，然后问张无忌能记住多少。张无忌说，能记住一半。

张三丰又演示了一遍，这一次的招式竟然和前面一次完全不同。他又问张无忌能记住多少，张无忌说，只能记得三招。

到第三遍演示完，张无忌说，已经全忘了。大家都很着急，张三丰却说："不坏，不坏，忘得真快——你已经学会了。"

老师需要传授给学生的，不是"剑招"，而是"剑意"。临敌以意驭剑，才能变化无穷。

培养这样的洞察力，关键在于寻找事物之间的微妙联系，寻找趋势变化之前的蛛丝马迹。

这种微妙的联系和变化，是无法从书本上学到的，也没有一个公式能够推导。你必须不断地扬弃原来的经验、学过的知识。而困难的地方恰恰在此。

每个人都有自己的成功经验，我们很容易固守过去的经验，不愿意承认过去的辉煌已经过去了。我们辛辛苦苦地学到了很多知识，如果放弃这些知识，承认这些知识是过时的，甚至是错误的，那我们岂不是白费工夫了？

面子当然很重要，尊严当然很折磨人，但生存才是根本的。敢于放弃自己过去的经验的人，一定是有深深的危机感。

未来的世界会跟我们现在的世界很不一样，以前有用的东西到了以后很可能都不能用了。随时保持备战的状态，随时准备从零开始，才能进入修炼洞察力和大局观的境界。

我们体内的免疫系统，无时无刻不在准备应对各种可能出现的病菌。你无论是清醒或是酣睡，运动或是静止，它们永不休息。

你要培养的洞察力和大局观，也是这样一个深藏不露的系统。在你内心深处，永远都要保留一个微弱而警惕的声音：明天，太阳还会照常升起吗？

| 抱怨自己的天赋，
| 不如提升你的努力程度

体验北方的静电，悟到了生活真谛

□发财金刚

据说一到冬天，人们很容易在北方干燥的空气中感受到物理学的魅力，同时对所处环境有了更全面的认识。

当指尖跃动的电光划破黑暗，所有隔阂都将被它击穿，不管是穿着羽绒服还是冲锋衣，都会在这一刻达到同频。

有个来北方旅游的朋友曾总结出经验，先学会在静电的毒打中求生存，才能更安全地感受北方的冬日浪漫。他说自己本是为了来看雪，结果雪还没看着，一天被电了几十次。

在他的描述中，那些家具已经不再是家具，而是长成家具模样的"刑具"。

"我在开门时创造出了超过一厘米的蓝色闪电，胳膊肘都被打麻了。"

"开门被把手电，穿衣服被衣服电，梳头被头发电，握手被对方电……"

"你知道电脑为什么叫电脑吗？一天电了我三回。"

北方的冬天是热情的，每个友好接触的瞬间都可能碰撞出火花，每个火花带来的噼啪声都让人体会到电蚊拍有多可怕。

有人坚信这些静电才是"孙子兵法"的继承者，完美诠释了什么叫"难知如阴，动如雷霆"，你根本不知道它会在什么时候给你来一下子。

有时只需要脱一件毛衣，发出的光芒能照亮整间屋子。

"可以选择盖上被子再脱，你会收获一款星空被窝，里面全是静电闪烁出的浪漫星辰。"

"好看是挺好看，就是感觉有人在你身上点了一挂鞭炮。"

北方静电一般不会敷衍了事，下料猛，火力足，真正做到了万物互联。

如果你的头发比较长，当你摘下围巾，头发会像蒲公英一样散开，梳头都能梳出火星子。有人被树叶电过，有人被草莓电过，有人被馒头电过，还有人说洗手时直接被水给电了。

寒冷而干燥的环境会提醒你，最好和任何东西都保持安全的社交距离，不然可能会衍生出一些不可控的场面。

可以说，大部分有毛的东西，都是静电的重点关照对象。"我家的猫到了冬天就是皮卡丘，全身带电。"

"小心你们家的海绵织物沙发，汽车的织物坐垫，冬天坐上去就等于坐在充电器上，电量瞬间充满。"

当然也有从实际情况着手的反抗者，经过长期磨炼，他们找到了与静电和谐共处的基本法则。包括且不限于用手先摸墙、用钥匙先试探门把手、猛擦护手霜以及随身携带硬币等大量自保手段。

从一些专业的科普中我们知道，北方冬季干燥，导致空气中微小液滴减少，空气导电率会降低。很多物体之间的摩擦产生静电场，碰到绝缘的东西，比如含有化纤成分的衣服，电荷就积存在表面。当电荷越积越多之后，会在某个你来不及注意的时刻释放出来，给机械的日常生活增加一点点色彩。

对常年饱受静电之苦的人来说，找个地方把电导出去，已经成了冬季生活的一部分，很多人表示自己家门旁边的墙都被摸黑了。

就像一位在北方念过书的南方小伙说，通过四年的强化练习，他在静电产生的科学原理中有所领悟，生活的真谛其实很简单：少点摩擦，多点宽容，以及，小心静电。

抄尽百万字，方得真译功

□邓 郁 余子奕

2022年2月22日下午，翻译家、《红与黑》经典中译本作者罗新璋因病离世，终年85岁。

在法国文学翻译界，罗新璋不属于最耀眼和著作等身的译者，但圈内人都称，他只要出手，皆为精品，其简洁古雅的译文颇有傅雷之风，被誉为"傅译传人"。

在北大上学时，他读了傅译作品，惊为天人，便将傅雷译作全部研究了一遍。

"傅雷对翻译的要求是行文流畅，用字丰富，讲究色彩变化，而且他讲究用字不重复。伏尔泰有一句话：Il y a du divin dans une puce；傅雷译成'一虱之微，亦有神明'，这'之微'两字加得好，反衬（神明）至大。"罗新璋总结。

他极爱傅译的《约翰·克利斯朵夫》，大二看了第一卷原文，接着顺下去，从中文看全书，"相见恨晚"。傅雷在此书中融进了自己的朝气与生命激情，克里斯朵夫雄强的个性，也对自认"性格偏弱"的罗新璋形成很大的激励，觉出"尤其在青年时代，宜于培养一种崇尚坚忍的斯多葛精神（古希腊的斯多葛学派强调人要把痛苦视为人生的一部分，必须直面并且克服这些痛苦）"。

毕业后他工作的国际书店，前院办公，后院就是宿舍。他定出一张作息表，保证一星期40小时的学习时间，四年不看电影不看戏，"有所为就只能有所不为"。

法语逻辑缜密，语法复杂。翻译家郑克鲁当时是从背诵两万六千生词的《法汉词典》开始入门。罗新璋的自学法，则是抄。

9个月里，他抄完了傅雷翻译的《高老头》，整部《约翰·克利斯朵夫》、两篇梅里美、五本巴尔扎克，且把傅译的中文写在原文的字里行间，一一对照品读。傅雷在1949年后译有274万字，罗新璋足足抄了254万字。抄《约翰·克利斯朵夫》前，他理了个发，下了决心，"灭此朝食"，等全书抄毕，两个半月，头发已长得像囚犯。

罗新璋曾说，有时看了下一句法文，回头看傅雷的译法，好像是从自己脑子里迸出来一般。抄写期间，《世界文学》杂志约他翻译一篇八千字的小说，他三晚就完成了。用香港翻译学会会长、学者金圣华的话来说，这正如"'观千剑则晓剑，读千赋则善赋'，说'傅译传人'，世界上不作第二人想，唯有罗新璋才当得起"。

鹰与乌鸦

□邓 笛

鹰在低空飞翔的时候与乌鸦相遇。乌鸦忌妒鹰的飒爽英姿，便飞到鹰的后背上，不停地啄鹰的脖子。然而，鹰没有被激怒，更没有反击。它没有把时间和精力花在乌鸦身上，而是拍打着翅膀，往更高处飞翔。鹰飞得越高，乌鸦的呼吸就变得越困难。很快，乌鸦因缺氧而从高空掉落。

生活中，你也会碰到许多这样的"乌鸦"，别浪费时间与他们纠缠不休。你只要飞到你的高度，这些"乌鸦"自会消失。

人生的痛痒

□ 倪西赟

世间有两件事是别人做不得，而自己做得。一是痒，二是痛。

小时候，爷爷常年皮肤痒。涂药，看病，皆不灵。唯有自己挠痒，可暂时止住。痒在手上，脚上，胳膊上，肚子上，爷爷自己挠，但痒在背上，挠不着，爷爷常烦躁。

奶奶说，我来帮你挠。挠了几下，爷爷嫌弃地说，你挠得太轻，不管用。奶奶撇嘴而去。父亲来挠。挠着挠着，爷爷说，你下手这么重，是不是要我老命？父亲摇头而去。我说，爷爷，我来帮你挠。挠着挠着，爷爷大笑不止。我问，爷爷，你笑什么？爷爷说，你这哪里是帮我止痒，分明是挠痒痒。去去去！

挠个痒，轻不得，重不得，更痒不得，怎么办？爷爷说，你给我弄根树枝来。我问，要树枝干啥？爷爷说，别问那么多，赶快去。我在门外树下捡了一根树枝回来递给爷爷。爷爷把树枝放在自己背后，用树枝不停挠自己痒处。一会儿，爷爷终于舒坦起来。而后，爷爷扛起锄头，下地干活了。

最近，公司一女同事没来。一问，该同事失恋，心态崩溃，把自己锁在房间里寻死觅活。父母劝，她对着父母大喊大叫，不听。闺蜜去劝，她说不是你失恋，定不会伤心，闭门不见。其他人去劝，都被她轰出来。大家怕她做傻事，轮流守在她房门外。前几天，该女同事不吃不喝，情绪不稳定。大家很是担心。一位过来人对她父母说，不要太紧张，过段时间她就会出来的。不管不问行吗？父母家人还是比较担心。但没过多久，该女子情绪渐渐稳定下来，先是和闺蜜微信联系，之后主动开门向父母要吃的。后来，自己好像没事一样来公司上班了。

生活中，我们常会遇到痒痛之事。自身痒，心自知，他人难以体会，不得要领。唯有自己，知轻重缓急，搔得刚好，搔得舒服。自身痛，亦心自明。他人的帮助、劝慰都是表面，只有自己真正想通了，方能自愈，不再疼痛。

关于独处

□ [德] 叔本华

能够自得其乐，感觉到万物皆备于我，并可以说出这样的话：我的拥有就在我身——这是构成幸福的最重要的内容。因此，亚里士多德说过的一句话值得反复回味：幸福属于那些容易感到满足的人。其中的一个原因是人除了依靠自身以外，无法有确切把握地依靠别人；另一个原因则是社会给人所带来的困难和不便、烦恼和危险难以胜数，无法避免。

获取幸福的错误方法莫过于追求花天酒地的生活，原因就在于我们企图把悲惨的人生变成接连不断的快感、欢乐和享受。这样，幻灭感就会接踵而至；与这种生活必然伴随而至的还有人与人的相互撒谎和哄骗。

闪闪发光的你

□ 戴帽子的鱼

我的一个朋友脾气真是坏得不得了，随便几句话都能戳到人的肺管子，但她的人缘很好，堪称社交之谜。

我总结了一下为什么大家领教过她的坏脾气后，还是愿意继续和她做朋友，只因为她有更多的优点。

她从来不占人便宜，每次自觉AA制，还会催促别的人都赶快把钱给垫付的人。她很会拍照，我们每个人的颜值巅峰美照都出自她之手。她特别乐于帮助别人，即使自己帮不上忙，也会为了这个人的求助，主动问遍她朋友圈的每一个人。

我相信每个人都明白人无完人的道理，每个人都是有容人之量的，但很多人容得下别人，容不下自己，常常因为不够聪明，不够漂亮而自卑或自我否定。

其实完全没必要。照相的时候我们知道光线非常重要，人生亦如此，我们得找到照亮自己的那束光。让一个人闪闪发光的，一定是他的优点。

就算一个人说自己真的没什么优点，至少自谦或者诚实也算他的优点。而哪怕再微小的优点都是一束光，如同萤火虫那样微弱又执着的光。

就像每个认识的人都知道我朋友脾气差，可仍然忍不住被她吸引，甚至愿意因为她的优点，去包容和忍耐她的缺点，久了，甚至觉得她的暴脾气也很可爱。

这样一看，令我们烦恼的那些短处、不足和缺陷，根本就没有那么重要，至少起不到决定性的作用。既然这样，为什么不放过自己，更加自信一些呢？

如果优点很少，就让它变得很大，一个太阳的光亮足以抵万千繁星。

如果优点很小，就让它变得很多，万千水滴足以汇聚成江川湖海。

安全脱险法

□ [美] 杰克·谢弗

我十几岁的时候，某天走到了一个不熟悉的街区。我当时有一种鱼儿出水的危险感。为了让我安全地走出这个街区，一位长辈给我提供了一些特别有用的建议："走路要有一副目标明确的样子。摆动手臂，脚步坚定。如果能做到这些，你就不会被看作一个潜在受害者。"这是一个好建议。

你的行为和语言会向周围的人释放各种信号。有意识的行动都有其目的。对潜在施暴者来说，你不太可能被看成猎物。就像一头狮子追逐穿越非洲草原的兽群时，不可能再去瞄准那些健康、敏捷、警觉的羚羊。

抱怨自己的天赋，
不如提升你的努力程度

我的妈妈，把自己放在第一位

□罗 芊

一

现在，大家经常讨论"母职"这个词，在这一点上，我的妈妈其实是个很特别的人。我从小就能感受到，在她的价值排序里，她可能是把自己放在第一位的。

我很小的时候，爸妈就去石家庄做生意了。整个幼儿园阶段，她都不在我身边。那时，我对她印象最深的一幅画面是，有一天，她突然回来，站在教室门口接我，我有点认不出来。我知道她是我妈，但又觉得很陌生，不太敢喊。而且她穿得很奇怪，穿一条破洞牛仔裤，那时候在小县城，还没人穿这种衣服。到现在我都记得她那天的样子，因为以前都是别的小朋友有爸妈来接，我没有。而那天她突然出现，我虽然不敢认，但还挺开心的。后来上一年级，我成绩特别差，妈妈觉得需要自己教，才回到我身边。

生活中总是会出现很多"别人家的妈妈"，让我知道，一个传统意义上的"好妈妈"是什么样。比如我同桌，她妈妈每天会给她准备水果便当。我从来没有那样的时候。

小学毕业，爸妈告诉我，他们要去外地开超市，当时我没有特别的感觉，直到他们真的走了。那天早晨起来，我看到我妈给我写了一封信，长长的三页，放在客厅里，看到那些话我就哭了，我第一次感受到他们真的离开了我。

自此，我开始一个人住，虽然隔壁住着舅舅舅妈、外公外婆，有照应，但晚上就自己一个人睡在家里。灯泡坏了，自己换，有时不小心还会触电，幸好不是很严重。

我每天都会和妈妈打电话，就聊当天做了什么，说个不停。我不会直接问她，为什么把我一个人放家里，只会一直问，妈妈，你什么时候回来？她经常爽约，说可能下个月。"下个月"是我听到的最多的回答。

二

在长大的过程中，我慢慢发现，我妈好像跟别的妈妈不太一样。有的妈妈会天然地把孩子放在第一位，但我妈不是。所以，很长一段时间里，我认为她不够爱我。

过年是超市最忙的时候，一周可以赚到一整年的房租，所以爸妈过年不回家。我就去外婆家吃年夜饭，然后回家睡觉，一个人挨过漫漫长夜。那时就会怀疑，他们真的爱我吗？

别的父母都望子成龙、望女成凤，但我妈对我从来没有这种要求。高一时，我们年级一共602人，我考了597名，她也没有怪我。初中的一个假期，我去合肥找妈妈，躺在床上谈他们不在我身边这件事。我问她一些话，她就嗯一声，我以为她快睡着了，但她默默从背后抱住了我，这让我感到，她是觉得对不起我的。

高三那年，他们回来陪我高考，我挺开心，但也特别不习惯突然有人管我。整个高三，我经常为了很小的事跟妈妈吵架。那时我觉得，跟妈妈有距离的相处，可能对我们母女来说，是一种更好的模式。

三

中学时家里条件挺好，我天然地以为爸妈有钱，大学毕业想出国留学，他们也没有反对。到韩国后，每个月向他们要生活费，他们总说下个星期给。

那时我才知道，家里的生意出了状况。

留学的最后那个学期，爸妈是真的没钱了，我开始自己赚稿费——小时候我问妈妈为什么不在我身边，她的理由是需要赚钱。当时我不理解，但现在理解了，有时候，赚钱是应该摆在第一位的。

我妈妈把自己放在第一位，还有一个很重要的例证是，每年除夕，吃过年夜饭后，她都会去找她的朋友聚会，这一点让我和我爸都很不解，除夕夜，难道不应该和家人聚在一起守岁吗？但那时我妈就是觉得，朋友更重要。

她是一个对朋友很好的人，当然，她的朋友对她也很好。

2021年，一个朋友准备在北京开一家饭团店，特意让我妈过来帮忙打理。

留学归国后，我选择在北京闯荡。我妈来北京后，我们都住在那个阿姨家。我俩住同一个房间，并排两张床，中间隔一条过道。妈妈六七点起床去饭团店，晚上八点多回来，那时我通常在写稿，但是她十点就睡了，开始打呼。我写不下去，会把她叫醒，说："打呼了，注意一下。"

后来，我觉得有点对不起她，就提出搬出去一个人住。刚开始，她并不赞成，觉得我来北京，就是为了跟你互相照应，如果不一起住，就失去这个意义了。我才知道，她来北京最主要是为我。

搬出来后，虽然我们不常见面，但我的确会更安心一些，感觉在这么大的北京城里，会有一条退路。

四

前段时间，妈妈突然跟我说："感觉你正在越走越远，离我越来越远。"虽然事实的确如此，但是她突然讲出来，我还是有点触动。

有一次跟她吵架，我把初中时她写给我的那封长信撕了，撕了又后悔，把它们贴回去。之前，妈妈写给我的那些信，我都放在一个小盒子里。但现在，小盒子里已经没有她的信了，都是我跟朋友的通信。

人生就是这样，以前你会觉得妈妈是你的全部，但是长大了，你会遇到很多人，他们占据了你的人生，妈妈的位置就被挤走了。

现在，我已经接受我们之间的关系，或许有一种母女的形态，就像我们这样，彼此一直错过。当然会有遗憾。我妈其实是一个特别受小孩欢迎的人。在北京，她朋友的两个女儿都跟她很亲密，妈妈会跟我分享她们之间的趣事。这时候，我会有点吃醋，我想的是，其实我也有很多这样的时刻，但是你错过了。

我还发现一种奇怪的现象，我越长大越会撒娇，会厚着脸皮问妈妈，你是不是真的爱我之类的。可能我需要一个语言上的肯定，就是让她告诉我，她是爱我的。

现在想想，尽管妈妈缺席了我的成长，看上去并没有很好地履行所谓的"母职"，但她对我的影响还是很大的。比如，我会笃定地认为一个人想走就走，不会有什么牵绊，无论是当时决定出国读书，还是回国后执意来北京做喜欢的工作。可能正因为我妈妈是一个独立果断的人。

现在，我遇到很多事情，都会跟妈妈倾诉，因为她很豁达。她常常对我说，不要纠结，凡事都有利弊，你不会得到所有的好处。尽管家里已经破产，她还是一直鼓励我，告诉我一切都会好的。

到底怎样才算一个好妈妈，好像没有标准答案。我也不知道，一个妈妈应该付出多少才算称职。

但现在，我已经接受妈妈把她的自我价值放在第一位。我觉得每个妈妈都可以把自己放在第一位——她叫李音，她并非因为是我妈妈才叫李音，她先是李音，再是我妈妈。

有人问过我，如果可以选择，还会不会选择她做我的妈妈，我的回答是——会。这个"会"不会答得很快，但我还是选择她，是她让我很早就学会了独立，没有变成一个畏畏缩缩的人。正是她让我明白了，她可以有她的人生，我也可以有我的人生。

网络消灭小情思

□杨 杰

或许,我们正在经历一个新型的"大灭绝时代",不信低头看一眼你的书桌——报纸、地图、字典和CD,去哪儿了?

《纽约时报书评周刊》主编帕梅拉·保罗出了本书,罗列了"被网络夺走的100种事物",比如句号:在网上或手机上,句号成了负面的、郑重的东西,用句号表示你很小心地遣词,或者表示不满、讽刺,让你显得很落伍。同时叹号开始泛滥,不用叹号就显得不够热情!

曾在人类生活中活跃一时的物件,皆因网络霸主的出现惨遭灭顶之灾。10多年前,英国《每日电讯报》就列举了50个正在被网络"杀死"的事物,如今看来都已"凉透"。

例如当时作者抱怨人们不再从头到尾听完一张唱片,有了网络,许多人只听其中的某首单曲,不必再把所有歌听完就能挑出最好听的。现在,人们连完整地听完一首歌都实属难得,取而代之的是十几秒的短视频配乐神曲,朗朗"上头"。

当时智能手机刚刚兴起,人们担心GPS(全球定位系统)的应用使"认路"再也不是什么值得炫耀的技能,出租车司机备感失落。现在,他们没工夫伤春悲秋了,不久的将来,自动驾驶也许将革命性地威胁他们的饭碗。

除了那看得见的一草一木,网络还带走了许多人类细碎的情绪。帕梅拉·保罗说,网络消灭了无聊、耐心、礼貌、同情心、专注、目光接触、错过、捷足先登、谦虚和秘密。

陪伴亲友的时间被网络剿杀。视频电话好像使回家变得没那么珍贵了,即便回到家人身边,也在忙着抢红包、刷手机。家庭中心地位的电视逐渐失势,节目都能在电脑上找到,而且丰富一万倍。家人们坐在沙发前对电视里的主人公评头论足的时代飘远了。如今,能和亲友眼睛盯着眼睛聊一个小时,不碰手机,足以写入个人纪录。

独处的时间也消失了。你今天是不是吃完饭就回到电脑前,甚至一边吃饭一边看剧,或者逛淘宝?你上次坐在窗前发呆一小时,或者重读自己喜欢的书,是什么时候?

帕梅拉·保罗说,酒店的床头灯变成一种设计,而不是为了照明。它真正的用途是给设备充电,而不是照亮书页。再说,平板电脑自带光源,无须照明,孩子也不用藏在被窝里打着手电筒看书。

"耐心"这种品德几乎以肉眼可见的速度消逝。转账是实时的,外卖是超时赔付的，网购是次日到达的，下载是瞬间完成的。看视频要跳过片头片尾、1.5倍速；电影只看一分钟解说、读书只读别人总结的梗概；就连网上交友都追求速率——就像网络段子说的，群发一条"你好，我家三套房，能不能今晚见面"。

人与人之间情绪的暗流涌动，都被网络一脚踏平。以前人们说"相见不如怀念"，帕梅拉·保罗更是坦言，网络消灭了"前任"，即便分手，也能在微博和朋友圈持续追踪昔日恋人。

网络还消灭了人们的沟通能力，使越来越多的人成为"社恐"。别看他在微信上一口一个"救命，笑死""亲爱的，你可太行了"。一到公众场合或是有陌生人的饭局，所有人最终都会默默低头刷手机，人们不再愿意跟周围的人交流，失去键盘就失去表达能力。

对了，网络还杀死了"礼貌地表示不同意"。一触网，人们的脾气能瞬间飙起来，心平气和地讨论不同观点属于濒临灭绝的"一级保护事物"，人人听说过，人人没见过。想为消失的事物建立一座博物馆，里面摆着扫帚、电子词典、杂志、相册，最终的镇馆之宝是玻璃罩子里面带微笑、眼神生动的人类。

围城的斜杠

□ 蓬 山

《西游记》第九十六回《寇员外喜待高僧，唐长老不贪富贵》，师徒四人来到了铜台府地灵县，遇到礼佛的寇员外盛情款待。李卓吾的点评十分精彩："东人要修西方，西人要修东土，总只是在境厌境，去境羡境。如今在家人偶到僧房道舍，便生羡慕，殊不知僧道肚里又羡慕在家人也。倘令之易地，亦必相羡相厌，亦复如是也。"

这一段，像极了杨绛写在《围城》扉页的那句名言："围在城里的人想逃出来，城外的人想冲进去，对婚姻也罢，职业也罢，人生的愿望大都如此。"钱锺书一九八一年为《围城》重印写了一篇前记："事情没有做成的人老有这类根据不充分的信念：我们对采摘不到的葡萄，不但想象它酸，也很可能想象它是分外的甜。"

其实，大多数时候，我们都是后者，想象那未摘到的葡萄分外的甜，并为此懊悔、焦虑、遗憾。等摘到葡萄，往往又觉得不过尔尔。大学时有个新闻系的同学，看多了《壹号皇庭》，对律师职业突然兴趣大增，寻死觅活地申请转系。等真的改学法律不久，便大倒苦水，觉得太枯燥。老百姓没有文采，用一句"这山望着那山高"形容，微言大义。

其实，城里城外，东土西土，酸葡萄甜葡萄，本不是非黑即白的零和游戏。比如，城里有茶馆酒肆繁华去处，有时难免拥挤吵闹；城外杨柳青青春风十里，却又不免衣食不便。然而人就是容易走极端的动物，当觉得那边十全十美时，这边在心里就糟得一无是处。这就是李卓吾说的"相羡相厌"。

现在是一个流行跨界"斜杠"的时代，很多界限越来越模糊。贪婪、欲望与进取心之间，也不是那么分明。其实，对待工作、生活，都不妨难得糊涂一把，将围城的城墙当成一条斜杠好了。

等不到的公交车

□许 旭

你一定有过等公交车的经历，少数情况下公交车很快就来了，大多时候你苦等十几分钟甚至几十分钟都等不到需要的那班车，可是看一看站台上的公交时刻表，发车时间间隔通常为5~10分钟！为什么我这么倒霉，每次都要等上这么长时间呢？

苦等公交车时，你一定深深怀疑过公交车的发车时间间隔，如果它真的按照要求的时间发车，怎么可能需要等上这么长时间呢？让我们来检查一下，公交车是否真的按时发车了。

假设公交车的发车间隔是10分钟，也就是说，每两辆车都会间隔10分钟到达站台。这样的话，上一班公交车可能在你到达前5分钟离开，那么你需要等5分钟，也可能车刚刚离开，你要等上10分钟，还有可能你刚好赶上下一班公交车。可以算出，理想情况下，平均等车时间为5分钟。但是我们知道，现实生活中，公交车会因堵车、意外而迟到或者因乘客较少而早到，到站间隔时间不可能正好为10分钟，这些时候我们的等车时间会怎样变化呢？

因为发车时间间隔为10分钟，1小时里一定会有6辆公交车出发，我们可以认为，1小时里每一个站台都一定会来6辆车。但这些车的到站时间并不一致，假设其中4辆到站间隔为5分钟，另外2辆到站间隔为20分钟，我们既可能遇上到得快的车，也可能遇上到得慢的车。在到站间隔为5分钟的情况下，乘客们的平均等车时间是2.5分钟，在到站间隔为20分钟的情况下，乘客平均需要等10分钟。也许你还会想，前一种情况车更多，因此我们遇上快车的概率更大，平均等车时间会比5分钟少。

事实真的如此吗？看一看钟表，你更能搞清楚真相。虽然慢车只有两辆，但它们的到站时间间隔为20分钟，这意味着在整整40分钟里，仅有两辆驶得慢的公交车到站，要遇上快车，则需要在另20分钟到达车站。那么，你到达车站的时候，是遇上快车的概率大还是慢车的大呢？很明显，遇上慢车的概率为40/60，遇上快车的概率则仅有20/60。考虑到等到两种车的概率大小后，我们可以算出等车的平均时间了：2.5×20/60+10×40/60=7.5分钟。如果继续假设其他间隔时间，我们可以发现，慢车的到站时间越长，算出的平均等车时间也会越长，甚至会达到数十分钟。

这就解释了公交车明明准点发车，乘客却苦苦等不到车的原因：当有一辆车晚点时，人们的平均等待时间就会变长。而且，由于多数人出现在等待时间更长的时段里，人们就会感觉自己的等车时间很长。

真正的倾听

□ 胡 勇

在儿童奇幻小说《毛毛：时间窃贼和一个小女孩的不可思议的故事》中，人们对毛毛的倾听能力赞叹不已。我们从这本书中可以勾勒出一套倾听的伦理。她的会倾听，不是因为她说了什么或者问了什么，给了那些述说心思的人什么启发，她只是用又大又深的眼睛看着那些人，非常专心，充满同情。

突然之间，被看的人觉得仿佛涌现出许多自己从来没有想过的、隐藏在心底的想法，而毛毛就坐在那里听着。

真正的倾听就是这样：将属于每个人的"特质"归还给他。

仅仅通过纯粹的倾听，毛毛就能平息争端。她的倾听具有和解、治愈、救赎之效，能产生奇迹。

我的切身体会是，真的很少有人能耐心倾听你所诉说的话，听众的常见反应是："我早就跟你说过""谁让你不听我的""你这个和我相比算不了什么"。有时候，你就是想让人倾听，并不需要抱怨、诉苦、比较和建议。

心理学家卡尔·罗杰斯提出了"深度倾听"："在真正的倾听中，你还可以得到一种特殊的满足，就好像听到天籁一般，因为倾听不仅让你懂得别人，也让你感觉自己触及了世间的真理。"他说，每个倾听者都要学会问自己，我能够听到一个人的内部世界吗？我能跟对方达到深层共鸣吗？我能够感知到对方虽然有些担心，但还与我沟通的意义吗？他也能知道这些吗？

而与深度倾听相反的，是下面这些情况：倾听者非常确定对方将要说什么而不去倾听，或者，听到的只是自己确定对方会说的话，而根本没有真正地倾听。更加糟糕的还有，扭曲对方的信息，将其变成自己希望听到的话。如果你作为倾听者，而犯下这些错误，你可曾想过，倾诉的那个人会有多沮丧？因为别人在和你分享时，他/她是在经历一场冒险，将自己内心最私密的地方向你敞开，而你却根本没有理解。此时，分享者就会深切体会到，什么叫作孤独。

我尤其看重罗杰斯提出的另外一条：做一个喜欢被别人倾听的人。每个人生活中都可能遇到绕不过去的障碍，如果找不到可以分享的人，便会终日盘旋于痛苦的循环之中，觉得自身没有价值，绝望而自闭。而一旦得到了别人的倾听，并且是那种不附带评价、不进行判断，也不想改造你的倾听，你的压力会被纾解，你体验到的恐惧、内疚、迷惑等情绪都得以抒发，你会从混乱不堪中被拯救出来。

无论如何，当人们倾听别人或被别人倾听时，都能够用全新的角度看待自己的生活，并继续坚持下去。我们需要由衷地感谢那些带有体贴、同情和关怀的倾听，而真正倾听别人，也会给我们带来快乐。

如何养活一只螃蟹

□ 汤馨敏

我们家富得流油的时候,曾经养过24只螃蟹。这些螃蟹都是从植物园的池塘里抓来的,它们中的每一只,都有着一个斗智斗勇的故事。

01

那是一个很不起眼的池塘。靠岸的地方长了很多水生植物。好几次周末路过那里,发现池塘边总是有孩子围着,那天走下去好奇地问他们:这里有什么好玩的?他们晃了晃手里的矿泉水瓶:有螃蟹!

还真的是螃蟹!指甲大小的螃蟹!在浑浊的水中游动!

我和桔子对视了一眼,觉得不能错过这样的好事,立即跑到附近的小卖铺买了一个网子,又捡了一个透明盒子,然后一头扎到那个池塘边。

桔子很快发现了一只螃蟹的踪影,它躲在一片叶子下面,身体看不到,只能看见它的脚在动,桔子兴奋地一网捞过去,我们满怀期待地看着网里那堆泥巴,没有动静,"跑了!"桔子话音刚落,泥巴里隐约有什么在动,扒出来,正是那家伙,一只只有指甲大小的小螃蟹,在手心里活泼地窜来窜去,我们把它放在盛了水的盒子里,又开始了新的发现和捕捞。

那天我们一共抓了7只螃蟹,其中桔子用网抓了两只,我徒手抓了5只。我应该是那天唯一的撸起袖子一身泥巴奋不顾身抓螃蟹的大人。看着那个小东西在水里爬动,我忽然生出强烈的冲动,想要把它抓到手里。经过幼年时凤山那条溪涧的训练,我的手在这个冬天弹无虚发,一抓一个准。桔子和周围那些小孩对我的技术佩服得五体投地。

那以后,桔子每个周末都要去那个池塘边报到。此后几周,我们不断调整出击时间,改良技术,抓到的螃蟹越来越多,也越来越大,我们先后抓到了笨老大、霸老二和精老三,这三只螃蟹都有一元硬币那么大。黑老大是最后一次抓到的,它有桔子的手背那么大,背甲乌黑,霸气十足,当我徒手把这个大家伙从水里捞上来,我一生的捕捉达到了不可逾越的巅峰。

02

其实最开始养螃蟹那几天,我茫然无措:这些家伙到底喜欢吃什么啊?因为没有经验,我想起什么就给它们扔些什么。菜叶,鱼肉,包子,馒头,都扔过。胡乱喂食导致伤亡惨重。尤其是某天,我扔了一把米饭下去,那些螃蟹估计一辈子没吃过米饭,尤其是用泰国香米煮出来的米饭,它们疯狂吞食,互相抢夺,最后一个个吃得脑满肠肥,第二天全部死翘翘。

那是我喂养史上第一次严重的滑铁卢。痛定思痛,我决定改良技术善待生命。恰好桔子又抓了新的螃蟹回来,这次我只喂牛肉和猪瘦肉,而且控制好量,每天只喂一片,剁得碎碎的分散到盆中,保证每只螃蟹都能吃到。同时,换水也开始讲究起来,换的水必须是提前一天放在太阳下晒过的,当然换下的水我也没浪费,全部用来浇花了,那水里有它们的粑粑,是很好的花肥。这么改良后,螃蟹们一看见我这个饲养员就兴奋地爬来爬去,死翘翘的情况再也没有发生过。

看螃蟹进食很有意思。它们的嘴巴就像一个绞肉机，飞快地咀嚼着，嘴边的小足会源源不断地把肉往里推，一小块肉一会儿就吃没了。肉没了如果没吃饱，它们就会抢劫。

笨老大反应迟钝，一块肉丢在它眼皮底下经常要好一会才发现。精老三反应特快，经常是肉一扔下去它就满脸盆跑——与吃到嘴里相比，它更喜欢囤积，它把能搞到的肉全部拥到自己的钳子下，这家伙要是下辈子投胎变成人，肯定是一个做生意的，囤汽油囤黄金囤粮食低价进高价出就是它的惯常操作。当精老三富甲天下的时候，霸老二刚好吃完仅有的肉，穷得只剩下一嘴泡沫的它，直接冲上去趁火打劫，然后是两只螃蟹的拉锯战，直到霸老二抢走精老三的大部分战利品，战斗才算结束。精老三白忙一场，霸老二频频得手，这样的故事在盆子里反复演绎——如果霸老二下辈子变成人，肯定是个土匪强盗，打家劫舍争强斗狠已经刻在它的基因里。

螃蟹们不打架的时候，瞪着两只眼睛看着你的时候，在你的手心里装乖卖萌不出动钳子的时候，是很可爱的。有一次佳怡到我们家来，她和桔子玩了整整一小时的螃蟹，她们在纸上画出跑道，让螃蟹们按照个头大小来比赛，她们是教练也是裁判，还是急救人员——这些螃蟹跑着跑着就掉下了茶几，得一个个找到并把它们送回休息室，两个姑娘从来没有玩过这样的游戏，开心得对面楼都听得见笑声。

03

螃蟹带来了快乐，也带来了惊恐。它们的内部斗争太惨烈了。

最多的时候我们有24只螃蟹，虽然我每天喂食，盆子里还是经常发生惨绝人寰的谋杀案，经常是一觉醒来就少了一只螃蟹，少得特别莫名其妙，因为连一个残肢也没留下。盆子里的小鱼，一般活不过两天，就消失得无影无踪。

那些屠杀是如何开始的，是独自行动还是集团行动，有没有提前策划，谁是主谋谁是凶手，谁负责打扫战场谁消除作案痕迹……都是谜。

它们的残暴，让我恼火。尤其是某天换水时，黑老大突然袭击我，用钳子钳伤了我的手指，我觉得这些家伙再不修理，就无法无天了。

转机来自一把溪草。

桔子无意中拔了回来扔在盆中。当天晚上，螃蟹们趴在溪草上睡觉，有的还在上面荡起了秋千。第二天我发现有螃蟹抱着一根草在啃——它们原来喜欢吃草啊！

自从放了那些溪草后，原来暴戾的螃蟹停止了族群内的屠杀，一直保持在17只，两条小鱼活了一个月仍然安然无恙。不知道是这些熟悉的植物安抚了它们暴躁的情绪，还是吃素后它们的身体恢复了平衡，它们的性情比以前明显要平和。好几次，我因投食不均，螃蟹们眼看就要打起架来，黑老大伸出一个钳子，钳住肇事者的一只脚，对方好一阵不能动弹，一场恶战就偃旗息鼓了。

我观察这个小小的脸盆，发现几根溪草，就彻底改变了一个盆子的生态环境，它是和平的使者，它是稳定的桥梁，它让鱼儿安心游弋，它让螃蟹自由玩耍。

04

至此，我已经完全摸透了螃蟹的习性，我觉得我能一直把它们养下去，养到可以进蒸锅的大小。但是，天气一天天在变冷，夜里在池塘里看到的螃蟹越来越少，我知道我们的喂养到时候了。

我对桔子说："这些螃蟹必须回家了，它们要在池塘温暖的淤泥里才能过冬。"她舍不得，说："我们可以挖半盆淤泥回来，模仿成池塘的样子，把螃蟹们骗过这个冬天。"我说："池塘是无法模仿的，池塘有一套完善的生态体系，它可以保护螃蟹和很多动物度过寒冷的冬天，人类再精细的照顾，也比不过一巴掌大的池塘对它们的庇护。"

纠结了几天后，桔子同意放生。在一个周末下午，我们把螃蟹们送回了池塘。"快走啊！走远点！不要被那些小屁孩抓住了！我会再来看你们的！"她对它们说。

很多年后，当她成为一个心里装着很多事情的成人，当她路过一个水草丰茂的池塘，她应该会想起这个池塘吧，想起这年这月，我们一起抓螃蟹养螃蟹和放螃蟹的日子，希望那会她看待世界的眼神，和现在看待这个池塘，一样温柔有爱，一样兴致盎然。

猴子优先

□ [美] 奥赞·瓦罗尔

如果上司说,你必须让一只猴子站在基座上背诵莎士比亚戏剧,你打算怎么做?

如果你和大多数人一样,那么你首先会建造一个基座。当上司问你事情办得怎么样了时,你希望他给自己一点表扬,说:"嘿,漂亮的基座,干得好!"于是你建好基座,等待一只猴子会背诵莎士比亚戏剧奇迹般地变成现实。

但问题在于,建造基座是最简单的工作。"基座随时可以建,训练猴子才是第一要务,而所有风险和需要学习的东西都来自这项极端艰巨的任务。"倘若猴子学不会说话,如果这个项目有致命弱点,你得预先有所了解。

更重要的是,你在建造基座上花的时间越多,就越难摆脱"沉没成本"。

建造一个基座的确定性比教猴子说话要大得多。在日常生活中,我们花时间做那些我们知道自己擅长的事情,比如写电子邮件、参加会议,而不是解决项目中最困难的那部分问题。

建造基座也不是完全没有道理,毕竟这个项目需要猴子站在基座上。制作基座给予我们满足感,让我们感觉事情有进展,同时延迟了一些不可避免的事情发生的时间。虽然建造了一座漂亮的基座,但猴子仍然无法说人话。

容易做的事情往往不重要,重要的事情往往不容易做。

我们可以继续建造基座,等待一只神奇的猴子出现,或者我们可以把注意力放在那些重要而不容易做的事情上,试着教一只猴子说话,每次教一个音节。

与自己谈话的能力

□ 周国平

有人问犬儒派创始人安提西尼,哲学给他带来了什么好处。回答是:"与自己谈话的能力。"

我们经常与别人谈话,内容大抵是事务的处理、利益的分配、是非的争执、恩怨的倾诉、公关、交际、新闻等。独处的时候,我们有时也在心中说话,细察其内容,仍不外上述这些,因此实际上也是在对别人说话,是对别人说话的预演或延续。我们真正与自己谈话的时候是十分稀少的。

与自己谈话的确是一种能力,而且是一种罕见的能力。有许多人,你不让他说凡事俗务,他就不知道说什么好了。他只关心外界的事情,结果也就只拥有仅仅适合与别人交谈的语言了。这样的人面对自己当然无话可说。可是,一个与自己无话可说的人,难道会对别人说出什么有意思的话吗?哪怕他谈论的是天下大事,你仍感到是在听市井琐闻,因为在里面找不到那个把一切联结为整体的核心,那个照亮一切的精神。

2
不负青春，
让每种经历都变成宝藏

我就是要站在金字塔尖

□路观山

一切苦涩的"果",都有一个坏的"因"

初中毕业后,我顺利地考上了省重点高中。一时间我成了众人眼中的"别人家的孩子",父母的自豪、亲戚朋友的赞美让我逐渐放松了对自己的要求,开始旷课、上网、看小说。和我一起的还有我的同桌,他中考数学全校第一,曾是一个名副其实的学霸。

最开始,我们只是在课间或者自习课上看小说,最后发展到一整天都沉浸在小说的世界中,分不清现实和虚幻。到高一结束的时候,比看小说更吸引我的就是上网,每天下了晚自习,我们的固定活动就是去网吧,我喜欢和一群人在游戏所营造的江湖里拼杀,执着于锻炼各种技能操作。游戏上瘾的直接结果就是我开始旷课,先是只旷半天课,最后发展到我可以几天不去上课,毕竟有时候打起游戏我连饭都忘了吃,谁还记得去上课啊。

随着时间的流逝,放纵渐渐结出了恶果。期末考试时我和同桌凭着"绝对的实力","抢夺"了班级排名倒数两名。

高一的那个春节和以往大不一样,我失去了自信,不敢面对亲戚们的询问,对别人的称赞也只能红着脸躲开。我得到了之前从没有过的东西——自卑。我想要在游戏的世界里躲藏起来,却发现那里已经不再是我的世外桃源,在网吧里的每一刻我都如坐针毡。负罪感让我逃离了那里,在之后的高中生涯里再也没有进去过。

高一下学期,同桌继续过着旷课、看小说、上网的生活,我却买了一堆资料,想要捡起之前落下的课程。我制订了详细的学习计划,没日没夜地看书、做题,渴望在最短的时间里补上高一的知识漏洞。我刻意忽略老师讲授的新知识,沉浸在独自学习的世界里,感动于自己单枪匹马孤身奋战的英姿。终于月考来了,见证我学习成果的时刻到来了,然而结果是——同桌的分数都比我高,那个有时候旷课一周、上课常常看小说的人,考得比我好。"没关系,只是意外,让子弹飞一会儿。"我告诉自己,然后制订了更加严苛的学习计划。第二次月考,我的成绩和同桌的不相上下。这时我的自信被彻底摧毁,又开始借着小说来麻醉自己,成绩也一直稳定在倒数十名。

高一下学期即将结束的时候,同桌极少出现。当时听说他的妈妈做手术,他要回家照看,直到有一天他妈妈找到了学校,谎言终于不攻自破。学校以无故旷课三周勒令其退学。同桌没再回教室,他的物品是他妈妈过来取的,直到现在我都记得她的眼神,那种不甘与失望混合着无地自容的羞愧狠狠地刺痛了我。

向前跑,迎着冷眼和嘲笑

从高一下学期的经历来看,我确信自己不是天才,不可能看一遍书就能将之前的知识融会贯通。高一的暑假,我放弃了玩乐,开始了艰苦的复习之路。我每天早上7点起床,背英语课文、背古诗词;上午9点到下午5点,到补习班补习落下的课程;晚上做各科的试卷,背英语单词。终于,在暑假结束之前我补齐了高一欠下的"债"。

转眼到了高二,跌过一跤的我不敢再沉浸于自己的世界里盲目复习,我提前预习老师将要讲的内容,上课认真听讲,下课向老师和同学请教,晚自习疯狂地刷题,回到家用半小时过一遍当天学到的知识,用两个多小时做一到两套练习题,再将当天做错的题整理到错题本上,之后用一小时背英语单词……

高二上学期期末,我的成绩从倒数前进到了班级中游,那些被我超过的同学深以为耻,我清晰地感受到了有些人的冷漠和讽刺,我在心里默默告诉自己:"我不是要证明我比他们厉害,而是要证明我失去的东西我一定要拿回来!"

高二下学期的记忆我已经模糊了,因为每天都是在重复以往,记忆深处只留下两点一线的路程、黑压压的教室、一本本用完的草稿纸,还有深夜清冷的灯光和清晨冒着热气的早餐店。

绝地反击,我就是要站在金字塔尖

高二在日复一日的重复中草草结束,我的成绩一直稳定在班级中游,似乎已经到了瓶颈,再怎么努力也没有大幅度的提升,于是我开始总结反思自己的学习方法。

论做题数量我不输于那些学霸,论在学习上花费的时间我更远远超过他们,但为什么我的成绩和他们相比差了这么多?细细思索后,我得出的结论就是我动力十足但缺少方向,想要以题海战术来满足追求好成绩的欲望,想要以苦学来彰显自己的用心,做过的题我并没有做好总结和反思。找到了症结所在,剩下的就是行动了,我要让所有人看到,我才是那个站在金字塔尖的人。

高三在校长声嘶力竭的动员声中拉开了帷幕。我不再用课间休息时间去学习,而是抓住每一分钟的休息时间去跑、去跳,去做一个漂亮的倒挂金钩;我不再埋头刷一大堆习题,而是仔细研究近五年来高考试卷中的每一道题,归类、总结、反思;我不再牺牲宝贵的睡眠时间,而是晚自习结束回到家后用半小时预习和总结错题,然后在11点前上床睡觉。

高三的第一次月考,我挺进了班级前二十名;第三次月考,则考到了班级前十名。班主任对我露出了更加和煦的笑容,学霸也会"屈尊"向我请教问题,昔日的"盟友"用崇拜的眼神看着我……

经历了三次模考,我的成绩稳定在全校第二十名左右。在最后的高考中,我的英语有些发挥失常,不如平时考得好,但总体来说,还是不错,我顺利考上一所"211"院校。我明白对资质平庸且荒废了一年学习时光的我来说,这已经是很好的结果了。

忙忙碌碌的高中生活在并不绝对完美的结局中尘埃落定,我不与别人试比高,只为对得起自己的星夜兼程。我想,人生的旅途中,我们或许会遇到各种各样的坎坷,遭遇种种失败,会痛苦,也会无奈,但这就是生活的常态,关键看我们怎么对待。不管怎么说,我们一定要相信自己,当你确信自己有站在金字塔尖的实力,那么就努力吧,放手一搏,你一定可以。🌱

在高处

□ 刘江滨

人类恐高之患自古皆有,即使是文人墨客登临高处,也不全如杜甫那样豪情万丈。

据李肇《国史补》载:"韩愈游华山,穷极幽险,心悸目眩,不能下,发狂号哭,投书与家人别。华阴令百计取之,方能下。"作为一位大诗人,登临华山之巅,非但没有意气风发,反而怕得要死,严重失态,不仅号啕大哭,而且写下遗书。华阴县令想尽了办法才把他从山上弄下来。不必笑话韩愈,苏轼也曾在悬崖边两腿打战,登高哪有什么胆魄,只有胆寒。李白面对高耸入云的蜀道感叹说"噫吁嚱,危乎高哉"。

这里边隐含一个道理,高处固然有绝妙风光,也有危险相伴,一币两面。🌱

那个教我写故事的女老师

□闫晓雨

小时候写作文，最讨厌的一句话是："文章体裁不限，小说、诗歌除外。"在上初一以前，我一度觉得，小说和诗歌都是洪水猛兽，要不然怎么老是被"除外"呢。

我们初中是当地最好的私立学校。开学那天，其他班级的同学都其乐融融、生机勃勃，家长们也都喜笑颜开，只有我们最后三个班，气氛有些凝重。因为传言最好的老师都被安排到了前面的班级，而后面三个班的师资力量相对薄弱。

听说教我们语文的王老师只是一个刚刚毕业的年轻老师，年龄不大，没有丰富的教学经验，而且我们是她教的第一届学生。

"不会拿孩子们来练手吧？"

"一个初出茅庐的老师来教这么重要的科目，这可怎么办？"

一时间，家长们议论纷纷，他们的担心无可厚非，可这一次他们多虑了。

新上任的语文老师很漂亮，有着纯真无邪的眼神，尚未褪尽学生时代的青涩。她站在讲桌旁边，说话声音柔柔的，普通话非常标准，像悦耳的风铃声，朗读课文的时候让人不自觉地陶醉其中，甚至忘记这原本是烦闷的课堂。

刚开始，班里还有淘气的男同学会捉弄她，毕竟这名老师看起来太年轻了，一副弱不禁风的样子。青春期的男生正叛逆，有爱出风头的男生会在课堂上故意拿出借来的小说看。被王老师逮到之后，我们都以为他会被叫家长，可是一切都风平浪静，让人摸不着头脑。

第二天上课，王老师带了那本被没收的小说——一本玄幻小说。我们都以为王老师要发火了，在暴风雨来临之前，大家都交头接耳，揣测着那个男生的悲惨结局。

"这本书，班里还有其他同学看过吗？"大家面面相觑，没人说话，"别害怕，如实回答，敢于承认的同学，老师奖励零食吃。"

话音刚落，她就从讲桌下掏出一个塑料袋，里面装满了零食。坐在后排的一个男生举了手。慢慢地，如同扫雷游戏一样，越来越多的同学开始举手。男生们基本上都举了手，我那一向羞涩、不爱说话的女同桌也举起了手。

王老师笑笑说："昨天晚上，我批改完卷子看了一下这本小说，它太厚了，没一周的时间根本看不完。作者确实有许多超前的奇思妙想，人物形象刻画得很饱满，情节跌宕起伏，让人有一种忍不住读下去的冲动，难怪你们都喜欢。"

"但是，"她顿了顿，接着说，"这个作者前面铺垫的东西太多且对主角光环的执念太强，这样一来主线就被扰乱了，显得没有逻辑。读者虽然在阅读时感到很过瘾，但看过大结局的同学仔细想一想，是不是觉得没有之前预期的那么好呢？"

同学们纷纷点头，觉得王老师神了，没看完小说就猜中了结局。然后王老师又掏出课本向大家解释，虽然课本里的文章未必是最精彩的，但每一篇都值得借鉴。

"老师并不反对大家看课外书，但还是希望同学们在有限的学习阶段，去汲取更有营养的内容。同样是小说，你们可以选择看文学性更强、文笔更精妙的中外名著。"王老师说。

那节语文课，王老师讲述了她自己从小到大喜欢看的一些书，和大家分享了她在成长的不同阶段迷恋过的历史故事、文学作品等。莫泊桑、三毛、博尔赫斯、沈从文、毛姆、杜拉斯、村上春树……一大串名字从她嘴里蹦出来，为我们打开了新世界的大门。

快下课的时候，她把零食分给大家吃，然后还留了一个特殊的作业——让大家开始写日记。题材不限，体裁不限，形式不限，可以选择给王老师看，也可以选择不给王老师看。但王老师强调，如果有人愿意和大家分享自己的日记，她会在每周五抽出一节课作为公开课，来和大家一起讨论。谁的日记最受同学们欢迎，谁就会得到额外的奖励。

在这种新鲜好玩的提议之下，同学们一时之间疯狂地迷上了写日记，每个课间大家都会积极讨论。"昨晚你写日记了吗"甚至成了大家见面时的问候语。因为王老师鼓励大家尽量发挥想象力，不要克制自己的表达欲，所以同学们都很兴奋。我也暗暗发力，筹备自己的"大作"。

第一次公开课上，王老师挑出了一些作品和我们一起讨论，王老师说："真是没有想到，原来我们班的同学都这么有才华啊！"在公开的日记里，有人把自己的一天画成了简笔漫画，有人学着写诗，有人写出充满奇思妙想的小说，有人老老实实写日记，但真情实感的流露还是格外打动人。后来老师抽出最下面的一个本子说："还有一个同学的日记，大半夜的，吓到老师了。"

王老师瞥了我一眼。完了，果然是我，我写的"奇幻故事"被发现了。

其实我已经想不起来当年自己大半夜在日记本里到底写了什么内容，只记得我在写日记的时候文思泉涌，手中的笔宛若魔法棒，轻轻松松就勾勒出一个令人充满窥探欲的虚幻世界。

我原以为写这种题材的日记会受到老师的批评，但王老师并没有说这是不对的、不好的，她反而以一种玩笑的口吻告诉我："其实人与其他物种，哪儿有什么分别，或者说，在更高维度世界的生物看来，我们这些'人'又不知道被称作什么。"

那是我上过的最难忘的语文课。下课之后，老师喊住我，对我说我的文字很有灵性。虽然写得不算好，但是里面的许多比喻和情节都让她觉得我是一个可塑之才。因为涉及物种异化，她还给我推荐了《山海经》，并且告诉我："不管是什么故事，都要有前因后果，要有它的精神内核。"

"你会在写作中找到你自己。"她告诉我。

这句话，我记了很多年。我对写作产生热爱，都是因为王老师。

其实她并不算是多么特立独行、标新立异的老师，但在我心里，她是特别的。因为她让我觉得，原来语文不只是一门学科，更是一种探索世界和自我的方式。

共识多了一定是好事吗

□罗振宇

飞书的朋友，告诉我一个对数据的洞察。他们在做公司内部的审批系统的时候，有一个数据，叫"秒批率"，就是说，公文流转到某个人的时候，他只用了三秒不到就批准了，证明他压根就没有仔细看，一个人的秒批率越高，他忠于职守的态度就越差。

但是，观察这个数据还有另外一个角度，如果一个审批程序，大量的人都是"秒批"，这就不能证明这些人都不忠于职守了，而是证明这个审批程序可能没必要，那就要考虑改革审批流程了。

据说，古老的犹太法律就规定，一个案子，如果每个法官都认定嫌疑人有罪，那嫌疑人就会被视为无罪。背后的道理是：过多的一致，意味着司法程序中存在系统性的错误。一致同意往往会导致错误的决定。

所以有一个词叫"共识悖论"：共识越多的地方，越要小心啊！

你敢把自己的朋友分分类吗

□ 王志纲

我把真正的朋友分成三类，谈不上高下深浅之别，只是相处的模式和边界不同。

第一类朋友，叫可以交流，交浅不言深，言深不交浅。可以交流有两重含义，首先要值得交流，其次要能够交流。两个要求看起来很简单，但已经筛掉90%的人。"值得交流"的前提是人品，一定要是好人，是热心人，阳光充满正能量，能力是否出众倒无所谓，我给这样的人取了个外号，叫"无公害植物"，我很喜欢和这样的人交朋友。而"能够交流"，也就是我们常说的聊得来。要是驴唇不对马嘴，总对牛弹琴，硬搅在一起很辛苦，何必呢？朋友间没有共同话题，自然渐渐就会疏远。还有一类人，可能是囿于视野格局，整天困在小圈子里关注些鸡毛蒜皮，对外界基本丧失了直觉，有时要碍于面子和他寒暄两句，着实让我感觉很痛苦。

第二类朋友，叫可以合作。有人的地方就有江湖，这与武侠小说中快意恩仇的江湖不一样，想要做成一件事情，最重要的品质是"靠谱"。有人说靠谱是契约精神，有人说靠谱是尊重时间，也有人解释为有效反馈，要我说，把事情交托给你，让别人睡得着，就是靠谱。

除了靠谱，还要有能力。市场经济只信奉两种游戏规则，要么是店大欺客，要么是客大欺店。有了实力，你的一切就成了规则。当然，合作不一定要找大人物，很多所谓的成功者本质上是机会主义的成功。成功与否不是评判合作的尺度。谈生意是和老板合作，打高尔夫是和球友合作，接送机是和司机合作……只要靠谱，都是可以合作的朋友。多个朋友多条路，说的就是这个意思。

第三类朋友，叫可以托付。这样的朋友，有一两个就是幸运。谈恋爱讲究托付终身，交朋友也一样，你托付的很可能是身家性命。古代最有名的朋友圈是竹林七贤。其中嵇康和山涛的关系最扑朔迷离。两人相逢于布衣，共游于竹林，清谈饮啸、狷介疏狂，引为知交。然而山涛步入官场，举荐嵇康也出来做官，嵇康却写就一卷《与山巨源绝交书》，指着山涛的鼻子骂他不够朋友。别人推荐你做官，你不做就是了，犯不上绝交，更犯不上措辞如此严厉，搞得山涛狼狈不堪，千载之下，依然背负着不够朋友的骂名。

然而嵇康临刑前那个晚上，山涛带着嵇康十岁的儿子嵇绍前去探望，嵇康弹毕《广陵散》，毫不犹豫地把儿子托付给了山涛："巨源在，儿不孤。"山涛待嵇绍如己出，等孩子长大，又由山涛举荐做官。成语"嵇绍不孤"，由此而来。大道朝天，各走一边，不妨碍嵇康在最后关头向山涛托付身家性命，历史每每如此让人动容。

近日闲聊，提起托付，席间有人讲了一段亲身经历：儿子和他推心置腹谈了一次，"如果有一天你出了事，常规社会途径失效的时候，我该去找谁？"这是一个冷静而深刻的问题，这位老兄纵横半生，关系网不可谓不深厚，但说到可以托付的朋友，思考良久，最终也只数出一个半。

世事像筛子，你走红时，烈火烹油，难免泥沙俱下、鱼龙混杂。当你落魄时，米往哪里走，糠往哪里走，沙子往哪里走，都会各归其位。切记：诺不轻许，故我不负人；诺不轻信，故人不负我。

年轻是一种氛围感

□艾小羊

最近我发现一个残酷的事实：大家跟我在一起，主要是为了缓解年龄焦虑。

经常合作的摄影师比我小十几岁，跟我拍一天照特别累，他在回家路上跟化妆师感叹："看到小羊姐还跟年轻时一样，我觉得咱们也可以再拼20年。"

我的读者最喜欢看我发新旧照片对比，以前我的审美没这么好，也没有健身，因为年轻看起来很青涩，加之修图水平没有现在高，总之，如今的照片比之前的好看。

读者看了心生欢喜，在后台留言："我终于看到了一个越老越美的人，瞬间对变老这件事没那么恐惧了。"

万万没想到，本来立志当才女的我，慢慢活成了一个"抗衰吉祥物"。

一个天赋普通却自强不息、活力满满的中年人，往人堆里一站，大家就会想：哇，她可以，我也行！

既然已经活成了吉祥物，不如进一步，说一说我的抗衰秘诀。

首先，不服老、不认老，就不容易老。

在我的词典里，除了最后生活不能自理这种不可抗的衰老，生命的其他阶段都叫"年轻"。

无独有偶，白岩松采访80多岁的黄永玉先生，看老先生开红色法拉利跑车，脱口而出："这东西不是小年轻玩的吗？"

黄老回应："我不就是小年轻？"

很多人觉得黄老幽默，我觉得不是，他是真这么想，如此，才能当一辈子野孩子。

其次，每天至少做一件新鲜的事。

人是从什么时候彻底老去的？

就是他开始活在过去，对生命只有经验，却失去了好奇，一切新鲜的东西都与他无关的时候。

从这个层面看，我见过25岁的老人，也见过52岁的年轻人。

每天做一件新鲜的事其实不难：穿了10年的西装，尝试搭配一条卫裤；从没用过的化妆品，在商场免费试用柜台领一个小样试试……我曾经在刚开业的奶茶店看一对老夫妻学习如何在手机上领券，然后捧着两杯"网红"奶茶坐在店里边喝边评价，我觉得他们很年轻。

年轻的氛围感，是流动的，拥抱新鲜是保持年轻氛围的核心。

当然了，不是新鲜就一定好，而是满怀好奇心的你，看上去很好。

最后，剔除复杂的关系，维持简单的判断与生活。

年轻人的活力，足够将生活变成一个热闹的马戏团，而永远年轻的人，他们的活力在于慢慢将人生简化到只做自己必须做的事。

尤其要在人际关系上做减法，别操不该操的心，包括对子女。

对时间的焦虑，是人生的终极焦虑。一方面我们要认命，另一方面我们不能认命，毕竟往后的每一天，我们都是最年轻的自己。认命了，才能有稳定的情绪、充分的智慧，去粗取精地经营自己，活出蓬勃向上、不认命的年轻感。

你的斗篷还在吗

□明前茶

每个人最初的戏剧舞台，也许就是自家炕头，无须勾脸，也无须锣鼓胡琴伴奏，只要披上斗篷，就能横刀跃马，扮演在千军万马中冲杀的上将军。一开始，孩子们披着床单，后来披上外婆的鲜艳大方巾，最后，他们只要双手向后一挥，噼啪抖动空气中看不见的斗篷，在锁骨前系上一个活扣，就拥有了飞身上马的派头与勇气。

在奥斯卡获奖片《撞车》中，被主顾欺凌的锁匠回到家中，发现熟睡的女儿躲到了床下。锁匠千呼万唤，都不能消解女儿听到街区枪击的恐惧，便俯身编起隐身斗篷的故事，说自己从爷爷处继承了可以遮挡任何子弹的斗篷，现在，他准备传给女儿。这是影片最动人的桥段之一：父亲在虚空中脱下斗篷，给孩子系上，告诉她洗澡或者入睡也不用脱下来。

这并不是一个孤立的片段，最终，隐形斗篷从一个童话世界，走向了现实世界——一位伊朗杂货铺店主在自己的店铺被洗劫一空后，迁怒于让他换一扇门的锁匠，他持枪瞄准了这个一脸发蒙的手艺人。小女孩扑过来，挡住了那颗子弹。此时，父母脸上的震惊令人心碎，母亲撞到了门槛上，父亲一脸崩溃地拥抱着孩子，不想相信这就是永别。情节的神转折出现了，孩子笑了起来，她竟毫发无损，父亲的隐形斗篷似乎起了奇效。

当然，这要感谢锁匠女儿的远见。她发现，父亲被生活屡次鞭挞，已逐渐变成一座活火山，便自作主张替父亲买了一箱空包弹。

关于斗篷与魔法的想象，的确是我们人生中极为珍贵的体验。作家陈春成小时候喜欢胡思乱想，无法将注意力集中到枯燥的刷题上，有一天，他对家长与老师无休止的劝诫感到厌烦，主动驱逐了头脑中的混沌想象。他后来在小说中追忆那个夜晚："第三天晚上，我想好了对策，关了房门。让所有的想象力都集中到脑部，它们是一些淡蓝色的光点，像萤火虫的尾灯，这时都往我的头顶聚集。过了好久，它们汇聚成一大团淡蓝色的光芒，从我头上飘升，渐渐地脱离了我，像彗星一样冲天而去。我坐在书桌前，感到说不出的轻松和虚弱。"

小说主人公考上了不错的大学，但他的脑海中再也不会自由伸展出幻想的藤蔓。对驱逐想象力这件事情，他成年后是后悔的。因为他没有设定好如何让"那朵星云"回来。于是，他的余生再也没有出现过比那些幻想更盛大的欢乐。他仿佛失去了遮挡俗世中一切伤害与桎梏的斗篷，生活在那一刻就开始一眼望得到头。

趁着孩子的想象力还没有消失，俯身在浴缸边或沙坑旁，耐心聆听那些游走在现实与梦幻间的故事吧，这也许会召唤消失多年的"萤火虫"，带着它们的尾灯，重新在你的头顶汇聚，照亮你的脸。

长大是个残忍的词

□小丸子

你幻想过自己的15岁吗？我从小就对15岁有着谜一般的执着，很多青春故事就是从这个年龄开始发生的。在我的幻想里，我是学生会或者播音部的，组织参加很多活动的同时，能把学习兼顾得很好。

而事实是，凌晨3点多，我还没有睡着，这种状态已经持续好几天了。我心情不好，就会失眠，头很重，像是有千万斤秤砣挂在我脆弱的神经上，不知道什么时候会"啪"的一声断掉。

还有三个多小时就要起床去学校了，我一边焦虑，一边祈祷这三小时能不能像三年一样，慢一点，再慢一点，我真的不想去上学。

上高中的第一个星期，我的生活像被阴霾笼罩着。大家都在忙自己的事情，不会再像初中一样，几个女生黏在一起，手拉手去上厕所。我走路回家，身边同学都骑自行车，所以中午放学和晚上下自习，都是我一个人走。看着路上和我年龄相仿的人三两成群，说说笑笑，形单影只的我在心里默默地想：他们会不会觉得我这个人很不好相处，所以才一个人？

不单单是孤独感令我心烦，还有学业上的问题。我不擅长物理和数学，同学们能及时回答老师抛出的问题，而我得想老半天才能明白。我好羡慕有的人永远元气满满、游刃有余地面对新生活，而我就像一列驶错轨道的火车，对如何步入正轨，手足无措。

现实给了我一记耳光，小时候的那些幻想只是幻想。

和以前的朋友打电话，她也说，上高中后，大家都更加独立，有自己的计划和安排，所以想一下子交到知心好友真的很难。能遇到值得交往的朋友最好，没有的话，也不要难受，反正我们永远是好朋友。

朋友的话给了我很大的力量。有一天课间，看到后桌在努力解数学题，草稿本上是密密麻麻的演算过程。我满脸震惊，因为我一直认为他是天赋型选手。

他笑笑说："我数学没有那么好，所以得多做题。"原来大家都在努力，而我只看到他们风光的一面，忽略了他们的努力。反观自己，因为高中老师不像初中老师逼得那么紧，就懈怠了学习。

小时候我们都觉得自己很特别，越长大越发现，自己普普通通，世界并不是围着我转的，很多事情不是哭哭啼啼或者抱怨两句就能解决的。所以啊，要懂得自己消化不好的情绪，从不太满意的生活中找出值得开心的小事。"长大"是个残忍的词，它意味着分离，跳脱舒适区，迎接新生活，适应孤独，自己督促自己勤奋努力。

长大有时很残忍，但我们必须长大。

隧道尽头的那道暖光，是你

□一两贰两

一

我和K相识于高二，那时我们刚分完文理班。新班级的大多数人已经相处了一年，而我是个很难适应新环境的人，所以干脆彻底封锁了自己，过了一学期我还叫不出班里多数同学的名字。

那段时间，我的成绩急速下滑，加上内心本就矫情脆弱，状态很是糟糕，甚至做出一些自伤行为，等清醒过来又追悔莫及。

就这样，每天过着不正常的校园生活，我开始猛吃，体重暴涨，身体也出了问题。哪怕去一趟卫生间再回到座位上，接下来，我一整节课都会大汗淋漓。

一次期末数学考试，因为成绩差，我被分在倒数第二个考场的最后一排，一抬头，前面所有人都在埋头苦算，再低头看自己的卷子，突然发现连一个字都不认识了，顿时急得满头是汗。

那场考试算是我的人生阴影，现在我偶尔状态不佳时，还会恍惚回到那个考场，回到那个汗流进眼睛，刺得我把脸埋进空白卷子的瞬间。

考完数学，大家都去食堂吃午饭了。我没去，独自坐在教室的最后一排。我摊开生物书，却越看越不懂，便一边哭一边拿尖头水性笔扎桌子。笔尖被我扎弯了，我突然发疯，把笔按在生物书上，拼命用指甲抠它，想让它回正，翘起的笔尖刺进指盖缝里。看到手指开始出血，我就更加失去理智，趴在桌上使劲把笔尖往手指盖里捅。

就在这时，K回来了。

我没注意他是不是第一个进教室的，直到他轻轻在我旁边坐下，我才意识到有人来了，赶紧趴着装睡，把手藏在头下面。

他坐了一会儿，忽然问："你吃饭了吗？"我仍旧趴着，恹恹地说"没有"，但已恢复冷静，也开始感受到指缝间的痛。

又过了一会儿，他问我："你为什么哭啊？"声音很轻而且特别温柔。我本来已经平静下来，但听到这句话后，又非常委屈地痛哭起来。但我又不好意思说自己在发疯，就借口说笔坏了，下午考理综没笔用，还把笔尖弯了的笔递给他看。

当时我的本意是让他忙自己的去，别管我了。没想到他把笔接过去，低头在桌子上也用指甲开始压。

我扭过头去趴着看他，一边流眼泪，一边心想："怎么可能修得好呢？不可能修好的。"

然而过了一会儿，他把笔放在我面前，笔尖已经回正了。我看着笔发呆，听见他问："现在愿意告诉我，到底为什么哭吗？"

那是一个晴朗的正午，阳光从他背后的窗户照射进来。虽然这样形容很俗气，但当时的K，真的就像一束光一样。对他的喜欢，就是从那个瞬间开始的。

我又开始哭，哭得比刚刚还要凶，边哭边抽抽搭搭地说："我记不住减数分裂。"——这依旧是个借口，因为生物书正好翻到那一页——"我努力背了，但就是记不住……"

K就把生物书和他修好的笔都拿过去，从减数第一次分裂开始给我讲解。他极有耐心，声音也好听，但他讲的什么我完全没听进去，脑子里只有一个想法：他竟然真的修好了！

二

因为这件事，因为他，我的状态好转许多，也在新班级交到了朋友。

我对K的关注就是从那个午后开始的，他是普遍意义上的那种好学生，成绩好、人缘好，长相是我觉得超帅但其他同学都觉得正常的高中男生模样。

那件事之后，我们并没有成为朋友。高中以学习为主，大家的确没什么交流。高二开始晚上自习，我因为久坐，腰椎不适，每晚都去教室后面背靠着墙坐在地上才能学习。他有一次经过时，问我怎么坐在地上。

我说夏天这样比较凉快。

那时候都是单人座，周五住校的同学早放学一小时，所以会空出一些座位。后来每周五他都会坐到教室最后的空座上，我一抬头就能看见他的后背。

我知道这不是为了我，只是后面人少清静，头顶还有风扇，但心里还是美滋滋的。那时，最期盼的日子就是周五了。

晚自习的休息时间，我经常趴在窗边吹风，出神地望着远处渐次亮起的霓虹灯，偶尔闪过一个无聊的想法：如果没有他，可能我早就扛不住跳下去了吧。

自从发现我有趴窗户的习惯后，他便常常在休息时间来到窗前，和我一起默默看着远处的霓虹灯，也不说什么，打铃了就各自回到座位上。

我也会暗自好奇，他是真的想看风景，还是在担心这个曾有过"不正常"行为的女同学会做出不理智的举动？

他做的每件事都会让我重新心动一次，让我仿佛又看见数学考试那天的一束光。但我们终究是不熟的。

毕业自由合照时，我很想去找他，但最终我跟每个同学都合了影，除了他。

我收藏了许多与他有关的东西。比如运动会参加同一个集体项目的纪念照，我俩站在照片两端，我在女生最右边，他在男生最左边；比如同学一起聊天时，他提到的一部新电影，我独自去看后留下的票根；比如我跟邻座传字条被老师叫起来念答案，他在背后小声说了一个"C"的那张卷子；比如他修好的那支笔，他写过"初级卵母细胞""次级卵母细胞"的生物书……高考结束，一帮同学相约一起去游乐园。中途男女生分开去排两个项目，男生先结束去吃饭了，我在群里艾特另一个男生让他帮我们带几串烤鱿鱼。

没想到是K回复的我，他说："帮你们带了。"我把聊天记录截图保留下来，多少年过去，换过多个手机也还存在相册里。

那次游乐园合影，依然是我站在女生最右边，他在男生最左边。

三

其实青春期的心动啊暗恋啊，很难会有结果吧。后来，我在北方读大学，他去了南方。

那时QQ有个匿名发消息的悄悄话功能，我决定无论如何都要向K表白。某个周四的深夜，我给他发了很长一段文字，删删改改地讲述我曾经多喜欢他，又担心会给他增加负担，于是翻来覆去地重复，叫他不要放在心上，我已经走出来了，只是这份心情很想让他知道而已。

发送之后本想好好睡觉的，没想到他秒回了。还是无比温柔地安慰我，他说他现在还没有女朋友，但是希望找一个不是异地的对象。

我明白的。他好像知道我一定会哭一样，一直陪我聊到两三点，还说放假可以一起玩《狼人杀》。我确实一直在哭，涉及他的事我永远无法控制泪腺。

现在K已经有女朋友了，听说，他跟女友是因为做同一个课题，自然而然在一起的，谁也没表白。真好啊！是他的风格。

从将K默默放在心底，至今已经8年多了，我和K永远是站在照片两端的人，我站在女生最右边，他在男生最左边。

有只丑小鸭，没有变天鹅

□ 简 洁

我并不喜欢丑小鸭的故事。以为在成长的某个时间点后就会脱胎换骨，这样坚定而无凭据的希望，总带着股天真的悲情。

养过鸭子的城市小孩不多，我恰巧是一个。并不是我对这个物种有特别的喜爱，而是在我妈筛选之后，认为鸭子可以自己洗澡，养起来比较干净。

于是，我得到了五只毛茸茸的黄色小鸭子，稚嫩，弱小，惹人怜爱。喂食，散步，我在它们的吵闹中感到欢喜。我像准备仪式一样等待它们第一次下水，在一个日光倾城的午后，我把它们放进蓄满水的水池。也许是想给它们一段自由玩耍的时光，我走开了一阵，回来时看到的却是它们集体躺尸的场面。

鸭子游泳淹死了。这对我来说绝不是一个吊诡的笑话。原来在鸭子长出尾羽分泌脂肪之前，是不能浮在水上游泳的。

我妈把它们捞起来，用报纸垫着，让阳光照在它们身上。一只，两只，三只，我看到它们羽毛渐干有了微弱的呼吸，而另外两只，却是怎么都不再动了。

劫后余生的三只鸭子，连叫声都蔫了下来，没过多久，又有一只悄无声息地死在了纸盒里。

某个清晨，在比平时更加躁动的鸭叫声中，平日安静的那只鸭子再也没有醒过来。剩下的那只明显焦急起来，它将盛食的小碟拱到死去的同伴面前，绕一圈，再拍打几下。不知重复了多久，直到我们把那只不动的小鸭子拿出来时，都还有半边身子沾染着剩下那只的温暖。

剩下的那只鸭子再也不复之前的吵闹，连着两天，似乎都只呷了点水喝。赶它出来散步，它也并不肯挪动，倔强地缩成一团，表达着它的悲伤和寂寞。

我想尽办法，也不能获得它的丝毫理睬。"喂，"我对它说，"等你长大了，我就带你去游泳。"我以为，"长大"是所有未解问题的终极答案。它耷拉了一下脖子，我把这当成约定的示意。

鸭子依然每天团在窝里，偶尔被带下楼拿到草地上晒晒太阳。它执着地孤僻着，我很少再去看它。

等它再回到我的视线时，我几乎认不出来了。它黄色的绒毛已经褪尽，长出了灰黑的杂色羽翎——真丑。我的认知里，所有的"长大"都是关于美的魔术，这样的变化，我始料未及。

它依旧孤僻，但随着丑陋的羽翎一起长出来的，还有它的坏脾气。它像是突然进入了青春期，不耐烦于安静地蹲在纸盒里，而是在家里和楼道间横冲直撞，上蹿下跳，将羽绒散到各处，时不时还顶一下人。我妈只好用一个箩筐将它罩起来，只在喂食的时候将它放风一阵。除了短暂的嫌恶，它并没有给我带来太多的烦扰。

在一次我久违地给它喂食时，发现它走得有些不正常。它不知何时长成了一只驼背鸭子，背部怪异地高耸着，像一只变形的骆驼，丑陋，肮脏，畸形。它显然已经习惯了这样的放风规律，别扭地摇摆着，在木质的楼梯间努力地踱着步子。它毛茸茸时期的忧伤气息已经一扫而光，我难受得发不出声。

我没有再把箩筐罩回去。

等我妈回来时，看到的是鸭子在床单上留下的污渍。再过了几天，它就变成了桌上一锅热气腾腾的炖汤。那顿饭我一口都没有吃。

我认得，是因为那高耸的畸形骨架。

它的长大，并没有给它带来闪亮的新生；它的命运，让我对某种认知埋下幻灭的因子。

我并不喜欢丑小鸭的故事。因为我始终记得，有一只丑小鸭，没有变天鹅。

"五级批评"

□ 徐 玲

作为老师，怎样的批评方式既能起到教育作用，又不伤害学生？

罗振宇讲过这样一个例子：学生上学没带作业本，班主任要在群里通知家长。老师并没有直接说出孩子的名字，而是拍了孩子鞋子的照片发到群里。为什么这样做？因为自家孩子的鞋，家长一眼就能认出来，而别人认不出来——督促的作用起到了，家长和孩子的面子也保住了。

有一位叫华应龙的老师，讲了自己批评学生的方法，对我们非常有启发。华老师说，他会事前和学生约定好，什么样的动作代表什么等级的批评，批评一共分五级：

第一级批评，是看一眼。当学生在课堂上调皮，老师会远远地、用批评的目光看他一眼。

第二级批评，是摸个头。老师会不动声色地走到调皮捣蛋的学生身边，一边讲课，一边用手摸个头，这就是再次提示学生，要注意了。

第三级批评，是点个名。如果摸了头还不改，老师会直接点名，但不会多说什么。

第四级批评，是站5秒钟。

点名以后，学生如果还不收敛，老师就会再次点名请他站起来5秒钟，再坐下。

第五级批评，是写说明书。如果前四级批评都没有效果，那就要学生课后写检讨说明了。

也许有人会问，点个名、站几秒，听起来都是比较轻的手段，对特别调皮的学生不管用吧？华老师说，一件事情对人到底有多大影响，其中只有10%来源于事情本身，其他90%则来源于他对这件事的看法。"站5秒"，虽然事情本身很微小，但在排序上，这已经是第四级批评了，学生会意识到事情已经比较严重了。据华老师的经验，很少有孩子会到第五级批评，也就是写说明书的程度。

如果确实有孩子要写说明书，具体怎么写呢？要求的格式是这样的：第一段，写今天发生了什么事，为什么"享受"五级批评了。第二段，写当时被老师批评之后，心里是怎样的感受。

第三段，写今后打算怎么做。

说明书要写几百字，写好后，老师还会一次次地提意见，这里用词不准确，那里再补充点细节，总之要让他多修改几次。这样一来，学生才能深刻记住这个错误，知道受到五级批评后会非常麻烦，以后才不会再犯。

抱怨自己的天赋，不如提升你的努力程度

"我不配"那些年

□李柏林

1

我曾经一直都觉得自己是靠幸运走到了现在，很多事情仿佛是作为最后一名跳进了队伍。

十七岁那年，我收到了人生中的第一家杂志采访，当编辑找我的时候，我再三核对信息。除了开心，更多的是害怕。因为我去看了那家杂志采访的其他青年作者，我很害怕我夹在他们当中，被别人认为是个意外。

编辑说采访稿要放照片，可是那时，我觉得自己并不好看，连张像样的照片都没有。而当时我甚至觉得自己没有一件衣服适合拍这张如此重要的照片。寝室有个温州的同学，衣品在同学眼里也算是时髦了。我找她借了一条墨绿色的裙子，尽管那条裙子因为我们身材的不一样，显得很不合适。可是我觉得，只有那样的衣服，才配得上杂志。

后来杂志发行，编辑要给我寄样刊，我客气地央求编辑能不能给我签个名。当时那个编辑都愣住了，笑着说，一直都是别人要作者的签名，第一次碰到要编辑签名的作者。

他肯定不理解我的心情，我当时觉得作者那么多，偏偏他发现了我，我是多么幸运，觉得这是一种知遇之恩，我肯定要一辈子感激他啊！

然而这次采访过后，我并没有跟我的伯乐维持联系，甚至再也没有给他投过稿子。不是不想，而是不敢，我害怕后来的稿件质量不高，让他觉得当初采访错了人。

那时，遇见自己很感激的人，都不敢去表现自己，反而觉得远离能获得一种安全感，只得把这种感激放在心里一直珍藏。

2

后来我一直没有停止写作，十九岁那年，一位编辑告诉我，青春作家刚刚崭露头角，出版社决定出一套青春文学作品集，问我有没有兴趣。我想都没想就拒绝了。怎么可能是我呢？我稿子写得不好，发表的量也不多。

后来那位编辑觉得我如果不去争取一下就没有这么好的机会了，一直鼓励我，让我在截稿之前抓紧时间写。我是在自我怀疑的心态下完成了自己的书稿，心里一直在想，如果我能选上，那应该就是中彩票吧？最后虽然选上了，可是因为稿件被排在后面，出版社只出版了前二十本，而按照交稿的顺序，我的稿子正好是入选的第二十六本。

也许对自卑的人来说，看到了机会不是迎头赶上，第一个念头反而是逃离。

3

大学时期，学院经常举行文学活动，我因为喜欢写一些小文章，再者可以加学分，所以这种活动我总是很乐意参加。记得有次学院举行了一次征文比赛，我恰巧拿了第一。在颁奖典礼上，我遇见了当时是主持人的一个播音系男孩。

那次颁奖，让他认识了我，后来我去参加了播音系的小课，经常与他碰面，甚至觉得他以后一定是出现在电视上的主持人。可当他跟我暗示喜欢我的时候，我赶紧逃开了。其实不是不喜欢，只是觉得，如果被那样一个在镁光灯下的人，发现自己有那么多缺点，然后再分手，是多么残忍的一件事情啊！倒不如在别人那里成为一道白月光。

其实那些暗示，我怎么可能一点都不明白？只是觉得自己何德何能，能成为别人的偏爱呢？我一无所长，怎么可能会有人爱我很多年呢？

4

我一直都是这样，偷偷地努力，好在人群中显得自己不是那么笨拙；想要自己有一点才华，看起来不是一无是处；希望自己安静一些，才不会被人厌烦。

我就在这种自我怀疑中度过了整个青春。

直到后来我去参加一个诗歌活动，见到了自己从小就喜欢的一些作家，可我还是一样不自信。

活动有朗读环节，我听着很多朋友上去朗读诗歌。突然，一位朋友过来说："你也上去读一首吧！"

像在课堂上被老师提问的感觉一样，我依旧摇头拒绝，紧张到手心出汗。我能行吗？算了吧！我只想静静地坐在下面听啊！

可看着身边的人一个个上台，他们是那么从容自信。我环顾四周，看着那一位位优秀的前辈，这样一个场合，我又是怎么进来的呢？那是我凭着坚持一关关闯过来的啊！我突然有了很强的表达欲。我走上了台，讲述一个小镇姑娘靠着写作实现梦想的故事。开始都没有人相信她能成功，可她好像听不懂一样，一个人写啊写，她通过写作走到了喜欢的作家面前，也见到了想见的世面。

我在那一刻才觉得，为什么要那么自卑呢，我明明就配得上鲜花和掌声啊！每篇稿子，都是我深夜一个个字敲出来的，每本书，也是我独处一个个字读过来的。

5

曾经，我去种了一棵树，当开花的时候，我却以为是因为春天，而不是因为我的认真；当结果的时候，我却以为是因为秋天，而不是因为我的付出。

年轻的时候，我们总觉得自己不配。碰见生命中的贵人，我们妄想把时间凝固在曾经最好的那一刻，却不敢去突破关系；在机会来临的时候，我们通过逃避，来证明自己的平庸。甚至我们在谈恋爱的时候，也会问身边的人配不配，而忘了自己爱不爱。

而现在再回头看"我不配"的那些年，掌声来的时候不敢去听，奖牌来的时候不敢去接。不禁会有一些心疼，但更多的是感动于那些年的笨拙与真诚。

就像班里最认真的学生，虽然成绩不是很好，可是态度一直很端正，因为一边自我怀疑一边自我鼓励。正因如此，我才一直在奔跑的路上。每一个不放弃自己的人都配得到掌声，如果没有人鼓掌，也要自己告诉自己，只要在努力，你就"配得上"。

朱光潜的座右铭

□张达明

美学家朱光潜一生曾三立座右铭。第一次是在香港大学求学时，他以"恒、恬、诚、勇"四个字作为自己的座右铭。

第二次是在英国爱丁堡大学学习期间。朱光潜经过比较和思索，发现美学是文学、心理学和哲学的共同联络线索，于是决定把研究美学作为自己终生的事业。他迎难而上，并立下座右铭：走抵抗力最大的路！

朱光潜第三次立座右铭，是在20世纪30年代。学有所成的他，决心报效国家，郑重立下了"此身，此时，此地"的座右铭。"此身"是说凡自己应该做而且能够做的事，决不推给别人；"此时"是说凡此时应该做而且能够做的事，决不推延到明天；而"此地"是说凡此地（地位、环境）应该做而且能够做的事，决不等待想象中更好的境地去做。

学会做饭，是妈妈给的救命锦囊

□凌公子

我小时候在农村长大，周围的人们恪守着男主外女主内的传统。小孩子们长到一定年龄都要帮家里干活，女孩子做饭做家务，男孩子下地。我是个女孩子，但我最不喜欢去的地方就是厨房。我讨厌那里面的琐碎繁杂、烟熏火燎、湿漉油腻，更不喜欢被困在这样一个小空间里听各种家长里短。

我喜欢在农田里被夏天毒辣的阳光炙烤，胜过在屋子里和锅碗瓢盆交友做伴；我喜欢汗珠从头顶流下挟裹全身的酸爽，胜过美味通过口鼻浸润五脏六腑的迷醉。

所以当同龄的女孩子们都会做饭的时候，我最多只能帮妈妈打打下手；当邻居大妈婆婶们聚在一起的时候，总有人会炫耀她的厨娘本分已有人分担，而且小厨娘的本领如何了得，这时候妈妈就会很没有面子。有时候我甚至会被众人直接攻击和取笑，她们用一种鄙夷的眼神扫视着你，喉咙里发出阴阳怪气的声音：哎哟，这么大的姑娘，连饭都不会做！

妈妈在家更是恨铁不成钢，苦口婆心、正言厉色，甚至气急败坏地要求我学做饭，她经常对我重复一句话："不管你将来成为什么样的人，总是要吃饭的。"

但我依然左耳朵进右耳朵出，对厨房工作的参与仅限于择菜、洗碗和擦桌子。有时候连这些工作也不想干。为了不被妈妈抓壮丁，我经常趁她在厨房里忙活的时候，一溜烟儿就跑到地里主动干活儿了。

高中毕业后，我去了外地上大学。有一天坐在宿舍里读杂志，一篇中篇小说打动了我。大意是讲女主人公是个全职太太，很会做饭，把丈夫的一日三餐照顾得很好，丈夫对此习以为常，但她逐渐厌倦了这种生活，有一天故意找碴儿跟丈夫吵架后离家出走了。她出走之后没有去游山玩水，而是去菜市场买了一大堆食材，坐在人流密集的街边，面前摊开一张纸，上面写着"请让我免费为你做一顿晚餐"。一个中年丧偶、独自抚养儿子的男人将她带回了家，那天晚上，一顿美味丰盛的晚餐让那对父子感受到了消逝多年的家庭烟火的味道，女主人公觉得自己做了一件很有意义的事情。她在外继续流浪，帮别人做饭，过了一段时间终于想回家了。当她到家后发现丈夫瘦了很多，还得了胃病。原来从她离家出走后，丈夫就再也没有正经吃过一顿饭。女主人公意识到，两人是彼此深爱着的，她看着憔悴的丈夫，心疼地对他说："我会养好你的胃。"

这句话击中了我。让我想起了远在家乡的爸爸妈妈，也想象着未来的爱人和孩子，他们的胃是不是也会经常不舒服，也需要有人来照顾？

就在那天下午，在我的大学宿舍，在窗边的白色方桌前，对着那本《小说月报》，我在心里默默地做了一个决定：我要学会做饭。暑假回到家里，我主动走进厨房，主动帮妈妈做饭，认真学习切菜、炒菜、煮饭……对所有工序没有任何抗拒和厌烦。

妈妈跟爸爸说，突然觉得我长大了。

毕业之后在北京工作，安顿好自己后，就去超市买了一大堆锅碗瓢盆和调味品，塞满了厨房的柜子，然后拍照给妈妈看。看着这样的厨房，感觉生活有了温度，也有了向往。

那时候的工作节奏没有现在这么快。周末经常早醒，就去菜市场买菜，拎回来做一桌，跟同住的小伙伴们一起享受周末的美好。也经常邀请其他北漂的同学来家里吃饭。那是一段非常让人回味的日子，每个周末叫醒我的不是梦想，而是柴米油盐。

我在外面过得活色生香、宾客满座，却鲜少给父母做饭。每次回家，都是妈妈下厨，变着法儿地想让我吃好喝好。八年前，父亲被诊断为肺癌晚期，我回家陪了他一段时间。他喜欢吃我做的疙瘩汤，我能把疙瘩汤拌得又细又匀，黏稠、火候恰到好处，我每隔几天就做一次，但他终归也没吃上几顿。

父亲去世后，我陷入了强烈的自我攻击中，再也无心做饭，更不愿意做饭给其他人吃。我只要在厨房里，内心就会升起强烈的愧疚感：我做了那么多饭，父亲却没有吃到过；在他生命最后的日子里，我只用疙瘩汤糊弄他，始终没有给他好好做过一顿饭。

很长一段时间，我都被这种情绪包围着。直到三年以后，我才慢慢地跟自己和解。我想父亲在天上也希望我能好好地照顾自己，过得开开心心的。于是，我重新开始认真做饭，好好吃饭。

前年年底，因为长期的压力状态、高负荷工作，以及项目惨败、被曾经信任的人污蔑和攻击，我情绪崩溃，陷入中度抑郁，被迫离职。没有工作后，我每天除了跟自己的情绪作斗争，其余时间就用来缓慢地过日子。

我花很长时间待在厨房里给自己做饭。我一根一根地择菜，不慌不忙地洗菜，一刀一刀切出自己想要的菜形，一样不落地准备好葱姜蒜辣椒等配料（平时图快，这些东西能省就省），一丝不苟地对待开火、倒油、下菜、翻炒等工序。

我一般会做俩菜，一荤一素，尽可能做到色香味俱全。等饭菜出锅，闻着一屋子的香气，死气沉沉的心就活了过来，沮丧、焦虑、暴躁……这时候都转化成了平静和温暖，甚至还有欣喜和快乐。

我心想，会做饭能够养好的，何止是一个人的胃啊！

我经常想起妈妈苦口婆心劝我学做饭的情景，想起她说的那句话："不管你将来成为什么样的人，总是要吃饭的。"以前总以为她口中的"将来"，是出人头地、功成名就的场景。现在才懂得，"将来"也有可能是人生失意、精神崩溃的暗夜。也终于懂得，妈妈为什么一定要让我学会做饭。

如果有一天，我不幸颠沛流离、困顿无助，只要我能认真做饭、好好吃饭，有朝一日，总能抚平伤痛、积蓄力量，重新开始认真生活。

学会做饭，是妈妈给我的救命锦囊。

资源越多就越好吗

□ 罗胖儿

进入现代社会之后，有一种很古怪的现象，就是经济越繁荣，普通人、穷人的感受越差。你想，即使是在工业革命时期，欧洲工人阶级最惨的时候，你要是对比工人和中世纪的贫农，工人摄入蛋白质的量也是增加的，但是很明显，工人的幸福感非常糟糕。这是为什么？

最近，我看到一个解释，叫"丰富性悖论"。就是说，资源越丰富，对普通人越不利，但对少数人越有利。比如，食品越丰富，少数人因为有各种选择，所以吃得更健康，体型更好，但是普通人呢？食品越丰富，肥胖的可能性越大。

信息也是一样，信息越丰富，普通人在信息垃圾中就越是难以自拔，但是也总有少数人能在丰富的信息中找到更多的机会。

这个视角很有意思，当世界上资源的总趋势是越来越丰富的时候，我们每个人在里面的祸和福其实是不确定的。

鲈鱼解馋，还能保命

彭 敏

苏州自古物产丰茂，浩浩松江风涛汹涌。

范仲淹是苏州人，曾在苏州为官，松江上常见的一幕让他大受震撼：为抓几条鱼，当地渔民劈风斩浪，载浮载沉，一不小心便舟毁人亡。于是他写下了《江上渔者》："江上往来人，但爱鲈鱼美。君看一叶舟，出没风波里。"

为了让"江上往来人"大快朵颐，渔民们不得不投身如此凶险的生计。这令人唏嘘，但也从侧面透露出松江鲈鱼之美与消费者需求之甚。

在范仲淹之前几百年，也曾有一位苏州人，因喜欢鲈鱼创造了一个天涯游子耳熟能详的成语——莼鲈之思。这个人，就是号称"江东步兵"的西晋人张翰。"步兵"是指有过从军经历的竹林名士阮籍，而"江东步兵"，用今天的话讲就是"阮籍江东分籍"。不难想见，张翰和阮籍一样，属于放任不羁的类型。

今天的年轻人常常憧憬着来一场说走就走的旅行。在这件事情上，张翰算开山鼻祖。

有一次，名士贺循途经苏州阊门，一时雅兴涌上心头，就在船中抚琴。一时间，七弦泠泠，天地阔远，就连云朵也忍不住在风中放缓了脚步。

琴声传到了张翰耳朵里。他和贺循原本素昧平生，居然大马金刀地上得船来，捧腮倾听。一曲终了，二人互通姓名，抵掌而谈，相识恨晚。

张翰问贺循何去何从，贺循说刚找到工作，准备去京城洛阳闯荡一番。张翰很高兴："我也要去洛阳，咱们一起吧！"之后，两人乘着贺循的船出发了。

"洛漂"一事是张翰一时兴起。到了晚上，张翰家里人左等又等，不见他回来吃饭。一打听，才知道他已经进京了。

够不够任性？更任性的还在后面。

由于张翰出身名门，又以文才见长，到了洛阳，他被齐王司马冏任命为大司马东曹掾，简单来讲就是给领导做秘书工作。齐王权倾一时，煊赫无匹。张翰在洛阳站稳了脚跟，前途大好。

接下来，张翰一心一意埋头苦干。然而让人哭笑不得的事情来了：当初张翰离开家乡，可以说是相当没心没肺，跟家人连声招呼都不打，可是工作没多久，张翰居然想家了！

那一年秋风四起，落木萧萧，张翰望着日渐寥落的庭院，毫无防备地流下了三尺长的口水——京城虽然人稠物穰，张翰却已经太久太久没吃上家乡的菰菜、莼羹（莼菜做的羹汤）还有鲈鱼脍（鲈鱼切片或切碎做的菜）了。

很多人羡慕他工作光鲜，前途远大，他却在秋风中长吁短叹："人生贵得适志，何能羁宦数千里以要名爵乎！"意思是：人生最重要的就是开心啦，功名利禄再好，离家数千里，真的值得吗？张翰还挥笔写下了这首《思吴江歌》："秋风起兮佳景时，吴江水兮鲈鱼肥。三千里兮安未归，恨难得兮仰天悲。"

在一次次仰天悲吟后，张翰终于让仆人准备好车马，直接开回了老家。鉴于这次又是不告而别，朝廷当然很生气，把他的名字从官吏簿册上一笔抹掉。

由于辞官事件的起因是以鲈鱼为主的三道家乡菜，人们便归纳出一个成语，用来形容游子的思乡情绪——莼鲈之思，或者叫莼羹鲈脍。鲈鱼也因此声名大振，被后世文人屡屡称引。

比如辛弃疾就曾写过"休说鲈鱼堪脍，尽西风，季鹰归未"，季鹰便是张翰的字。

只是，家乡鲈鱼再好吃，真的能让一个人捐弃用世之心，自断职业前景吗？也许有的吃货会流着口水说，那可不！而且张翰明摆着就是这种不羁的人嘛！

的确，张翰还有个著名的故事，似乎也能为此提供强有力的佐证。因为张翰总是放纵不羁，身边有人忍不住给他提建议："卿乃可纵适一时，独不为身后名邪？"意思是：一时放纵一时爽，但你就没想过，你死后大家会怎么评价你？

张翰的回答很有底气："使我有身后名，不如即时一杯酒！"人都埋土里了还怕什么差评，喝了眼前这杯酒再说！

看起来，为了鲈鱼辞去工作，是张翰的风格。要不怎么叫"阮籍江东分籍"呢？其实，魏晋文人放纵不羁，轻于去就，还有一个重要原因是当时动荡的社会形势。

从汉末到魏晋，朝代更迭频繁，天下战火频仍。固然创造出许多龙兴虎变的机遇，但城头变幻大王旗，一个不小心就会万劫不复。

张翰入洛阳，正赶上西晋历史上著名的"八王之乱"，你方唱罢我登场，血雨腥风过后，只留一地鸡毛，累累白骨。当时许多名士，如潘岳、陆机、张华，都在各种动乱中死于非命。

世路险恶，职场凶残，是留下来以命相搏，还是避祸全身，急流勇退？每个人心里有自己的答案。

明朝嘉靖年间，官员多遭杀戮，做官成为高危职业，大臣们聚在一起议论去留。有人眷恋权位，说了一句名言：倘若一天杀一个兵部尚书，这官真的没法做了。但如果一个月才杀一个兵部尚书，那我还想再试试。

对张翰来说，由于深受老庄思想影响，显然保命的需求胜过了升职加薪。然而这样的辞职原因，是没法拿到台面上的。他不可能跑到齐王处高喊：不好意思，我觉得您迟早也要玩完，溜了溜了。

如此一来，一个吃货因为惦记家乡菜而离职，就显得圆滑许多。张翰可以从这个台阶上大摇大摆地走下来，而不至于"硬着陆"。毕竟他还可以说："我可没做政治判断，也没有反对谁，我只是不太着调而已。您不至于跟我这种人计较吧？"

作为士人，在人地生疏的京城本就憋屈，何必整天看人眉眼，还担惊受怕呢。还是家乡的鲈鱼从不辜负人！

张翰辞官后没多久，京城局势果然发生了变化，曾经不可一世的齐王在政治斗争中落败，被他王所杀。齐王府诸多幕僚自然也跟着惨遭屠戮。这时候人们回过神来：张翰这个吃货，挺有先见之明！别人到奈何桥喝孟婆汤去了，他在家吃鲈鱼呢。

在上世纪，松江鲈鱼和黄河鲤鱼、兴凯湖鲌鱼、松花江鳜鱼被评为中国四大名鱼。若论起在古诗词中的出镜率，鲈鱼则是当之无愧的魁首。为什么那么多文人雅士如此偏爱鲈鱼？他们可未必都是吃货。原因只有一个：自从张翰辞官事件之后，中国人便把羁旅无聊、远游思乡的情绪，凝结在了鲈鱼的身上。

吃鲈鱼，有人吃的是鲜嫩的肉质、名贵的品种，而另一些人，从中体味到的则是家乡的蓬勃风韵、亲友的生动音容与往事的浩荡回声。

寒瘦下来，方可迎春

□夏生荷

山，在冬天，是最瘦的。

山上，草木多枯，藤蔓多败，泥土、石块、岭峰多是无精打采的，就连大多数鸟儿也纷纷离去，到更暖和的地方过冬了，真是山庭冷落，孤瘦无依啊！

冬山，亦是最寒的，被霜雪压着，被凛冽之风吹着，被冷月孤星照着，被凉溪冷泉浸着，又失去了件件植被外衣。

但冬山并未因此凄凉、坍塌。瘦有瘦的好处，相当于减几个月的肥，春山、夏山、秋山都太热闹、太丰腴了，根本没时间冷静下来瘦身。

人，如同山一样，需要回归本真。繁华之后，要冷静地看清自己。

寒，也有寒的妙处，若不经一番彻骨寒，哪能长久立于天地间。

瘦瘦身，冷静冷静，寒一寒，冻冻自己，然后再去迎百花开、百鸟归，也很好。冬山，是智慧般的存在。

来自时间的回音

□ 韩小暖

旅行过几十个国家的朋友,曾去参加一场深潜之旅。信号时有时无,大部分时间,周围只有波动的湛蓝海水与海浪的声音。

某天,我突然收到她的微信,她说:每一天都会在潜水前召开一次晨会,主要是随着船只的移动,告诉大家今天的天气、目前这一片海域的海况。但每天都有人提出同一个问题:"那我们今天的目标是什么?要去看什么?"

既然是专门深潜的旅程,海底无非就是各式各样的鱼与珊瑚等生物。可提出这些问题的人,心心念念的是一个确凿的目标,好像没有这样的任务,便会白白浪费这一段旅程。所以,有时教练说:"这里能看到一种罕见的海龟。"那么,哪怕潜了一天仍一无所获,他们也乐在其中。有目标可循,便有了方向,一旦失去这个方向,哪怕今天在潜区遇到了浩瀚的鱼群、难得一见的海底"猎遇"、样貌神奇的珊瑚,也并不足以成为多么令人高兴的事,只觉得毫无头绪,白白浪费了时间。

一场游戏里,有人喜欢拿着藏宝图按图索骥地完成任务,循着通关玩家们提供的攻略,一个个任务线对照着闯关,觉得稳妥而安心。可另外一些人,并不需要知道所做的每一件事究竟会酿出怎样的成果,或者,干脆不需要达到任何成就,只是在这个过程中,投入、专注地享受就好。既然未来一定会给予一个答案,又何必因为远方的坐标,错过正在一步步路过的风景呢?

后来朋友说:"每当我自得其乐地沉到海中,去分辨海葵和海绵,随机追踪一条小鱼的踪影再回来时,都觉得这一天好值得啊!"

当夏天进入尾声时,她带着心满意足的幸福感,向我展示那湛蓝的世界里的偶遇。而我,和她一起相信,一定不会有两手空空的归来。正因为不知道前方会有什么惊喜,才会努力睁大眼睛,不错过任何不期而遇。

一切都是我的错

□ [美] 罗宾·斯特恩

煤气灯操纵式关系的主要交往模式既涉及煤气灯操纵者——时刻需要证明自己是对的,以维护自己的权力和自我认知,也涉及被操纵者——把对方理想化、极度渴望获得其认可。只要你稍有一点相信煤气灯操纵者的认可会让你感觉好受一些,可以提升你的自信、加强你的自我认知,你就成了煤气灯操纵的潜在对象。

机械手升起奥运梦

□ biu

北京冬残奥会的火炬传递仪式上,有两位火炬手引人注目:装了上肢助力外骨骼的女火炬手叫彭园园,火炬被紧握在她的机械手当中;另外一位火炬手叫杨淑亭,她借助下肢助力外骨骼站立、行走,火炬插放在她腰间的机械配件上。

这些复杂的机械结构和火炬手达成一种和谐的"共生"关系:机械装置能及时响应她们想做但肉身做不到的动作,就像是人类机能的自然延伸一样。这种装在人身上的机电一体化装置被称作"外骨骼"。它拥有一个非常完整的系统,分布在各处的传感器实时采集人体的姿势、力量、运动趋势等信息,然后传到设备内置的电脑或控制中心,"大脑"开始分析,接着判断人体意图驱动外骨骼元件,一般通过电机和液压等方式带动机械产生相应动作。

外骨骼能支撑和保护使用者的身体,是人体机能的补充,也能辅助甚至是放大使用者的动作,是对人体机能的增强。比如,失去双腿的人穿戴下肢外骨骼能站立、行走;瘦弱的普通人穿戴外骨骼后,能扛起的重量胜过举重冠军。

外骨骼的技术研发始于20世纪60年代,当时由美国国防部支持的"Hardiman"项目打造出了一款外骨骼原型机,用来帮军人搬抬重物,它的举重极限达682公斤。但这款外骨骼自身的重量也达到了680公斤,有28个连接头。这样一套庞然大物,每秒只能走0.76米,响应速度也无法保证。这对军用场景来说,简直就是灾难,于是很多科研机构开始转向医疗康复场景。

随着技术的进步,外骨骼逐渐覆盖了军事合作、医疗康复、灾难救助、工厂制造等场景,也变得更轻、更小、更舒适、更安全。

体育赛事也在推动外骨骼的进化。由苏黎世联邦理工学院发起的半机械人奥运会(Cybathlon),残疾运动员可以使用机械义肢、脑机接口、外骨骼等外设参赛。2020年,竞赛列出了六大项目,选手需要完成像上台阶、做饭、玩电子游戏等动作,在最短时间内完成最多任务者获胜。

无论奥运会、残奥会,还是半机械人奥运会,都是对人类极限的挑战。当看到选手用机械手装上一只灯泡,或从轮椅上站起迈出不寻常的一步,相信你也会备受鼓舞。

石之予：拍一部电影，与母亲和解

□黄先懿

2019年，年仅30岁的石之予，凭借一部全程无台词的动画短片，斩获奥斯卡小金人。

当时，她的身份标签里已经有不少第一：皮克斯动画工作室的第一位华裔导演、第一位女性导演、第一位如此年轻的导演。

三年后，她执导动画长片《青春变形记》。看完片，有人直呼"被可爱晕了"，有人则梦回"被妈妈支配"的岁月。毫无疑问，石之予再一次狠狠拿捏住了观众的情绪。

"成长的烦恼"

透过石之予的作品，能窥见她本人的成长故事。早在拿奥斯卡小金人那年，她就直言，获奖作品《包宝宝》的灵感来源于自己的家庭生活。

那部短片中的母亲，将一个"活"过来的包子当成自己的孩子，极尽疼爱。然而随着孩子长大，日渐独立，不愿"包宝宝"离开家的母亲，情急之下一口将它吞下……

作为家中独女的石之予，也曾这般被父母过度保护。她的母亲甚至会经常跟她说："之予，我真想把你放回我肚子里，这样你就能永远跟我一起了。"

《青春变形记》中，也投射着她当年"成长的烦恼"。

故事的主角是13岁女孩李美琳（美美）。她生活在多伦多，是个典型的华裔孩子，成绩门门优秀，日常被妈妈"窒息的爱"包围——每天放学，她要准时回家，偶尔晚了十分钟，就得迎接妈妈忧心忡忡的关爱三连问："怎么啦？你受伤了吗？饿了吗？"

因为担心她，妈妈几次三番跟到学校"暗中观察"，导致美美被嘲笑是"妈宝"。

她偷偷攒钱和朋友们去听偶像的演唱会，结果尴尬的是，妈妈发现后，竟然跑去指责她的朋友们"带坏"了她。

很多生动的细节，都取自石之予真实的经历。

不同的是，电影中的美美，突然获得了一种奇妙的超能力：只要情绪波动过大，她就会变身为一只巨型红色小熊猫。

这下，她的情绪再也无法隐藏，和妈妈的矛盾被摆到了明面上。后来，在幻境之中，美美看到哭泣的妈妈，原来她也曾是一个会因为没能达到外婆的期望而自责的小女孩。

妈妈成为大人后，却又延续了上一代的教育方式，希望美美按照自己期待的样子成长。

这样的情节设置，让网友不禁感慨："叛逆女孩与完美老妈终有一战，或许也正是这一战，让女孩成为女人，让她懂得你也是曾经的我，我将长成未来的你。"

石之予说，希望观众能像美美一样意识到，孩子与父母之间不存在完美的关系，总会遇到各种困难。

这是石之予的经验之谈。

打破天花板

石之予祖籍四川绵阳，1989年在重庆出生，两岁时随着父母移民加拿大。

她家里的文化艺术氛围十分浓厚：奶奶是绵阳歌舞剧院的老艺术家；母亲是加拿大多伦多大学的教育学博士；父亲毕业于四川美术学院，1992年到加拿大留学，毕业后执教女王大学，如今是川美特聘外籍专家。

虽然父亲是搞美术的，但家人并没有强求石之予学习绘画。直到她初中二年级时，对动漫表现出浓厚的兴趣，才开始跟着父亲系统地学习画画。

石之予的父亲说，那时候她学完其他学科，一有时间就画画，没完没了地画，每天都要提醒她："幺儿，都11点了哦，该睡觉了！"

在进大学之前，石之予就画了整整十四五本的素描本。

高中时，石之予迷上了日本动画和漫画。在《青春变形记》里也能看到日本动漫的影响。

与此同时，她也是中国电影的粉丝，曾在接受采访时说："像李安的《饮食男女》就给了我很多启发，王家卫也是。张艺谋的色彩美学和电影美学非常棒。"

大学时，石之予考入有"动画设计师的摇篮"之称的加拿大谢尔丹学院，上了南希·贝曼主讲的课，立志成为动画分镜师。

南希曾是迪士尼的动画总监，她说石之予是她在谢尔丹学院13年里教过的最好学生之一，每次交上来的期末作业都让人着迷。

大二暑假，石之予就得到了去皮克斯动画工作室实习的机会。

皮克斯无疑是动画设计师的梦想之地。但这里，也是男性作品当道。石之予需要一个人完成脚本创作、角色绘画到配音演出等各种工作，这段"最艰难"的实习经历，让她飞速成长，并最终正式加入皮克斯。

此后，她担任了《头脑特工队》的动画分镜师，参与制作了《恐龙当家》《超人总动员2》《玩具总动员4》等影片。

当凭借《包宝宝》拿下奥斯卡小金人时，她不仅开拓出了自己的"独立身份"，更打破了女性在好莱坞动画电影界的玻璃天花板。

石之予的答案

石之予曾因父母的过度保护而感到困扰。

"我就像是李美琳，一个生活在21世纪初的书呆子华裔小女孩。从妈妈的完美女儿到'轰'的一声，青春期突然降临，我仿佛也变成了小熊猫。我长大了，更毛毛躁躁了，更情绪化了，几乎每天都在和我妈妈吵架。"

但人长大后，会更加理解父母的爱。

高中时，报考谢尔丹学院需要作品集，其中要有人体素描，父亲就每周带石之予从多伦多到安大略省美术学院自费找模特画。

到了大学，父母会在每个周末到宿舍去看她，尤其是母亲会为她做喜欢吃的葱油煎饼。

因为学校离家远，母亲要算好来回的时间，先把饼做好，再包裹好几层保温，然后在出发前电话通知石之予到达时间，就是为了让女儿吃到热乎乎的葱油煎饼。

石之予说，拍摄《青春变形记》的目的是回到过去，了解青春期发生在自己身上的所有变化，并从女儿的角度和妈妈的角度来分析当时的母女关系，从各个角度了解女孩的青春期。

一边是浓烈母爱之下过度的保护及控制，一边是青春期自我意识的觉醒与成长，这些矛盾和烦恼究竟该怎么解决？

影片结尾，美美的妈妈终于学会了放手，对美美说："你走得越远，我越骄傲。"

而曾经说自己"沉迷于我妈对我的认可"的美美，也做出了一个不同于上一代人的选择——和小熊猫共存，而不是封印它。

对亲子关系与自我成长这两个长久的话题，石之予在《青春变形记》中给出了一个通往圆满结局的答案。

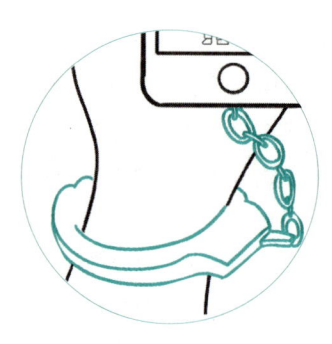

"摩擦力"帮你戒掉坏习惯

□向睿洋

我和很多人一样，有一些坏习惯，最困扰我的就是晚上刷短视频，吃完晚饭后，躺在床上一刷就是几小时，短视频APP总是能不断自动播放我感兴趣的内容。我也想养成一些好习惯，比如每天锻炼，为此我买了运动服、健身垫，却很少能穿上运动服，铺开健身垫，真正做些运动。

克服坏习惯、养成好习惯为啥这么难？是因为意志力薄弱、自控力差？问题或许出在"摩擦力"上。

遍布生活中的"摩擦力"

在物理学中，让物体不能顺畅运动的力叫摩擦力。在生活中，也有类似的"摩擦力"，让行为不能顺畅发生。

顺畅发生指的是不需要仔细思考，甚至不需要思考，我们就能下意识地做出某种行为。比如，正是因为短视频APP对你的观看喜好进行了学习，并且设置了自动连播，所以你想都不用想，就把视频一个接一个地看了下来。这就是减小了继续观看的"摩擦力"。再比如，我把健身垫卷起来，放在柜子里，每天要锻炼都需要打开柜子、铺开健身垫，甚至可能还要换上运动服，在铺开健身垫前拖拖地，这些事都需要我有意识地去做，这让锻炼变得困难，也就增大了锻炼的"摩擦力"。

"摩擦力"怎样影响我们

如今，最懂得借助"摩擦力"来塑造我们的行为的是商家。已经提到的短视频APP便是一例。

不妨想想支付方式的变化。从前，我们使用纸币付款，从产生购买的想法，到实际成交，我们还有看到钱、数钱的过程供我们深思熟虑，决定是否真的要花钱。后来，我们刷卡支付，看不到钱也不用数钱了，只有掏出银行卡的过程供我们做些思考。再后来，我们用手机支付，再也不会出现因为忘带银行卡而延迟购买的情况，只有输入支付密码的瞬间供我们做最后的思考。

到如今，很多商家和平台开启了免密支付，于是从产生购买想法到支付，再无阻碍，"零摩擦力"让我们消费得更多。

小小的摩擦有大大的力量

产生"摩擦力"的因素往往很小，很容易被我们忽视，但它们产生的影响是巨大的。这种影响也被称为"环境的力量"。

比如，影响健身房会员健身频率的一大因素竟然是家到健身房的距离。

2017年，美国的一家数据分析公司在分析了750万台手机的数据后发现，那些住在距离健身房6公里的人一个月至少去5次健身房，而那些住在距健身房8公里以外的人平均一个月只去1次。2公里距离的"摩擦力"，就把经常健身的人和不健身的人区分开来。

距离带来的"摩擦力"还有更多的例子。

研究者做过一个有趣的实验。一天，一些学生来到实验室，实验室桌上离座位很近的地方放着一盒爆米花，远处的柜子上则放着一盒苹果。研究者请学生独自在房间里等待几分钟，可以随便吃实验室里的东西。

过了几天，这些学生又来到实验室，同样在房间里等待。这一次放在桌上的是苹果，放在远处柜子上的是爆米花。

研究发现，当爆米花触手可及时，这些学生摄入的热量多出了两倍。仅仅是需要站起来、走几步才能吃到爆米花，就让他们少摄入了一大半的热量。

还有一个很有趣的研究发现，在美国的中式自助餐厅里，那些有肥胖问题的顾客总是选择离取餐区近、面对取餐区的座位，而身材苗条的顾客总是选择离取餐区远、背对取餐区的座位。有肥胖问题的顾客无意中减小了加餐的"摩擦力"，吃着碗里的，想着锅里的，变成了他们肥胖的原因。

学会借助"摩擦力"的力量

做菜的时候有一个大忌，就是做一步看一步。对不熟练的厨师而言，跟着菜谱一步一步做似乎是明智的选择，但会带来很多问题。有可能你看到需要两勺糖和一碗面粉，于是想也不想就把二者混合了，后来发现下一步写着只需要放一半的糖，于是只能重做。还有可能你已经开始炒菜，看到需要加葱而你却忘了准备，不得不关火，一通手忙脚乱。

这些都是做出一道好菜的过程中的"摩擦力"。而你需要的，是在一开始就准备好所有食材，对步骤的顺序了然于心，让每一个步骤都顺畅地发生。

生活就像做菜一样，我们要想养成好习惯，自然而然地做出锻炼、早睡早起、读书等好的行为，就需要做好一切准备，用《掌控习惯》一书中的话说，就是要"让它简便易行"。例如，如果我真的想养成每天锻炼的习惯，我就应该把健身垫铺在地上不收起来，并且每天回家后不是换上睡衣，而是直接换上运动服。我可以穿着运动服吃晚饭，休息一段时间后，自然地开始锻炼。

事实上，回想过去，我锻炼最多的时候，正是租住在一个只有大约7平方米、铺上健身垫几乎无处下脚的房间里的那段时间。我一直铺着健身垫，虽然无处下脚，但真的每天都会锻炼。

而要克服坏习惯，就要让它难以施行。

你可能没有意识到，商店里只有柜台能售烟的规定，对禁烟有很大帮助。如果一个烟民想买烟，他不得不到柜台和售货员交谈，还必须隔着一段距离告诉售货员想买的烟是哪一款。想一想，如果人们能在货架上自由选购，后果会是怎样……如今很多人都有手机依赖症。我有一个朋友，每天晚上回家后便把手机放在客厅，自己在卧室里看书或写作，他告诉我，克服手机依赖真的没有那么难。

区别对待的善良

□ 俊 彦

一次，章太炎与众人闲谈，提到一个学生的名字时，大家言辞有些闪烁，似乎对他有一些非议。细问后得知，众人觉得这个学生为人倒是不错，但性情颇为吝啬，有一次为一项慈善活动募捐，其他同学都慷慨解囊，只有他未曾拿出分文。章太炎摆手道："此一项不足以论吝啬。"

之后，谈到另外一名学生时，众人摇头，声称此人生活过于铺张，未免太奢侈。章太炎追问："如何铺张？"众人回答："每日衣着与餐食都好过别人数倍。"章太炎听后又一次摆手道："此一项不足以论奢侈。"

见众人疑惑，章太炎解释说："没有捐赠的学生可能只是因为困窘，自己过得捉襟见肘，如何给别人施以援手？而每日穿着华服之人，大概家境富有，众人眼里的奢侈在他看来只是寻常生活而已，这些不应该成为评判他人的依据。"

后来众人得知，事实果然如章太炎所料，遂反思自身的成见之深。其实，这是交往中很多人容易犯的通病：喜欢用统一的标准来评判人。但很多时候，区别对待才更为合理，这样才能让我们更客观地认识他人、发现他人的优点和长处，而不是被偏见所蒙蔽。这不仅是一种善良，更是一种睿智。

100岁那年，你还会立 flag 吗

□李 悦

考证、存钱、健身、脱单。读100本书。学一门外语或技能。哪怕只是早睡早起、再买剁手……2022年了，那个2021年倒掉的、2020年没做到的、2019年本该完成的、2018年立下的flag，你又把它立起来了吗？

心理学家用"新起点效应"来解释人们热衷在新年立flag的现象。在新的一年开始时，人们会有告别旧我、变身新我，进入生活新阶段的感觉。这种新开始的感觉能带来强大的动力，令人"对卓越的新我充满信心"，有自信去"尝试过去没有尝试过的事物、挑战过去不曾挑战过的困难"。所以就算屡屡年末被打脸，我们还是会对新的生活、新的自我满怀期待与热忱，在新年伊始立下flag。

但如果新的一年，你即将迎来百岁生日呢？100岁那年，你还会立flag吗？

韩国哲学家金亨锡在100岁那年的1月1日制订了他的新年计划：继续在学术季刊上发表文章，在韩国影响力最大的"三大报纸"上写专栏并编辑成书出版，还有演讲的邀约日程已经排到4月，也都要一一完成……100岁那年，金亨锡出版了他的百岁随笔集《活着活着就100岁了》，在卷首题言："写着今天的故事，期待着新的明天。"在这部随笔集中，他记录了老年生活的很多趣事和感悟。年近六旬开始游泳，坚持了将近40年。93岁时被当成73岁，遭到霸占泳池的奶奶们驱赶，投诉无门，发出"老太太们很恐怖"的感叹。99岁乘公交车给92岁的人让座，被对方当作晚辈对待，心里有点委屈，自觉好像吃了亏。因为无法拒绝妻子，不情愿地买了保险，结果一直领到100岁，每年坚持亲自去保险公司现场确认身份、领取分红，身旁的业务员总会小心翼翼地问一句："您明年还会来吗？"开始健忘，出门吃饭却去了书店，想不起熟人的名字，甚至惊讶地发现开始按照名词、形容词、副词、动词的顺序遗忘语言，但对康德的《纯粹理性批判》的出版年份和黑格尔哪年去世记得一清二楚。亲人、朋友、宠物一一离去，坐在窗边看云的时间变长，精神与肉体之间的距离越来越大，但依然写下"我认为自己还可继续成长"。

"遇到过百岁老人，但像金亨锡这样百岁还在工作的极为罕见。"采访过他的韩国记者如此感叹。99岁那年，金亨锡对公众做了183场演讲，相当于每两天做一场。每周在《朝鲜日报》写周末专栏，每月在《东亚日报》写月度短评，一年写了60余篇稿子。那一年，他还出版了4本著作，另有两本随笔集再版。他说："我人生最繁忙的时期，是从40岁到60多岁，以及从97岁到100岁。"

但临近60岁的时候，金亨锡并没想到会在100岁又一次迎来人生最繁忙的时期。那时还在大学任教的他认为自己的人生分为作为学生的30年和作为教授的30年，等到退休之后就会无法再提供生产力了。等真到了60岁，他发现自己"依然可以授课，对学问的热情也很高涨"。70多岁，还能完成创意性的文学著作，写出了《历史哲学》《宗教的哲学性理解》等作品，90多岁的前辈说他正处于人生"黄金年纪"。等到自己90岁时，金亨锡修正了曾经的观点：人生应该分为接受教育的30年，职场工作的30年，以及作为社会人获取成功的30年。而"60到90岁，是学以致用、报效社会的宝贵时期"。

人类可以永葆青春吗？法国哲学家Jean Guitton在《我的哲学遗言》一书中写道："只要你相信自己面前有永远这回事。"那些感觉到自己在不断衰老的人，"也许，他们是不相信永远的"。所谓相信永远，就是坚信自己拥有无限的时间。日本哲学家森有正在日记里也写下过这样的话："切莫惊慌。先假设你未来拥有无限的时间，从容活着就好。只需要明白这一点，就可以一直高质量地工作。"另一位日本哲学家岸见一郎在其著作《老去的勇气》一书中进一步阐释："人生不是马拉松，而是舞蹈"，"即使最终没有到达目的地，过程中的每个瞬间都是完整的，都是被完成了的"。岸见一郎从60多岁开始学习朝鲜语，每周会读两次拉丁文巨著《神学大全》。别人说："要想读完这本书，估计得花上200年！"但他说："重要的是与眼前的每一行每一句共度的时光。"我国文学翻译家文洁若93岁的时候翻译了太宰治等日本作家的5本小说。在她最满意的翻译作品日本小说《五重塔》里，她曾用自己的语言道出作者的感叹："人之一生莫不与草木同朽……纵然惋惜留恋，到头来终究是惜春春仍去，淹留徒伤神。"面对的办法，是"既不回顾自己的过去，也不去想自己的未来……在这鸡犬相闻，东家道喜，西家报丧的尘世上，竟能丝毫也不分心，只是拼死拼活地干"。

100岁的金亨锡正是这样做的。他充满热忱地投入自己热爱的事业中，丝毫不分心，以感恩的心态高效地工作。在人生的第100个新年，他依然立下了flag，记下了自己在新一年里的最大心愿："只要是能做事，哪怕是对近邻亲人提供小小的帮助也是好的。""至于我要为自己做的事，已经全部做完了。"

2021年年末，年已102岁的金亨锡被授予以韩国"国父"金九先生之号冠名的白凡奖大奖。

所以你看，对新年，对人生，永远别失去想象力。flag倒就倒，该立就立。哪怕是到了100岁那一年。🌿

爱与恨

□ ［英］奥斯卡·王尔德

爱是用想象力滋养的，这使我们比自己知道的更聪慧，比自我感觉的更良好，比本来的为人更高尚；这使我们能将生活看作一个整体；只要这样、只有这样，我们才能以现实也以理想的关系看待理解他人。唯有精美的、精美于思的，才能供养爱。

恨使人视而不见。这你并未认识到。爱读得出最遥远的星辰上写的是什么；恨却蒙蔽了你的双眼，使目光所及，不过是你那个狭窄的、被高墙所围堵、因放纵而枯萎的伧俗欲念的小园子。你想象力缺乏得可怕，这是你性格上唯一致命的缺点，而这又是你心中的仇恨造成的。不知不觉地、悄悄地、暗暗地，仇恨啃咬着你的人性，就像苔藓咬住植物的根使之萎黄，到后来眼里装的便只有最琐屑的利益和最卑下的目的。

爱不在市场上交易，也不用小贩的秤来称量。爱的欢乐，一如心智的欢乐，在于感受自身的存活。爱的目的是去爱，不多，也不少。

一个人，不能永远在胸中养着一条毒蛇；不能夜夜起身，在灵魂的园子里栽种荆棘。🌿

你就是他

□ 狮 心

我奶奶今年九十岁了。

她的两只耳朵重度耳聋,要凑近了喊,才能听到。她的膝盖有骨刺,不能走太多路。

她一辈子生活在上海的郊区,听不懂普通话,只能说上海郊区的土话。

对了,她还不识字。

因为奶奶听力不好,打电话给她时,我会特意用手遮一下下面的送话器,因为这样,电话里的声音会大很多。

如果有人对她说话,奶奶只能"啊?啊"地反问。她问得多了,别人就不耐烦了,比如我爷爷。

至少在外人看来,我爷爷对我奶奶的态度特别差,经常凶她。

奶奶胆子小,害怕,就找了一个诀窍,就是"嗯,是的,是的"地回答。

但她其实什么都没听到。

她每天在家待着,自己有一个菜园,种一些野菜,到了中午,就坐下来看电视。

她不识字,看不懂电视屏幕下面的字幕;她听不懂普通话,就不知道剧中人在讲什么,只能看一看画面。

所以,我奶奶看得懂的只有一类节目,就是很多人嗤之以鼻的跳水闯关节目。

她看到有挑战者被机关打下水,就特别开心。爷爷不喜欢看这类节目,就出去打牌。

下午,我奶奶做饭,爷爷回来,吃顿饭还挑三拣四,骂骂咧咧。

我为此和爷爷沟通了好几次,但没什么用。

有一天晚上,我回爷爷家,敲了很久的门,都没人来开,我以为两个人都睡了。

于是,我就趴在窗边确认,看到电视机开着,里面播放着电视剧,爷爷正在我奶奶耳边解释电视剧的剧情,在她手上比画。

小老头人前凶巴巴的,没人的时候,却轻声细语的,像在教一名小学生。

后来,我才知道,他大声说话,是希望奶奶听见。

我们表面上很关心奶奶,对她"友善",其实很多话到嘴边都吞下去了。因为在潜意识里,我们认为她听不到。

只有这个小老头骂骂咧咧,甚至有时候恼羞成怒。因为他想要她听见。

说句实话,两个人如果百年了,我希望奶奶先走。

如果爷爷先走了,奶奶就只能活在一个人的世界里。她看不懂电视里在演什么,听不懂别人在说什么;走两步膝盖就会疼,也走不远。

本来她的世界就很小,如果爷爷先走了,她就什么都没了。

真心喜欢一个人是什么体验?

我觉得,爷爷奶奶最初在一起,可能不是因为爱情。但是,他们相处五六十年后,多少会发生点化学反应吧。

我爷爷不喜欢看跳水闯关类节目,但偶尔打牌也会爽约。等节目开始了,他也会叫上我奶奶,两个人一起看。

年轻人谈恋爱大体也是如此吧。

有好吃的东西,第一时间给她吃;有好笑的笑话,第一时间讲给她听;有什么糗事,也希望她来骂骂自己。

人生这场冒险,就算是些边角料,你都想双手为她奉上。

我想,真心喜欢一个人,你会微笑着成为他的嘴巴、他的鼻子、他的耳朵、他的眼睛……因为你就是他。

学习不是刷题,而是学会在旷野中生存

口 何 帆

儿子上网课,偷偷开了小窗,跟网友聊天,被妈妈发现了。妈妈气得大吼:"你这孩子怎么这么不争气!乌克兰都打仗了,你还不好好学习。"

儿子抬头望着妈妈,一脸不解:"打不打仗跟我学不学习有啥关系?"

来,我给你讲讲为什么。

你这一代人,是在和平年代长大的,从来没有见过战争,也没有见过社会动荡,甚至连经济危机都没见过。你这一代人,享受了经济高速增长的红利,不知道什么是物质匮乏,更不用担心吃不饱穿不暖。你这一代人,从父母和老师那里得到教诲,而父母和老师都是在改革开放之后成长起来的。你这一代人,已经是互联网的原住民,网络世界对你们来说,几乎和现实世界一样真实而且无所不在。

但是,这些对你来说,未必是好消息。以后,你一定会经历很多想都没有想过的变故。这个世界变化得太快了。别说你,就连乌克兰人有几个真的相信战争会爆发呢?

在真实的世界里,战乱从来没有离开过人类社会。一连串细微的变化,很可能最终导致巨大的灾难。父母和老师教你的,无法帮你应对未来的不确定性,因为父母和老师的观点早已受到他们那个时代的束缚,他们还在刻舟求剑。你的同时代人也无法帮助你找到事实的真相,因为人在网络中待的时间越长,就会变得越肤浅、偏执。

能够帮助你的,只有刻在我们这个家族基因中的危机感。我们是中国普普通通的一个家族,就像洪水中趴在树叶上的蚂蚁,不知道命运会把我们带到何方。这种恐惧,让我们保持警醒,对周遭的变化格外敏感。这种恐惧,也让我们不得不学会达观,学会凡事都从本质的层面寻找逻辑。

为什么打仗了你就要好好学习?

因为发生在几千公里之外的这场战争,改变了国际政治的格局。就像撕开了一道口子,会有更冷的风吹进来。也像你玩过的桌球,一个球会碰撞另一个球。有一天,你会发现,未来的很多变化,其实在这一次变故中都已经有了征兆,而那些变化对你的一生影响更大。

所以,你只能想象自己站到了旷野里,要学会在旷野中生存。靠什么生存?你要有健壮的身体、独立判断的思维能力、自主生活的能力、抗挫折的能力、与人合作的能力、与人周旋的能力。学习不是刷题,而是让你拥有更强大的生存能力。

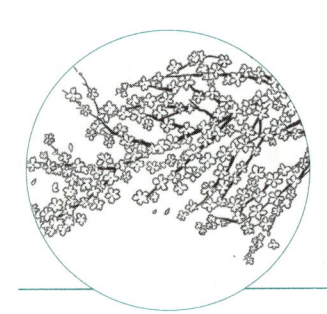

叫阿青的男孩

□遐 依

阿青从五岁开始，头发就不再短过肩头。

对女孩子，这并不是什么问题，但阿青是个男孩。

他自己并不想蓄发。妈妈说，只是留着头发，不是什么大不了的事，听话。阿青问过原因，妈妈不告诉他，但态度很坚决，别处的长短都可以由着他，剪掉那一束是绝对不允许的。

阿青好看，留长头发的阿青更好看了。柔软的发，柔软的肌肤，被春天亲吻过的唇和酿着葡萄酒的眼睛。他的美在他自己那里很轻，不会重过早餐的包子和幼儿园的塑料剑齿龙。可是他的美在别人眼里都很重，重得没有人敢去把它掀起来找到他，一脸惊喜又得意地对他说，阿青，你在这里呀！

"阿青，"幼儿园的老师在花坛边找到他问，"怎么不去一起荡秋千呢？"

阿青不知道怎么回答。他长长的黑发趴在肩上，侧边的两绺蹭着他白皙的脸颊。男孩子们从来都不喜欢和他一起玩，他坐上秋千，就只能坐在上面，没有人来推他。女孩子们倒是很喜欢他，但是他自己心里有些别扭。妈妈不止一次问过他，怎么没有男孩子来家里玩？阿青便渐渐不愿带女孩去家里了。

老师牵着他回到孩子们中间。女孩子们跑过来拍他的肩，拉他的手。阿青顿了顿，把自己的手拽回来，转身慢慢向教室走去。男孩们冲不明所以的女孩们做鬼脸。

阿青从前也调皮，他揪女孩子的辫子，往她们笔盒里放蝉或者蚱蜢，故意伸出腿绊倒她们，她们回头看到是他，脸上不仅有委屈和愤怒，还有难以置信，这让阿青有些摸不着头脑。他没有收获男孩儿们恶作剧成功后的笑声，反而有些悻悻。老师知道是谁捉弄了女孩子，家长们知道了是谁欺负了他们的明珠之后，反应也出奇一致——

"阿青吗？真的是阿青？"

在一段时间十分大度的包容之后，大人们的目光就变得越来越令人胆战心惊。失望不解，恨铁不成钢……这样漂亮的孩子，看上去乖乖巧巧的，怎么会？

阿青害怕了。他不再做那些恶作剧，变得像那些目光期待的模样：乖巧，安静，懂礼貌。甚至超越了目光们的期待，一举一动，都容易让人软了心肠。

阿青的长发留到了初中。

父亲明令禁止他早恋，母亲并没有多言，每天早晨在他上学出门前，默默给他扎头发。明明是一如既往的简洁发型，妈妈却花去了越来越多的时间，长久地观察他，像是在看自己最出色的作品，又像个即将拍卖画作的画家，因知道再不会有机会赎回而患得患失。

也许她看得出，阿青喜欢上了班里的一个女孩子。

女孩儿因为和阿青的亲近受到艳羡。阿青是香炉里飘出的青烟，是景区里围着篱笆的绿树。她唯一能证明自己比其他女孩子在他心里更重一点儿的方法，好像就是惹起他不常见的怒容。她时不时同阿青吵架：课间太吵，阿青没有听见她在教室对面的喊话；她找阿青借水性笔，但笔刚刚借给了另一个同学；还有阿青不等她一起放学，可是他们的家并不在一条路上。

太受欢迎竟和遭人唾弃有着极其相似的境遇。他想亲近的人都胆怯地望着他，或因他的温文尔雅而壮起胆子，挖空心思比一比谁更善于惹得他叫一声痛。

女孩儿曾摸过阿青的辫子。她笑着说："男生留辫子好奇怪啊！"

阿青一愣，心被揪住，又缓缓放开，喉头像塞入了一团棉花，说不出话。

晚上，阿青锁上房间的门，拿着妈妈做针线活儿的大剪刀，揪住耳边的发，"咔嚓"一下。接着又是一下。剪刀一下接一下地响，声音清脆，实际上却很钝，将阿青的发啃得参差不齐。乌黑的发一束一束落在地上，没有声音。

长发铺了一地，剪刀的吟唱接近尾声，房门却笃笃笃响起来。

母亲闯进来夺下那把剪刀时，阿青的长发恰只剩脑后正中间那一缕，孤零零地，伏在两片蝴蝶骨形成的山谷间。

"我的小祖宗啊！你何苦跟自己的命过不去？"母亲又急又恼，望着地上的发，眼中更含忧惧，无措地摇晃他，"你五岁的时候得过一场大病，有人说，留着头发就好了！留着不是一直挺好看的吗？为什么要剪掉？"

阿青说："是你觉得好看！"

阿青病了。剪刀划伤了他，伤口感染，引起炎症，继而高烧。

"妈妈，让我剪吧。"阿青躺在病床上，恳求母亲。

阿青的消瘦让所有来看望他的人叹息，然而愈是如此，母亲的态度便愈加强硬："不行。还剪，你要不要命了？"

阿青无可奈何。

来探病的亲戚在他床前坐了又走，声音从门缝间游进来，"这么漂亮的孩子……"

那一缕长发被妈妈用青色的绳子束成发辫。阿青不信，但看着自己的辫子，只觉得难过。妈妈给他请了假。没去上学的第五天，几个同学来看他。那个女孩儿也在其中。

他们说，希望他快点好起来，没有他，班里的平均颜值都掉了一档。走的时候，女孩子留到最后，吞吞吐吐："可能你已经忘记了……但是我还是想说，对不起啊，你的辫子其实很好看，比我的还好看。你为什么剪掉了？"

阿青觉得奇怪，他不再对她站在自己面前感到紧张和欣喜了。他从脑袋后面抽出那一小束头发，虚弱而宽容地笑道："还在呢。"

他的脸色一天天红润起来，也不再纠结于剪掉辫子。探病的亲友又纷纷到来，这次是为了庆贺。见了他的人都说，阿青有些不一样了。

"更好看了。"他们思索片刻，笑眯眯地下了结论。

回到学校的阿青更爱笑了。他勾着唇，弯着眼，请同学们帮忙讲解落下的课程时笑一笑，帮班委收发作业时笑一笑，半路碰见认识的朋友，还隔着老远，就微笑起来。他比从前热情，也更开朗，不再扭头回避大家对他的赞美，而是回一句"谢谢"。

阿青以优异的成绩从初中毕业，进入高中，之后交上了新朋友，大家喜欢他谦逊宽容、乐于助人、进退得宜，还有他好看的笑容。他脑后那一束细细的发辫一直趴在背上，却没有闲言碎语，成了鲜明的个性。

阿青接纳了自己的美，包括他的发辫。美为他带来了诸多便利，也带来诸多烦扰，由轻变重，又由重变轻。一个人的外表是厚幕，也是轻纱，别人不愿掀开去找他的时候，他到底是学会了自己走出来。

爱的本质

□ ［英］奥斯卡·王尔德

"无论什么地方，只要你爱它，它便是你的世界。"一个伤感的旋转烟火说。她年轻时爱过一个旧杉木匣子，现在常常以失恋自许。她接着道："不过如今爱已经不时髦了，诗人已经把它抹杀。他们不停地写着爱，泛滥成河，于是人们再也不相信爱了。我也不觉得惊异，真正的爱人多是痛苦的、沉默的……"

鲁迅的回响

□霹雳蓝

有人说，如果鲁迅生在21世纪，绝对称得上"互联网初代喷子"。但是这个"喷"，和当下活跃在屏幕背后的键盘侠、杠精有着本质的区别。他的"喷"是在呐喊、战斗，做唤醒服务，字字如针，针针见血，力透纸背。

人性、社会、名利场里的各种乱象，早就被他用笔杆子稳准狠地暴击过。有网友说，每次遇到热点事件、社会新闻，想要仗义执言地说上几句，绞尽脑汁敲下一大段文字后才发现，鲁迅早已在大半个世纪前就写好了正确答案。

比如近期某些明星"人设崩塌"事件，先生看透本质，连追两帖："面具戴太久，就会长到脸上，再想揭下来，除非伤筋动骨扒皮。"粉丝骂战、网络暴力等不理智追星现象，也被鲁迅早早言中："你要灭一个人，一是骂杀，二是捧杀。""捧杀"这个互联网高频词其实是出自先生之口。说起来，鲁迅最开始从课本走进互联网，还是依托于他的那些金句。我们读鲁迅的文章，以为是在学历史，其实，我们也是在看现实。

2021年是体育赛事密集的一年，7至9月贯穿了奥运会、残奥会、全运会。中国运动员战功赫赫，更可喜的是，观众和媒体对冠军之外、领奖台之外的运动员都给予了尊重和鼓励："依然是最棒的！""依然是我们的英雄。"

"我每看运动会时，常常这样想：优胜者固然可敬，但那虽然落后而仍非跑至终点不止的竞技者和见了这样的竞技者肃然不笑的看客，乃正是中国将来的脊梁。"每一位全力以赴的竞技者都值得尊重，先生几十年前就这样说过。

而他的寄语"愿中国青年都摆脱冷气，只是向上走，不必听自暴自弃者流的话。能做事的做事，能发声的发声。有一分热，发一分光，就令萤火一般，也可以在黑暗里发一点光，不必等候炬火。此后如竟没有炬火：我便是唯一的光"，这不正是目前中国新生一代的写照吗？

奥运赛场上大放异彩的"90后"和"00后"小将，顶在抗疫前线的年青一代，已经进军科研界、学术界的年轻人，各行各业发光发热的人……中国青年们，如鲁迅所希望的，正在发着自己的光。

社会的暗面，向来是鲁迅笔杆子下的靶子中心。"中国人的性情是总喜欢调和折中。譬如你说：这屋子太暗，需要在这里开一个窗，大家一定不允许。但如果你说要拆掉屋顶，他们就愿意开窗了。"

这样字字精准、拳拳到肉的话，还有很多——"他还只是个孩子，不懂这些。"鲁迅辣评："小的时候，不把他当人，大了以后也做不了人。"

"一直以来，不都是男主外女主内吗？"鲁迅反诘："从来如此，便对吗？"

"你为什么就不能为我改变？"鲁迅一语中的："改造自己，总比禁止别人来得难。"

鲁迅的话里也有温柔的时刻。我们说："你说你下午四点来，我从三点就开始感到幸福。"先生说："我寄给你的信，总要送往邮局，不喜欢放在街边的绿色邮筒中，我总疑心那里会慢一点。"

大半个世纪过去了，先生说过的话，仍然在现实的回响里，掷地有声。

3

看别人的问题，
找自己的答案

给你的收藏夹"吹吹灰"

□余冰玥

在社交媒体上刷到一篇深度好文、一个绝妙视频，或是某项科普攻略时，你是否只是囫囵看完，习惯性地放入收藏夹，暗想"等我有空再好好看"，随即滑向下一个热点。

收藏等于健身了，收藏等于学会英语了，收藏等于会做这道菜了……这一届网友都是资深"收藏家"，一键收藏后，"意念学习"模式开启，似乎只要链接在手，就拥有"下次仔细看"的无限可能。但结局往往是，这些昔日视为宝藏的内容如同发黄的旧书堆，难有再次翻看的机会，只能躺在收藏夹里被迫"吃灰"。

面对浩如烟海的互联网信息带来的知识焦虑，收藏这一行为本身就是奖励，一键收藏"干货"产生的瞬时满足感，比阅读和学习内容迅速得多，给人带来"已吸收"的心理安慰。当奖励"堆叠"太多，人们便下意识地选择忽视，收藏夹成为无限扩张的"信息黑洞"，吞噬了立即开始学习的热情。

而给收藏夹"吹灰"，是一场与知识焦虑和虚幻安全感的对抗。将昔日的"宝藏链接"一一摊开，"必须掌握的100个Office技巧""十个方法教你如何制作知识图谱"……一些看似实用的"干货"，细细读完才发现十有八九早已掌握，剩下几条根本用不着。不点开收藏夹，我们可能不会发觉，并非所有的收藏都有价值，它们只不过给人一种积极向上、通往理想之路的错觉。

有人说："整理的过程中才发现，自己其实有选择的权利，而不是成为被人灌输的工具。"

害怕错过，可能会造成收藏夹内的信息洪灾；单纯输入、储存，而不是思考、沉淀，信息也不会自动转化成知识。收藏夹"不吃灰"的关键，在于不断更新与践行。面对囤积的庞大资源库、思考自己真正需要的是什么，将重要知识整理成笔记合理消化。

例如，可以运用"四象限法则"，将收藏夹内容按照"重要""紧急"等维度进行分类：有价值且需立即投入类、意义重大但需坚持类、可删除类、碎片化学习类……此外，将自己吸收后认为最有价值的链接分享出来，也是一场火花四射的知识碰撞。

掩埋在你收藏夹灰尘下的内容，或许正是其他人苦苦寻觅的良方。随着时间流逝而冷却的学习热情，说不定也能在分享的过程中再度激活。

有网友深夜给收藏夹吹灰意外发现，曾经收藏的时评，恰好是近期才关注作者的历史作品，这种偶遇和巧合让人大呼奇妙，又不免遗憾："原来我很早就注意到宝藏作者了，却因'吃灰'而错过。"

当然，比起要用时在全网搜遍关键词也找不到的无助，收藏起来让人安心。收藏夹"不吃灰"，不是需要一股脑清空所有内容，也未必是"完全不收藏"，而是学会将囤积于表面的知识内化，筛选出真正值得收藏的宝藏，再付诸实践。

或许，定期给收藏夹"吹吹灰"，你会发现，原来自己拥有一座宝藏山，而最好的开采时机，正是当下。

第二增长曲线

□吴晓波

前两天去南京调研，碰到一个企业家朋友，差不多跟我同岁，叫作石俊峰，大学学的是化学，毕业之后到南京一家汽车工厂当技术员，后来当上了这家汽车工厂研究所所长。

2001年他下海，两年后创业做了一家叫龙蟠科技的企业，做什么呢？做润滑油。

润滑油这个行业巨头环绕，壳牌、BP、中石化、中石油，这些企业不是大，是超大，都居于世界500强的前20位。

我们这位石同学冲到那个行业里，干了十多年，干到了民营企业润滑油市场占有率第一，挺厉害的。

干到第一的时候，倒霉的事情就发生了，新能源汽车起来了。大家知道润滑油用在哪里吗？主要是发动机里，消耗量最大的是汽车发动机油。

所以石俊峰说，他做到民营润滑油第一名时，突然发觉汽车发动机未来将会"不见了"，怎么办呢？他就决定，继续把自己的有机化工专业能力和新能源挂钩。

六七年前，他们开始研究一个产品叫作磷酸铁锂，新能源电池中的正极材料。一个电池占到新能源汽车成本的40%，正极材料占到整个新能源汽车成本的17%～18%，占比特别高。

在他研究磷酸铁锂的时候，中国和欧美的新能源汽车，电池的正极材料大部分用的是三元锂，很多人嘲笑他说："兄弟，方向错了，都在做三元锂，你搞啥磷酸铁锂？"

2020年，特斯拉宣布，它未来的电池将使用磷酸铁锂，然后石俊峰的春天就来了。

我们在石俊峰这个案例中看到，所有行业都可能出现这样的景象：人在半途时，突然这个行业消失了，你的技术优势被取代了。你怎么办？你需要寻找企业的第二增长曲线。

海外的新华书店，卖得最火的竟然是饺子

□ 发财金刚

新华书店在海外开张之前，没人知道传统书店的边界在哪儿。

破壁的方法十分简单，想留住读者的人，至少先拴住他的胃。

作为跨界营销的典范，国外的新华书店，在拿捏读者这方面，知识储备的丰富程度堪比它们的书库。

每到饭点，书店门口总是聚满了前来参观的异乡游子，他们像当地公园里抱团的无家海鸥一样目标坚定，又挥之不去。

这并不是经营不善或开业酬宾时的促销赠送，新华书店的顶级食材，在整条唐人街，就像那块红白相间的招牌一样醒目。

"来这里只有一个原因：他们的饺子，我喜欢韭菜猪肉馅的。"

"店员很友好很博学，当然，对火候的掌控也十分令人信服。"

"我来这里主要是为了速冻饺子。它们很好吃，价格也很合理。我把这叫作'紧急食物'，当我懒得做饭，或妻子不在家、不愿意做饭的时候就去新华书店。"

有的顾客去的次数多了，还能摸清店内的补货规律，比如"他们在周四进货，想吃鲜的赶上午去，会有很多新的口味"。

在与书店管理员的攀谈中，有顾客甚至得知了饺子将要涨价到18美元一份的内幕消息，这样的价格，已足够在国内坐高铁往返一次京津，外加一次核酸混检，即便如此，一些顾客还是向书店建议最好能提供送餐服务，钱不是问题。

"我通常先找书，再去99牧场买东西。那里的饺子很棒，比99牧场的还要好，因为不是用的机器，都是手工做的，再冻到冰箱里。"

位于海外的新华书店，最初选址时都是人口稠密的唐人街地区，初心是为华人服务。

早期唐人街的华人商贩很多是靠餐饮起家，能在这样卧虎藏龙的"内卷"环境中脱颖而出，你该对新华书店的调馅功力有点数。

位于美国圣地亚哥市的新华书店，服务对象的范围明显突破了传统意义上的华人群体，各种肤色的读者像水蒸气一样，经常紧密缭绕在店内锅的四周。

那里的书店不仅卖水饺，还卖小笼包，而这两个词语，在国内代表的是碳水弥漫的晨间饕餮，在国外可能是一些外国人学会的首批中文单词。

一份饺子通常有50个左右，最初由海外新华书店内的茶水间制作，当成中式点心提供给一些看书看得饥肠辘辘的读者。

比较受欢迎的是猪肉韭菜和虾仁三鲜两个品种，没想到口味太好，快速形成的口碑在坊间不胫而走。

在海外最大的点评网站Yelp上，关于新华书店的好评，正与它们销售的手工水饺一样稳健增长，假以时日，绕赤道一圈不会有太大阻力。

没人想到饺子和书店怎么会混搭在一起，有心人甚至能找到一系列国内新华书店的员工包饺子的照片，这似乎印证了某种传承。

"他们过什么节都包饺子，出去送书慰问也包，赈灾义卖也包，和社区互动为群众搭建图书角也会包，包好和大家一块吃，我女儿就是跟她们学会的包饺子。"

如果以结果来倒推商业动机，这样的破圈实验，无疑是成功的。

甚至太过成功，以至于很多人都认为新华书店是一家连锁经营的中餐馆，卖书只是副业，看书都不用付费，夏天冷气充沛，冬天暖风拂面，还可以与店员交流关于店内任何一本书的读后感。

类似于咖啡吧中的闲情逸致，人们在店内座椅间交流的永恒母题，却始终围绕着煮饺子为何要三起三落，或像青草一样的植物，为何也能如此美味。

有人说这是东方智慧，当来自太平洋彼岸的湿润气流温暖了整个冬季，绵密的云朵和绮丽的彩虹让人精神放松，抬头一看，中国红背景下的毛体书法苍劲有力，又能让人的肠胃瞬间放空。

这是精神食粮与物质食粮的双重保障，也是这家诞生于1937年的老字号的不传之秘。

在传统书店没落的当下，当越来越多的图书馆越来越大，有时去找一本书还会在馆内迷路。

而这些漂泊在海外的新华书店，反其道而行之，它们大多开在紧接地气的市井之间，店内的面积都不是很大，书籍的铺陈排列，仍能显现儿时的印象。

木质书架上的诸子百家，墙壁留白处的水墨国画，一些爱好中国文化的读者，沉浸其中，时间在掌间也会变慢。

如果不看书的价格，恍惚间仍以为是在国内。

国内外的价码在数字上相差无几，同样一本书，在国内可能要20元人民币，在海外需要20美元。

不过足够让国内读者得到宽慰的是，它们保证，无论饺子还是书，国内的售价都是最便宜的。

虽然我们在新华书店的海内外官网上，都没有找到任何关于饺子的痕迹，它就像人们口口相传的上古神话一样，具象又遥远，简直就是薛定谔的饺子。

但有一点可以肯定，经营美食，肯定不是新华书店唯一的大胆尝试。

有的店内，传统的文房四宝、字画装裱、印章篆刻都不在话下，有人还能买到茶叶和中式服装，如果衣服不合身，新华书店的员工还能帮你修改。

位于纽约市布鲁克林街头的新华书店，功能早已从传统书店，重新定位为社区服务中心。

有人还拍到了美国的一家新华书店，疑似还能举办婚礼。

现场的隆重气氛，让人瞬间回忆起《父母爱情》中那个年代的某个多情下午，而店内还藏着一家"顶好西药房"。

也有人分析，可能是房源紧张导致当地民间商业高度浓缩在了一起，每一家看似正经的店铺内部，其实都是一个个微观社会的造景。

曾有经营者表示，当地的治安在许多年前比较混乱，沿街店铺经常会遭到当地不法分子洗劫，有一些游行队伍，游着游着就进了店，抢了劫，当地的华裔商人们为了安全，和亲朋好友街坊，把不同种类的商铺都聚集到一起，互相有个照应。

"书店相对安全，一个是书店流水单薄，没什么现金，还有就是，那帮子玩枪的，抢什么也不会抢书。"

一座座海外新华书店的原址，如同福建土楼一样，构建了民间自治自防的坚实防御，而如今的新华书店，正在全球构建起一个庞大的物流王国，把一本本承载着人类社会的知识精华，安全运输到千家万户。

很多家海外的新华书店，都会提供"新华快递"的服务。

新华快递成立于2008年，主要服务于大陆之外的读者，主要目的就是运书，一些读者在海外的新华书店内，可以预订店内没有的中国书籍，通过新华快递的专线物流，书籍很快就能送到读者手中。

图书是国与国之间文化交流的重要媒介，从这个意义上说，海外的新华书店是向外国介绍中华文化的一个窗口。

一些华人和热爱中国文化的朋友，为买到最新的中文书籍，往往需要付出极其高昂的费用。当新华书店逐渐在海外开枝散叶后，它带去了一种中国味道，也带去了一份社区人情。

它大隐隐于市，却又十分有趣，在网络时代如同一座风雨长亭，凝望过去的人文古道，等待着身后的万卷朝阳。

社交牛人

□青 丝

很多事物都是相对的，有冷就有热，有善就有恶，有"社恐"就有"社牛"。

可以肯定的是，每个人都见过社交牛人，这一特殊人群，就像电影《国产凌凌漆》里隐匿于市井的猪肉佬阿七，永远是那么鲜明出众。你绝不会有找不到他们的担心，反而需要费神去保持一点儿距离，才能避免对方跨入自己的私人边界。

社交牛人大多是天生的。

清人洪亮吉幼时，有一天在学塾的假山后洗砚，听到有人过来，以为是同学，便把洗砚水泼向对方。没想到来人是老师，被他泼了一身的墨汁。

洪亮吉眼见要被惩罚，便爬到屋顶上。老师怕他出事，表示不会责罚他，让他下来。洪亮吉说，你现在好言好语哄我，我下去必然被痛打，宁死不下。

老师无奈，只得写了一封保证书，用竹竿递交给他，才化解了危机。

同样是髫年稚齿，闯了祸还能让受害者写保证书向自己做出免除责罚的承诺，若非天生"社牛"，是没法做到的。

少年时，我对"交际花"一词有着偏狭的理解，后来才逐渐明白，擅长交际的人，最吸引他人的是自身展现出的那种性格魅力。

20世纪20年代，斯坦因夫人在巴黎开办文艺沙龙，寓居巴黎的美国文青皆引以为精神圣地，这种社交"黏性"就是没法模仿的。

《世说新语》中说："我与我周旋久，宁作我。"各自潜意识中的社交属性，才是真正的主宰。

但最常见的社交牛人是那种"自来熟"和"人来疯"。

这些社交奇才，能在任何场合迅速与人打成一片，以兄弟姐妹相称。其天性也不会因年龄和地位而改变。

清代，杭州知府薛时雨即将离任，友人在西湖游船上为他饯行。

船行至孤山放鹤亭，"薛市长"看到岸上有一群陌生人喝酒，兴奋得按捺不住，隐瞒身份登岸与众人猜拳行令，玩得不亦乐乎。

很多社交牛人的内心深处，需要来自外界源源不断的支持和赞美。

美国有一部电影，叫《杯酒人生》，这部电影凭借对人性的精准描摹获得了奥斯卡最佳改编剧本奖。

主角之一杰克是个社交牛人，也是一名过气的演员，逐渐被观众遗忘的焦虑，以及即将步入婚姻的恐惧，令他每到一处，就立即要寻找一种社交征服感，与他人亲近相处，不分彼此，迅速发展出融洽的感情。

而且在这一过程中，他会很投入，甚至自我欺骗，相信自己投入的感情是真的，须为了这样的露水情缘考虑取消婚约……不过，社交牛人大多只是利用别人来过足自己的瘾，觉得这样活着才有意义，并非真正想要与他人建立起健康的社交关系。

这也使得"社牛"和"社恐"，殊途同归。区别只在于呈现结果的形式。

一种是莎士比亚式：冲突激烈，最后舞台上堆满了死者；一种是契诃夫式：所有人都是不快乐的，可还活着。就看你选了哪一种。

手机会"偷听"吗

□伯 季

即使录音完成并传输到服务器上,也很难识别。因为正常情况下录到的声音,必然有很多无用的片段,并且背景音很嘈杂。这些录音识别起来,技术难、成本高。因而,在违法成本、技术成本都很高的情况下,很多企业并不会选择这种操作。

那么,手机是如何知道我们想法的呢?实际上,在我们开始使用APP的时候,一切就开始了。下载安装APP时,我们会被要求获取很多权限,如打开录音权限才能打语音电话,这是合理且必要的。但有很多APP存在明显的越界行为,除了必要权限,它们还会要求获取其他不相关的权限,比如音乐APP要读取相册权限,打车APP要读取文件权限。当然,它们获取了这些权限并不是直接读取了你的信息,而是开始采集你的行为,这才是关键的地方。

我们以前所谈到的隐私,往往是身份证号等很"直接"的内容,但今天所谈到的隐私,还包括你不经意间暴露的上网行为、通信录关系网等不是很"直接"的内容。比如,你几点钟放下手机、多久打一次车、喜欢点哪种外卖等。如果收集的数据足够多,一个人的形象就可以被有效地勾画出来,被称为"用户画像",然后通过算法给这个人打上一个个标签,比如火锅爱好者、健身达人等。之后,这个人出现一个新的行为,算法也会相应给他贴上一个新的标签。随着数据的积累,这些标签对用户的刻画会越来越精确。当有了足够精确的刻画,各种广告主就可以根据这些标签选择目标受众,选定广告位和投放时间,实现精准投放。于是,当你开APP,就会看见你觉得"刚好需要"的东西。

技术无善恶,但是使用技术的人有善恶。除了道德的评判,法律法规的约束也是十分必要的。归根结底,技术的创新、发展、应用,是为了造福大众、服务社会,而不仅仅是谋取利益。

怎么拥有一个笑话

□罗振宇

很多人有这样的体会:听到一个笑话,觉得很好笑,但是下次自己跟别人讲的时候,往往效果不咋的。这是怎么回事呢?答案是:这个笑话它还不是你的。

最近我看到涂子沛老师文章里有一段话说得好:要想让一个笑话变成自己的,要分三步走。第一,你得记下来。第二,你得能复习,要能回想起自己第一次听到的时候那种感受。第三,你得把它讲给别人听,感受听的人不同的反应,然后优化它。这三步都做完了,才能说这个笑话是你的了。

对,其实不仅是讲笑话,所有的学习也都是这三步。第一,经营这个知识本身,记录它或者记住它。第二,经营知识和自己的关系,想清楚它为什么打动我,对我有什么用。第三,经营知识、我和他人的三角关系,我能用这个知识为他人做什么。

这三步都有了,才能说这个知识是我的了。

诺奖告诉你，读书到底值多少钱

□胡姚雨

2021年诺贝尔经济学奖
关键词：因为，所以

虽说距离2021年诺贝尔经济学奖公布已经有小半年了，但这个奖和将要踏入大学的你仍息息相关。如果未来选择经济学专业，那么恭喜，你离诺奖又近了一步。因为你的专业基础课里，一定逃不开"实证分析"。所谓"实证分析"，就是经济学范畴里的"因果分析"，这也是去年的经济学诺奖得主做出的主要贡献。

什么是"因果分析"？说白了，如果经济学家想说一句"因为……所以……"，他必须跨越千山万水并鼓足全部勇气——不比表白容易。

别不信，真有这么夸张。

比如，要解释医院和健康之间的因果关系，一个常识是：医院可以帮人恢复健康，医院是因，健康是果。但一项研究表明，没有去过医院的人的平均健康指数为3.79，而从医院出来的人的平均健康指数为3.12，这明摆着，医院反而拉低了人均健康指数嘛！

这与"医院应该提升健康指数"的常识似乎产生了矛盾。其实，这就是一个典型的"因果"案例。正确的思路应该是，去医院的人本身健康指数就低，如果不去医院，其健康指数可能连3都达不到，怎么能直接和健康的人相比呢？

所以，"医院拉低健康指数"的认知是错误的，因为不能把"去过医院的人"和"没去过医院的人"直接进行对照——关键变量不在"医院"，而在"是否生病"。正确的做法是，将"生病且去过医院的人"和"生病却硬扛着不去医院的人"进行对照，如此，将关键变量聚焦在"是否生病"，那么"医院—健康"的因果关系便能成立了。

这几位经济学家能够得奖，就是因为搞明白了上面这个逻辑。

经济学家"实惨"：没有一个像样的实验室

你是不是觉得，诺奖也没那么难拿？

如果你的答案是"是"，那么恭喜你，已经有了"诺奖很好拿"的自信！但请你先冷静一下，因为研究经济、财经这样的社会科学，不像研究化学、物理等自然科学，研究者拥有实体实验室可一展身手。

屠呦呦能摘得诺奖，离不开前期191次反复实验提取青蒿素的艰苦攻关，但经济学家做实验，能把"本应该去医院却硬扛着不去医院的人"反复提炼、萃取出来吗？

当然不能。毕竟"本该去"和"硬扛着不去"都是缺乏客观标准的主观判断，即便理论上有此一说，实践中，经济学家也很难像自然科学家一样获取完美的实验对象并人为地控制实验条件。

那真的没有办法来达成这个目标吗？

肯定有！经济学家发现了定位"硬扛着不去医院"这类人的关键——意外性，或称随机性。

这个"意外"可以来自自然世界，比如地质灾害造成的人口流动——由于是短期内突发性的迁移，所以除了"人口"变量，其他社会变量几乎来不及变动，新城市因此发生的产业、经济、工资等变化，基本可以归结到"人口"这一因素里。

这个"意外"也可以来自人类社会，比如政策出台后，划分出的不同人群形成了可对照的实验组，从而为经济研究带来便利。高考就是一个很好的例子。试问：上"一本"和上"二本"对学生未来发展的影响到底有多大呢？

从经济学视角来研究，必须剔除尽可能多的"非大学"变量，比如学生本身的智力差异。为剔除这一干扰因素，经济学家找到了一个很好的政策工具——高考分数线。若当年"一本"分数线为600分，那么可认为，分数在590～610的学生，其智力水平是整体相当的。这十几二十分的差距，多因临场发挥造成，与智力无关。于是，不幸因为几分之差而上了"二本"的学生，和过线上了"一本"的学生，就能相对客观地展示出"一本"与"二本"对个体发展的影响了。这就是经济学家利用鲜活的社会元素做实验、找因果的方法。

感觉经济学家就是一群"看热闹不嫌事大"的人！没办法，谁让他们的实验室就是整个人类社会呢？

老祖宗的智慧永不过时：书中自有黄金屋

基于上述手段，2021年的获奖者安格里斯特找到一个很好的政策工具来研究"读书时间长短"和"未来收入"之间的关系。

美国的义务教育法规定：只要是当年年满6岁的儿童，都需要在当年的9月入学。这意味着，当年1月1日和12月31日出生的孩子，都要在9月入学。但毕业的时候，差别就出现了。假如一个人的生日是1月1日，那么在他16岁到来那年，过了1月1日，他就可以合法地去打工；而生日是12月31日的，则需要完成全年的学业，才能合法地离开学校。

据统计，在20世纪40年代前出生的美国人，确实有一部分到了合法年龄就选择去打工了。这项政策造成的教育时差，成为经济学家手里的"意外性"工具。经研究发现，20世纪20年代出生的孩子中，第一季度出生的人比其他3个季度出生的人少上学约46天，教育回报率要低0.7个百分点；对20世纪40年代出生的孩子来说，第一季度出生的人比其他3个季度出生的人少上学约40天，教育回报率要低1.02个百分点。

两组数据都说明，受教育时间越少，未来收入相对越低；受教育时间越多，未来收入相对越高。

光看这个结论，颇具"废话文学"色彩——这不就是中国人早就悟出来的"书中自有黄金屋"嘛！但这个研究的意义在于，社会科学也有了像自然科学一样严谨的变量"对照"和"控制"，这种分析范式，无疑能惠及整个社会科学领域！诺贝尔奖评委会委员也说了，此奖是为表彰教授们的研究方法，而不是其结论。

话已至此，就算"上高三，下火海"，咱也要喊一句："扶我起来，我还能再学一会儿！"

"螺丝钉"，还是"万金油"

□古 典

进入大公司，是很多人所向往的。但在大公司，大多数人担心的，就是"螺丝钉"化。

大公司的部门完善，岗位职能分得很细，你的"单点"业务越熟练，你就越难换地方，就像被焊死在主板上的螺丝钉一样。

我有一个朋友在某电商平台做快递人员的入职业务培训，一年有1000多课时的课程量。四个人的团队从设计课程到培训，连续做了六年。但他精通的也是这些，想要设计点别的课程框架就行不通。

这就是"螺丝钉"化。

不过，虽然是"螺丝钉"，但那块"主板"好啊，不仅能拓宽眼界，还能拓展资源。

在大公司待过的人，眼界开阔了，想找第二份工作，也比较容易。

小公司的问题则完全相反，那就是"万金油"化。

小公司的岗位职能划分得不够细，需要一个人具备什么工作都能干、干什么都"值得托付"的能力。

我刚刚毕业时，创办过"文化公司"——装修、设计、广告，啥活儿都接。

我们三个大学同学，我任董事长，主要接活；一个任总工程师，带着三个民工兄弟搞施工；一个做总经理，联系采购物料。

有一回，下午6点，来了一车板子，工人说下班了，搬运要加钱。总工就在楼下喊："古董、王总，下来搬三合板啊！"

我现在刷墙的技术特别好，花十秒钟用报纸叠个小帽子戴着，就能麻溜地开干。这都是我的"万金油"技能。

在这种公司工作，优点是接触面很广，很快就能知道业务全流程和顶层设计。我们三个人凑在一起就是一家建筑或广告公司的雏形。缺点是，工作久了，哪个"单点"都不突出。一旦公司做大，需要专业人士时，如果你还只是"万金油"，就有被换掉的可能。

所以，待在小公司的问题，在于如何避免自己"万金油"化。

那么，在哪种情况下要让自己"变窄"，主动"螺丝钉"化呢？

第一，刚入职场，方向清晰。

选择大平台，让自己具备一技之长，为未来拥有更多选择做积累。

很多名校学生都选择毕业后先去大公司历练几年，积累工作经验和专业知识，然后考虑加入一家新公司或自己创业。

第二，做"万金油"太久，需要一技之长。

很多创业者创业成功或失败后，选择在一家大公司待一段时间，看看人家是怎么运作的。比如周鸿祎在3721失败后，去雅虎待了一段时间，然后创建了360。

第三，能清晰看到专业方向，但自己缺少资源。

如果你能清晰地预见某种趋势，但缺乏能力单干，最好的方式，是进入头部公司学习。

这种做法在培训界很常见：起步时，加入有能力的专业团队做老师、助教，同时思考自己的方向，未来可选择与之合作，或者单干。

那么，在什么情况下要让自己"变宽"，主动"万金油"化呢？

第一，专业发展有局限，希望了解全局。

大公司向上的通道不多，时间一长，人容易固化。拥有较强专业能力的人，先进入小一点的公司拓展业务范围，其实是个很好的策略。

比如，从大厂的校招经理，跳到小企业做人力资源经理，听上去是平调，但是业务范围更宽、模块更多，未来发展空间也更大。

第二，想进入新领域，但不知道自己要干什么。

这时，可以找一家业内发展不错的小公司，用已有的专业技能先切入一个岗位，然后尽快了解全行业，并接触更多的人。

在这种情况下，可以优先考虑销售、运营、商务拓展等岗位。

第三，希望成为管理者。

没错，管理者就是"万金油"化的，什么都懂。因为他们的关注点已经转移到如何调用专业人士，创造更大的价值上。

我并没有建议进入大公司，还是小公司，而是建议主动地"万金油"化或"螺丝钉"化。因为，重要的是自己的选择，而不是外界的环境，优秀的人懂得利用环境，而不是被环境左右。只要你愿意，在所有公司，都可以"变宽"或"变窄"。

在大公司的人，主动和业务链条上下游的人交流、互助，甚至调岗，能够很好地抵消"螺丝钉"化。事实上，很多大公司都有轮岗计划，让足够优秀的人抓住这些机会。

在小公司的人，一定要向公司里的"金刚钻"学习。这样，往好了说可以自己创业，中策是和公司一起成长，公司永远需要你，最差也是业内达人——小公司出来的牛人都很能干。

专业人士往管理线迁移，本质就是"变宽""万金油"化的过程；管理岗往专业线切入，本质就是聚焦、"螺丝钉"化的过程。

所以，职业自由与否和公司大小没什么关系，关键看你能否理解业务的整体链条，从自身需求出发，看清局势，看透本质。

"学霸两支笔，差生文具多"到底在说什么

□ Duni

某平台上曾经有个很火的视频，大概是这样的：有一个小学生正在写作业，他先是翻出了一个电动卷笔刀，郑重其事地把铅笔削好，然后开始写字，结果不小心写错了，赶紧掏出电动橡皮擦，擦干净之后，再拿出一个桌面吸尘器，橡皮屑就这么被吸走了……

当时评论里的网友都被这个豪华的文具阵势给惊呆了，结果就有人回了这么一句：学霸两支笔，差生文具多。

这个梗后来就火了，以至于"差生文具多"开始被广泛应用于各种调侃"装备党"的情境中。

今天我们就来说说，"差生文具多"这个梗，到底有几分道理。

其实，类似的情况在日常生活中还有很多，这种心理上的自我暗示总结一下就是：装备硬核=效果硬核。

站在一个学生的视角上想，如果我非常郑重地在选购文具，就像是也在郑重地对待学习这件事：我的笔很好使，那我可能就比别人写作业答卷子更快，字也写得更好；我的橡皮擦更先进，那我就能更快地擦干净，我的卷面就更整洁……

总之，在这个学生的潜意识里，当把时间和精力花在文具上，也就约等同于花在学习上。

01

那接下来，我们就换几个视角再看一看。

证明装备硬核能带来效果硬核，有个非常古老的理论基础——子曰："工欲善其事，必先利其器。"可以说，好的工具能带来效率的提升在一般意义上肯定是合理的。

然后我们再试着站在所谓差生的角度换位思考。你觉得，差生会天真地认为，买了最先进的文具，成绩就能超过那些学霸了吗？差生才没有那么傻。

差生的目标从来不是学霸，而是超过另外的差生。在这样势均力敌的对决中，一个好的文具没准就能发挥奇效。

比如我的数学水平本来是59分，结果因为这个电动橡皮擦实在太好用了，我不用来来回回地擦，这个工具帮我省了半分钟，结果就因为这半分钟，我多拿了1分，最后考到了60分，60分就足以排在所有不及格同学的前面，这个边际的增量还是意义重大的。

但这种事情换在学霸身上就不成立，他的水平已经是99分了，一个电动橡皮擦尽管也能给他省出半分钟，但是这半分钟大概只能供学霸再多做一道题的验算，想从99到100分，这个难度可远高于从59到60分。所以这个工具对学霸的边际效用并不明显。

更何况，我们可不要小看那些专业级的工具对差生的心理支撑。当一个人身处一堆专业的装备之中，他就会恍惚地感觉，自己也跟着专业了起来。这样的心态放在考场上，尤其对那些基础知识不够扎实的学生来说，是非常管用的。

所以，这个"文具多"，不单是"利其器"的功效，我们甚至可以管这个叫"顺其气"。换言之，我们不但需要文具来提供功能上的价值，更需要它给予的情绪价值，而且很明显后者比前者价值大。

02

即便我们不说考试，只谈日常，这些文具是有可能帮助学生培养兴趣，减少练习阻力的。

比如我现在有了一支很好用的笔，我很喜欢，但凡想起这支笔，我就忍不住拿起来随便涂涂画画写

几个字，即便这个书写的内容没啥意义，但我的确会用更多的时间来用这支笔了，对坐下来写东西这件事也越来越习惯了，这多少能让一个孩子离真正的学习更近一步。

再往深了说，"差生文具多"这句话对应的那个场景，在心理学上叫作走神的心是不快乐的。这个"不快乐的心"，其实是一种自尊的自我保护机制。简单来说，一方面，我们会主动追求正面的反馈；另一方面，我们会主动规避别人对我们的负面反馈。

所以，当负面反馈来了，自尊的自我保护机制就开启了，表现为两种形式：第一，走神。我们不想要负面反馈，我们就会刻意地令自己注意力分散，从而抵消这种负面的冲击。第二，代偿。我们会找一个更擅长的特质，来替代补偿由不擅长特质带来的负面感受。比如，"差生文具多"，就是通过指挥文具的乐趣，来代偿做作业的乐趣。

一个孩子如果不想写作业，就想倒腾那些文具，那是因为他觉得指挥操控文具的乐趣，大过做作业的乐趣，前者可以控制，后者无法控制，前者很快乐，后者很迷茫。

所以家长要做的，是为孩子在这两者之间建立一种联系，或者简单地说，就是把这两件事尽量合成一件事，而不是取消那些文具的意义和价值。当然如果你们家已经是个上中学的大孩子，那也有必要从其他维度激发他的思考。

03

比如"学霸两支笔，差生文具多"这句话，如果你用美学的视角去看，学霸手里的两支笔代表了一种审美的倾向，即因简约而带来的高级感。

金庸先生在《神雕侠侣》里塑造独孤求败这个人物，就是在用他的生平诠释"不滞于物"的高级感：独孤求败一生经过了利剑、软剑、重剑、木剑、无剑五个阶段，到最后，真正令他无敌于天下的并不是武学，而是一种高山仰止的修为境界。

中国文化是崇尚"无为"的，落实到艺术层面就是"留白"，这种思路对一名中学生来说，完全可以应用到作文的练习上：所谓的辞藻、修饰、美文、警句，这些东西终究只是花花绿绿的"文具"，这种"有用"终究是落了下乘。

我们应该懂得去欣赏"两支笔"的美，更高级的写作，是追求文字上的顿挫、节奏、分寸，有时候那些看似浅白的文字，往往于无声处打动你，却不留痕迹，以至于我们会误认为，那些表达是"文笔不好"。

当然学习与审美都是需要引导的，如果家长自己就装备挺多，那我们又何苦为孩子多买了几个文具而发愁呢？

现实中有"皇帝的新衣"吗

□罗振宇

昨天，在给我们家娃讲皇帝的新衣的故事时，突然想到查理·芒格说过的一句话："唯有在童话中，皇帝才会被告知自己没穿衣服。"

对啊，很多人都觉得，自己常常就是那个人群中的小孩，明明看见别人没穿衣服，以为接下来，自己的选择要么是勇敢地一嗓子喊出来，要么是懦弱地保持沉默。其实不是，现实比这个要残酷。

在现实中，别人是不是穿了衣服，我是不是那个小孩，都未可知。没准那个以为自己穿了衣服的傻皇帝恰恰是自己。对，只要是我们张嘴评价别人的事，这个风险随时存在。

那怎么办呢？查理·芒格接下来说："记住，你是对是错，并不取决于别人同意你还是反对你。唯一重要的是你的分析和判断是否正确。"对，建立自己分析和判断的标准，才是我们在思考的时候唯一可以依靠的。

飞机失事为什么一定要找到黑匣子

□壹读君

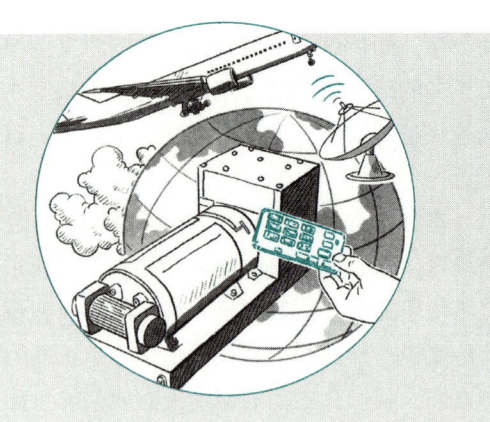

在航空事故调查中，为什么一定要找到黑匣子？

黑匣子是电子飞行记录仪的俗称，可以记录、存储飞机飞行数据及语音信息，但黑匣子的颜色并非黑色，而是醒目的明黄或橘红色。那么，人们为什么非要称其为"黑匣子"呢？

关于该名称的由来，目前存在几种说法：第一种说法是，早期的飞行记录仪只记录飞行数据，主要应用于军用飞机，且规格都是统一的黑色方盒（以阻挡无线电反射）；第二种说法是黑匣子只在发生空难时才被重视，被人们视为灾难的象征，因此被叫作"黑匣子"；第三种说法是黑匣子被发现时，通常会因爆炸燃烧等变成黑乎乎的样子，成为名副其实的"黑"匣子。

当然，黑匣子烧得再"黑"，也不会影响到其内部储存的数据。人们为了确保黑匣子的安全，专门为它设计了由防撞击挤压、耐高温、抗腐蚀、防水等多个保护层构成的坚固外壳，且将其安装在空难事故中保存相对完整的尾翼翼根部位。

现代商用飞机上一般安装两个黑匣子，分别是"驾驶舱语音记录器"和"飞行数据记录器"：前者用来记录驾驶舱和座舱的飞行员、飞行员之间及座舱内乘客的讲话录音及各种可听到的声响，可以保留停止记录前120分钟驾驶舱内的各种声音；后者记录飞行参数，如水平速度、垂直速度、加速情况以及磁角等，记录的时间范围至少是断电前最后25小时。

黑匣子不仅记录了飞机的状态，还记录了飞行员的操作动作，不管是飞机自身原因还是人为操作不当，都可以从黑匣子的数据中找出端倪。

说到这里，或许有人问，如今科技发达，为什么还要费劲对黑匣子解码，而无法实现数据云同步？

首先，为了抵抗强大的物理冲击，黑匣子不能使用一般的硬盘、SD卡这些大容量存储设备，通常只有1G~4G的存储空间，因此无法执行运算等任务；其次，每个黑匣子都配备独立的电源，以确保在飞机发生异常时，记录仪器能够继续工作，比如当飞机坠入大海，黑匣子的电源还要维持水下定位信标工作至少30天，如此一来，要尽可能降低黑匣子内部的能耗，加装一个数据发射模块实在太费电了；最后，同步保存这么关键的数据需要一个非常稳定的网络环境，但目前飞机上的网络还做不到。

所以，保存好数据，是黑匣子目前最主要，也是唯一的任务。

那么，怎么才能找到黑匣子？

坠落在陆地上的飞机，黑匣子主要靠人工寻找。因此，保护事故现场状态很重要，拿走橘红色的盒状物体是绝对禁止的。

失事坠入海中的飞机，黑匣子在入水的刹那，外部的水下定位信标被激活，自动激发出37.5千赫兹的脉冲信号，且即使在6000米的水下，信号也能被传递出去。而且，一旦信标开始工作，它就会每秒发射一次信号并持续至少30天。

如果在黑匣子电池耗尽前依然没有锁定强信号，搜寻者就要用侧扫声呐系统探测海底、分析回波，绘制海底图形，再查找海底出现的反常形态。不过在茫茫大海中搜寻，难度非常大。

比如，虽然我们仍未放弃搜寻马航MH370的黑匣子，但可惜的是，至今仍未找到它的踪迹。

缺口理论

□ 从 嘉

在《红楼梦》中,刘姥姥为讨贾府的哥儿姐儿高兴,便编了一个故事:"去年冬天,接连下了几天雪,地下压了三四尺深。我那日起得早,还没出房门,只听外头柴草响,我想着必定有人偷柴草来了。我扒着窗户眼儿一瞧,不是我们村庄上的人……原来是一个十七八岁极标致的小姑娘,梳着溜油光的头,穿着大红袄儿,白绫裙子……"

刘姥姥并没有把这个故事讲完,而是留下了一个悬念,于是宝玉好奇心大起,不停地问刘姥姥:"那女孩儿大雪地里做什么抽柴草?倘或冻出病来呢?"等散了,他还拉住刘姥姥,细问那女孩儿是谁。

美国卡内基梅隆大学的行为经济学家乔治·洛温施坦提出过一个"缺口理论"。他说,当我们感觉自己的知识出现缺口时,好奇心就产生了。

洛温施坦的观点是知识缺口导致痛苦。当我们想知道一些事却无法实现的时候,就会觉得身上像长了很痒的疮,不得不抓。要想消除这种痛苦,我们就得把知识缺口填满。

缺口理论的一个重要要求是在关闭缺口前必须先把它们打开。利用对方知识中的缺口,提出一些他们不知道的事,或者向他们展现他们不知道怎么应付的情境。刘姥姥就是用一些深宅大院内的公子哥儿不知道的事情打开了宝玉知识上的一个缺口,激起了宝玉的好奇心,让他心头发痒。

洛温施坦说:"如果人们喜欢好奇心,他们为什么还会千方百计地想解决它呢?他们为什么不在看最后一章前把侦探小说放一放呢?"他的答案是,重要的知识缺口会让人很痛苦。

因此存在知识缺口并不一定是坏事,它能激起人们学习的欲望。

美国心理学家南希·劳里和戴维·约翰逊曾做过一个实验,他们将学生分成两组对一个论题进行互动讨论。其中一组鼓励学生与标准答案一致;而另一组则让学生提出与标准答案不同的见解。

一下子就认可标准答案的学生对这个主题的兴趣就不那么强烈,相比而言,答案不同的一组则更可能去图书馆查找资料,他们渴望填补知识的缺口,找出正确的那个。

缺口理论还有一个有趣的地方:知识越丰富的人缺口越多,好奇心也更强烈。在我们的生活中,那些知识渊博的人常常会对普通的事物也表现出很强的好奇心,而那些知识贫乏的人,则习惯一副见怪不怪的样子。

事实上,在积累信息的过程中,我们的注意力会越来越集中到不知道的东西上。一个人如果说得出《水浒传》108将中的20个好汉,他可能会感到自豪,而一个说得出90个好汉的人更有可能觉得不满足,因为他还不知道剩下的那18个。

山 居

□川 梅

父亲和太阳

早晨,父亲和太阳同时爬上山坳,太阳挑着光,父亲挑着光阴。

对面相遇,不是一条道上的,一个要上山,一个要上街赶集,都懒得打一声招呼,各走各的路。

太阳小气,顺手扯出父亲的影子,把父亲扯得又瘦又长,扯得父亲大汗淋淋。父亲的喘息,就胖起来了。

喘气胖起来,父亲也不搭理太阳。去早市交易,要赶很长的路。去晚了,就怕黄花菜凉了。

侍候庄稼的间隙,父亲最爱点一根烟,坐地头打望远山,吐着烟圈的样子赛过神仙。

抽烟抽得陶醉时,娘就会大声呼唤。

远山风大,娘怕父亲被风化了。在地里侍候农业,没有男人的日子,会很麻烦。

娘不懂大道理,但心里有算盘。对父亲的光阴,盘算了几十年,盘算得很准。关键的时候仿佛是掐着时间。

掐到好处,就什么都好了。

稻草人

幼鸟看见娘在农田上发愣。衣服破旧,以为娘也是一个稻草人,就飞到头上调皮捣蛋。

娘菩萨心肠,怕吓着幼鸟,假装不是真人,小心翼翼,不言,也不动。

娘不动,风也不动,地里的庄稼也不动,它们跟娘一条心,都看娘的眼色行事。看幼鸟在娘花白的头上,玩得开心。

离娘不远处,稻草人举起竹竿,长长的影子晃过来,幼小的鸟以为有真人来赶鸟,赶紧飞了。

鸟飞走了,娘才动。

娘一动,山谷里的一切就都动了。

懂事的溪流

从高崖上跌下,溪流就老实巴交了,仿佛一经过生死,就会懂事。

学会了低头,往低处寻找活路。开始相信有容乃大。对低处的那些需求,再不吝啬,不嫌贫爱富。哪怕是卑微如蚂蚁,也慈悲为怀。

付出多起来,石头给它让路,花草给它让路,尘世间的弯弯绕绕也给它让路,渐渐就大起来了。

大起来,就有了方向。

柔软的美学

它们开始都是直性子,往上拱。拱到了合适的高度,不用人教,就把头低下来。

天空那么高,那么空,那么慈悲,它们集体低头弯腰的场景,十分柔美。

天空很空,它们低头的玄机,只有它们自己懂。

也许最硬的性格,也要掺杂柔软的美学,才能适应苍天。

智慧越给越多

□ 钱 穆

物质身体生活，大家都一样。饿了要吃，冷了要穿，倦了要休息。但从另一面讲，此种人生，是个别不相通的。我喝一杯水，与你不相干。吃饭各饱了各自的肚子，你吃饱了，别人并不饱。你穿暖了，别人并不暖。

但是精神生活便大不同，这是一体相通的。今天来听一次讲演，一人讲，大家听，这是心与心之相通，是精神的。一人心中话，可说给人人听。但一人手中食，不能拿供人人吃。中国人有句话说："一人向隅，举座为之不欢。"满堂饮酒，有一人向隅悲泣，则一堂皆为之不乐。这是心灵精神方面的事。

人生必到了心灵精神人生，才有这样一个共通的境界。《老子》里说："既以为人，己愈有；既以与人，己愈多。"假使我今天是一个厨师，做菜请大家吃，大家吃饱后走了，菜亦没有了，所以来吃的也必得出钱买。但今天我是来讲演的，将我心中话讲给大家听，不仅诸位听到，我也会对自己的话有增添，有生发。这不是我讲给诸位听后，我自己反而更多了吗？吃的、穿的、住的，一切物质方面的东西，不能多予人。我多予了你，我自己就没有，或者减少。至于心灵精神方面的，给予了人，自己一点也不减少，只有兴起他人心灵上之共鸣。所以老师教学生，定会"教学相长"。歌星唱歌，定要有人听。西方有些电影明星，不愿意拍电影，而愿意在舞台上表演。因为在舞台上表演，下面有观众，心与心当下交感相通，他会感到更快乐。

我们人都抱有一种意志，我的意志，得你赞成，我的意志会更坚强。我的智慧也不能老放在脑子里，会枯槁窒塞，要得向人传播，和人讨论，智慧会更发展。

恐 惧

□ 史铁生

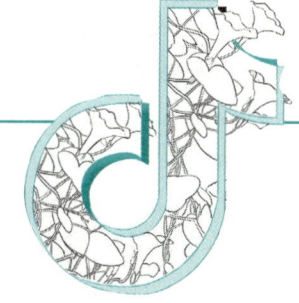

人以一个孤独的音符处于一部浩瀚的音乐中，难免恐惧。这恐惧是因为，他知道自己的心愿，却不知道别人的心愿；他知道自己复杂的处境与别人相关，却不知道别人对这复杂的相关取何种态度；他知道自己期待别人，却没有把握别人是否对他有着同样的期待；总之，他既听到了音乐的呼唤，又看见了社会美德的阴沉脸色。这恐惧迫使他先把自己藏起来，藏到甚至连自己也看不到的地方去。其实这也不可能，他既藏了就必然知道藏了什么和藏在哪儿，只是佯装不知。这不过是一种防御。他藏好了，看看没有什么危险了，再去偷看别人。看别人的什么呢？看别人是否也像自己一样藏了和藏了什么。其实，他是通过偷看别人来偷看自己，通过偷看别人之藏而承认自己之藏，通过揭开别人的藏而一步步解放着自己的藏——这从恋人们由相互试探到相互敞开的过程，可得证明。是呀！人，都是在一个孤独的位置上期待着别人，都在以一个孤独的音符而追随那浩瀚的音乐，以期生命不再孤独，不再恐惧，由爱的归途重归灵魂的伊甸园。

人马赛跑

□ 小 丽

威尔士小镇Llanwrtyd Wells，每年都会上演一次"最乱比"的跑步比赛。因为参赛选手并不只是人，还有一群马。人与马的赛跑，听起来就像一部古代魔幻小说。

除了速度，参赛者还须有足够的耐力。这是一场真正的耐力壮举，比赛双方没有人会怀疑比赛的严肃性，马匹和人都将拼尽全力。

一群人和一群马，在威尔士小镇的田野上进行一场超过35公里的马拉松。越过山丘，蹚过河水，避开野生动物的骚扰，真正还原了原始人的生活场景。但在比赛过程中，参赛者不能骑上马，恐吓马，或是戳马屁股，那样会导致人和马都看不起你。

跑过马的健儿，就可以抱走奖池中的巨额奖金，自比赛开始以来，奖金每年增加1000英镑，等待第一个人类获胜者。不仅如此，获胜者还会被赋予"战胜马的男人/女人"的美誉，登上新闻头版头条，让全世界记住，你是那个比马跑得还快的人。

这个比赛起源于1980年威尔士小镇的一间酒吧。据说老板在无意中听到两名喝多的男子在争论人快还是马快后，决定搞次人马竞赛。这个在几品脱酒后出现的比赛，时至今日，依然吸引着很多人。

"我是清醒的，可在我跑了5英里后怀疑自己不怎么清醒。"托马斯坐在一块岩石上提前结束了比赛。他表示，他来参赛之前以为对手不过是一群小马。

而在布雷克看来，这是一场必要的、有关于生死存亡的比赛。"人类一直在追逐动物。与它们比赛不是一项运动，而是因为我们的祖先需要食物。""这是一次现代社会的人兽之战。"

泰勒是少数跑得慢，但仍对比赛抱有侥幸心理的人。他认为，虽然对手是马，但马显然并不知道自己在赛跑，只要路边的野草长得够茂盛，他就有机会成为胜者。"这就是人和马的区别。"为了保证马匹的健康，比赛中途还设有兽医，如果有必要，他们也会给马屁股来上一针。

四十多年过去了，如果要给比赛下一个结论，答案用脚后跟都猜得到——马肯定跑得更快。不过历史上，还真有两个人跑过了马。2004年，一位名叫Huw Lobb的小伙，当地人称Huw Kong，他以2：05：19的成绩击败了一匹名叫Kay Bee Jay的马。他从566名跑者与47匹马中脱颖而出，获得了堆在奖池中的25000英镑。

格雷厄姆·夏普当场哭了，不是因为奖金被拿走，而是因为人类战胜了马匹。"这是一项了不起的成就，我一直相信人类可以做到。""他甚至让那匹马开始抽筋了。"

英国罗汉普顿大学路易斯·海尔希的实验生理学研究显示，Huw Kong获胜当天，威尔士气温明显上升，所以，一个炎热的日子，更容易促成人类的胜利。据海尔希收集的三场马拉松的历史数据表明，越炎热，人越能表现出长距离跑步的独特能力。

于是，另一位在2007年超过马匹的人弗洛里安·霍尔津格，胜利的原因也被归于天气。"我们可能是所有物种中最容易出汗的，并且我们的身体没有大量毛发，这让我们能够更快地散热。""而马会在炎热中脱水，导致对鞭子的抽打没有反应。"

哈佛大学人类学家丹尼尔·利伯曼和犹他大学生物学家丹尼斯·布兰布尔甚至认为，人类实际上还能跑过猎豹。"跑步让我们追捕的猎物精疲力竭，或者在抢夺其他大型捕食者留下的尸体中超越其他动物。""我们可以跑过猎豹,这不过是时间长短和耐力的问题。"

前有菲尔普斯穷追鲨鱼,后有橄榄球名将诺斯喀特对战鸵鸟,这足以说明,人类在任何事情上都喜欢争个输赢。

为什么睡觉要用"zzz"表示

□哆啦A梦

你是否曾留意过,在很多动漫作品中,当人或动物睡觉时,头顶就会飘出"zzz"的字样?

用英语表达睡眠、睡觉时,单词"sleep"与短语"go to bed"或许是使用频率最高的,但它们中都没有字母"z"。而且英语字母一共有26个,为什么是"zzz"表示睡觉,而不是别的字母呢?

它的由来,有好几个版本的说法。

先来看看第一个。1918年,美国的一位漫画家在进行创作时突然卡壳,不知该用什么语言形容打呼。这时他发现,人在睡着时发出的鼾声,类似小锯子锯木头时发出的"z-z-z-z-z"的声音,于是,"zzz"就作为拟声词开始被用于漫画创作中,代表鼾声。或许是这个词太过于传神,后来,不管漫画中的主人公睡觉时有没有打呼,杂志都"默契"地用"zzz"来表示睡觉,简洁明了。

另外一种说法则源自"z"这个字母本身和表示睡觉的英语单词的关联性。

例如,"snooze"和"doze"中都出现了"z"的身影,这两个单词都表示打盹儿、打瞌睡,尤其是指在白天小睡。另外,英语俚语"zizz(瞌睡)"以及"catchsomezzzs(睡上一觉)",也含有字母"z"。久而久之,"zzz"就自然而然地用来表示睡觉了。

还有一种非常冷门的说法:因为"z"是26个英文字母中的最后一个,而睡眠也意味着一天活动的结束。所以,用"z"来表示睡觉再合适不过。此外,因为"z"的外形也很像人睡觉时,弯着身体的姿态,十分生动形象。

其实在英语表达中,除了"zzz",还有很多拟声词,让我们看到它们就能想到所表示的声音效果。

比如"crack",常用来表示木质的东西被折断,或者咬坚硬食物时发出的声音,比如松鼠吃坚果的声音。当然,嗑瓜子的声音也可以用这个词。"clic"形容点击鼠标发出的声音和钟表嘀嗒声;"whirr"表示直升机螺旋桨转动时发出的轰鸣声;"splash"则是形容海浪拍击礁石时发出的哗哗声;汽车发动时,引擎发出的轰鸣声可以用"zoom"表示;"hush"则是对提醒大家保持安静时发出的"嘘"声音的模拟,回想一下我们将食指放在嘴唇上说"嘘"的情境,是不是很形象?

了解了这些自带3D音效的单词,下次在生活中遇见这些场景时,不妨将这些单词和真实声音进行比对,看看它们的还原度如何。

不开倍速，行不行

□ apple

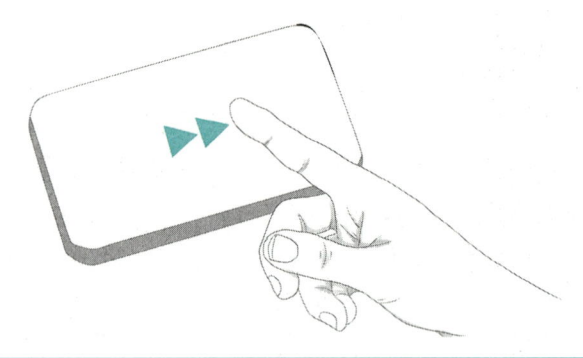

衣食住行要倍速

不知道从什么时候开始，我们的衣食住行都像开了倍速。

以前换一件新衣服的速度是多久？一件衣服能穿很多年，但现在买新衣服的速度可远不止2倍速，除了"6·18""双十一""双十二"各种剁手节，看直播就能一口气买30件T恤，谁的柜子里没有几件一次也没穿过的新衣服？

跟衣服搭配着来，最受宠的应该是"倍速减肥"。"3天瘦5斤""10天瘦20斤"……据说这种标题的内容都容易引爆流量，正常情况下这种瘦法还真挺难做到的，减肥如果能开倍速，那人生真的太美好了。

减肥的时候想用倍速，吃饭的时候还是想用倍速。以前要花几小时甚至大半天来准备一顿大餐，现在的美食都打着"3分钟快手"的旗号，做饭也提速了。之前去店里点一份煲仔饭，店员会提醒你要等待30分钟以上，现在超市买个自热煲仔饭可以提速10倍，3分钟就搞定。"双十一"全网各种快手速食调料包销售数据又倍速上涨，能看出很多人真的不愿意花时间在"小火慢炖"上。

恋爱要倍速

从前车马很慢，一辈子只够爱一个人；现在，社交APP很快，同时可以和好几个人聊天。

在婚介机构充值3个月会员，每天给你推5个选手，大家相互翻牌子，瞅准了就见面进入正题，一次不行立马给你换下一个。3个月你将见到450个可能跟你共度一生的人，倍速不倍速？

人际关系要倍速

人际关系也能倍速？当然。

"我一个朋友"，是不是很耳熟？这大概是平时听到最多的代称了。明明可能只见过一次，再跟别人聊到的时候就自然而然脱口而出"我朋友"，这个"朋友"到底算不算"朋友"，只有自己知道。老婆饼里没老婆，朋友圈里也很可能没朋友。

人和人熟起来开了2倍速，生分起来也一样。我们已经很难再花很多时间去维持一段关系了，网友说，只有客户爸爸才值得我花时间，而且是大客户！工作有了矛盾，换；朋友有了矛盾，换；恋人有了矛盾，换……我们可以快速进入一段关系，当然也可以快速离开，现在还肯为你花时间成本的人，要么没社会经验，要么没钱，要么就是上天对你的奖励，值得珍惜。

工作要倍速

"匠心"这个词说得很多，但真正有几个人愿意把一辈子花在某一件事情上？都想让工作进程也开个倍速，最好花最少的时间和精力，获得十倍百倍的回报。种粮食需要一年的辛苦才能收获，但现代人从事劳作的很少，缺乏那份耐心。

倍速做新媒体，恨不得一个月涨粉几十万，最好完全不花钱，每次都出10万+的内容，飞快成为大V接广告带货盈利。倍速跳槽，很多人的简历打开一看，8家公司，没有一家待的时间超过一年，中间还有两年辞职旅行去了。

旅行要倍速

以前旅行的广告文案是"让生活慢下来",现在旅行是让打卡卷起来。打卡就算去过了。打卡经典景点+各种"网红"打卡点的九宫格套餐,不去全了感觉这趟旅行就没赚回本儿。

所以有了各种"倍速攻略",如何3天打卡50个"网红"店,如何1天喝7家咖啡馆,如何1天吃遍20种小吃……还有各种"假装"系列,"假装"在京都、巴黎、纽约、巴塞罗那、耶路撒冷……不仅开了倍速,还省了钱。旅行体验浓缩在九宫格里,我打过卡了,发过朋友圈了,你们点过赞了,行程就结束了。不拍照发社交媒体的旅行不算旅行。

休闲要倍速

美国导演伍迪·艾伦曾经说:"我上了一个速读班,用20分钟读完了《战争与和平》。(我的印象是)它跟俄国有关。"几年前,有编辑缩编过几部文学名著,比如把《战争与和平》写成一条推特:"拿破仑入侵俄国。俄国贵族家庭陷入精神混乱状态。战争接踵而来。法国人撤军。俄国人庆祝。很多人结婚。"这就是速读的真相。

一部电影至少120分钟,2倍速一小时就能看完,哦,其实连一小时都不必,现在全网都是"3分钟看完一部电影""10分钟读完一部名著"……知道讲了个什么故事、谁演的,不就行了吗?别人在吐槽的时候,咱也能振振有词地插一嘴。但如果所有的电影都只知道故事就行了,那为啥不直接看梗概,而且大部分爱情片不就是你爱我、我不爱你、我爱他、他不爱我吗?

看直播虽然不能开倍速,但主播们的语速哪个不像开了2倍速?价格还没听清楚呢,人家已经卖光了,连花钱都开始倍速了。据说还有倍速观影指南,国剧3倍,韩剧2倍,日剧1.5倍,撸剧按照此攻略设置倍速就行。同理,听书、听歌、听相声都能开倍速,"拆书"也已经成了热门行业,在手机各种广告位出现的频率快赶上微商和小额贷款了。

教育还是要倍速

"45天书法速成班""英语100天口语速成班",一看名字就能吸引很多人,有人"鸡娃",有人"鸡自己",摆脱不了的诱惑还包括"悄悄学画画,惊艳所有人""60天文案速成班""偷偷考到会计师"等,诱惑的关键点都是明里暗里向你灌输"很快""很轻松"。这些广告语要是换成"睡得比狗晚起得比鸡早至少5年才能上手"——虽然这才是事实,但大家都宁愿相信真的有"速成"的方式。

人类对速度的迷恋从来都没有停止过,但所有的倍速都比不上生命的倍速,当我们垂垂老矣,大概会觉得人生实在太快了,这辈子开的是百倍速吧?现在恨不得10分钟就能完成一件重大的事,走过一个重要阶段,但当人生的进度条真的拉到最后,是不是也会像开着倍速看剧一样,想拉回去看一看忽略的细节,漏掉的感情戏,没弄懂的剧情?

人生意味最忌浅薄

□梁漱溟

盖人生意味最忌浅薄,浅薄了,便拢不住人类生命,而使其甘心送他的一生。饮食男女,名为权利,故为人所贪求;然而太浅近了。事事为自己打算,固亦人之恒情;然而太狭小了。在浅近狭小中混来混去,有时要感到乏味的。

当知识变得唾手可得

□陈平原

每天睁开眼睛，看电视、上网或者上街，都会被塞入一大堆广告——大部分的文字是没有意义的。现在的读书人和以前的读书人相比，更加需要选择的眼光、阅读的定力和批判的思维。我知道阅读形式在变化。今天的人们不一定捧着一本纸书在读，也可以读电子书，但书中的内容和网上的报道、新闻是不一样的，相对来说，读书更加需要投入。读书是和前人、今人、外人、不熟悉的人对话。

书籍的载体、阅读形式的变化导致了思维的变化。

第一个是发散性思维。古人读经，一个月，一年，集中在一点，与一部经书不断对话，一个字一个字斟酌。现在不行了，人们的思维会不断地跳跃，好处是具有活跃性，坏处是无法集中精力在一段时间里做一件事情。

第二个是表述的片段化。如今，人们习惯于写一百多字的微博，养成这个习惯后很难改变——能够写几句俏皮话，却写不出一篇完整的文章。

我们今天过多地强调知识的广度，很少强调思维的深度。

以前，思考是时间维度的；现在，思考是空间维度的。海南、桂林、南极、北极……每个人都能跳跃式地和你聊一大堆，但不具备深谈的功夫，比如谈自己的家乡、社区，就很难深入根本。思考有广度，缺深度，这和我们的阅读习惯有关系。

还有一个特点，就是记忆力的衰退。如今，我们把记忆力交给了电脑，把所有的知识交给了数据库。我们以前必须记忆很多东西，所谓"读书破万卷"。今天大家已经不再背书，而是在查书了。阅读被检索取代是一个很可怕的问题。

以前我们总想记住某些东西，现在却没有这种动力了——"没关系，我的电脑里有""我的手机里有"。我常跟学生说，检索能力是很容易学的。全世界的图书都在一个"云"里，将来稀缺的是独立思考能力和批判精神——不依附于前人、今人，不盲从于社会。

读书关键的功能并非求知，而是提升自我修养。

知识变得唾手可得之后，读书原有的三个功能——阅读、求知、修养，都受到影响。我们以前读书，求知和自我的修养是同步的。现在求知这个层面被检索取代，只要知道一个书名或人名，检索就行了，而且现在的阅读更强调娱乐功能。原来苦苦追寻、上下求索的状态消失之后，知识有了，但修养没有了。

我们以前推崇苏东坡的"腹有诗书气自华"，读书多了，平常人说的书卷气就出来了。今天，阅读和修养不再同步之后，读书对人格、心灵、气质、外在形象的塑造都被切断了，这是很严重的问题。

在信息铺天盖地的时代，要建立自己的阅读趣味，要让自己的立场、视野和趣味不受周围环境的诱惑，这是很难的。有了大众传媒以后，阅读的同质化太严重了。

其实每个人的阅读都是不一样的，一个数学家、一个文学教授，他们的阅读趣味不一样是完全正常的。读书人首先要建立自己的阅读趣味和基点，有了基点之后再谈读书。

古今传诵的众多有关读书的名言，其实大部分是针对特定人群的。比如王国维借宋词来谈的读书

"三境界",就更适合学者,而不适合其他人。每个人都有自己的经验,真正好的状态是不断总结自己的道路,然后自己做调整。任何一个读书人,他的读书方法基本上都只适合他自己。

章太炎先生曾经再三强调,平生学问,得之于师长的,远不如得之于社会阅历以及人生忧患的多。也就是说,从老师那儿学到的远远不及从社会阅历以及自己的人生经历里获得的多,所以我总结了他读书的体会:第一,学问基本上是以自修为主的;第二,实在搞不明白的可以请教他人;第三,读书必须将人生规划和书本知识相结合,如此才能有真正深入的体会。

从"毛遂自荐"到"毛遂自刎"

□段奇清

人生是要"如锥在囊",但不可久处于暗处。战国时的毛遂就是这样一个范例。

毛遂最初只是赵国平原君门下一个极为普通的门客。说他普通,是他到平原君处已三年了,平原君却根本不知道有他这么一个人。但毛遂毕竟是一个心有志向的人。

公元前257年,秦昭王派兵围攻赵国都城邯郸。赵孝成王派平原君去楚国求援。临行前,平原君拟挑选20名文武门客随同前往。毛遂认为是"锥出于囊"的时候了。可平原君挑来挑去,已挑中19人了,仍然没看上他。毛遂眼看自己又要没戏,再也沉不住气了,急切地对平原君说:"这最后一个人应该是我!"

尽管平原君尚不认识毛遂,但毛遂相信自己"今日得出囊中,方能脱颖而出",他也终于为自己争取到了这个千古留名的机会。凭着这股自信和勇气,毛遂一举促成了楚、赵合纵,也得到了"三寸之舌,强于百万之师"的美誉。

然而,谁也不会想到这个震古烁今的壮举,反倒为他引来了杀身之祸。

据说,公元前256年,也就是毛遂自荐出使楚国建立功勋的第二年,燕军忽然派大将军栗腹领兵大举进攻赵国,让谁率军去抵抗呢?此时平原君对那些能征惯战的将军视而不见,心中只有毛遂,他力荐毛遂任前敌总指挥。然而毛遂口才虽好,是一流的外交人员,却并非能统率三军御敌的将才。结果昌都一战,赵军被燕军杀得片甲不留。毛遂羞愤万分,便抽出佩剑,寒光一闪抹了脖子。

从"毛遂自荐"的辉煌到"毛遂自刎"的凄惨,仅仅一年时间,令人不禁感慨万千。

很多人会有一种惯性思维,认为某人一方面很出色,他就是一个通才、一个完人。这种不切实际的一味拔高,表面是要将其视为宝物,其实是把其当作了草菅。而对当事人来说,自荐立功当然是好事,若对自我没有一个全面的认识,在取得一定成绩后,便硬去做一些"服从领导"却力不从心的事,"自荐"与"草菅"自己,也只不过一纸之隔。

当妈妈开始加速衰老

□尹海月

过去两年多,张浏浏目睹了妈妈身体的坍塌:她先是上肢无力,不能抬重物,然后连头绳都扎不上。她走路速度越来越像老年人,再后来,无法独立起卧、行走,话也说不清了。起初,家人都以为她的身体乏力源于过度劳累,直到2020年4月,妈妈确诊渐冻症。

此时,这个在南京林业大学读大三的年轻人意识到,和妈妈的"每一次分离都可能成为永别"。

除了照顾妈妈,他开始"抓紧时间记录和妈妈在一起的瞬间"。

2021年年末,张浏浏把记录妈妈的视频和在学校的生活,剪成一条视频。视频时长8分20秒,这个数字是妈妈的农历生日。

视频在网上播放量高达150多万。人们从这条视频解读出"勇气、希望、乐观、英雄主义",并在屏幕下方,分享自己的故事。他自认已经"遭受了生活的捶打",但依然觉得"21岁,是我的黄金时代"。

1

2022年1月初,张浏浏放寒假,回到江苏盐城的家。白天,护工照顾妈妈,到了晚上6点后,他的时间属于妈妈。先是喂妈妈吃饭,因为妈妈咀嚼功能弱化,吃一顿饭要三四十分钟,他中途要热三四次饭。吃完饭,妈妈嘴里有碎屑,他用牙刷清理后,再帮她漱口。

饭后,他和爸爸抱着妈妈去上厕所、喂妈妈喝中药,帮她清理口中的痰。之后,每十几分钟,他把妈妈拉起来,扶着她在屋里走动。

晚上9点,是按摩的时间。通常需要按摩二三十分钟,然后,他打开电热毯,调好温度,把妈妈抱上床,帮她调整好睡姿,都忙完,已经到晚上10点。

张浏浏在两年内看着妈妈一步步变成现在的样子。

2020年1月,他放寒假,妈妈来火车站接他,脸上挂着笑容,看起来和正常人没什么不同。

后来,他才意识到,那是妈妈第一次接上大学的他回家,也是最后一次。

征兆是从2019年夏天显现的。张浏浏的小姨注意到,姐姐总说没劲,炒菜时手抬不起来,切菜也很慢。2020年年初,张浏浏回家后,发现妈妈总是无力,手臂抬不起来,没法扎辫子。起初,张玉红以为是颈椎病,去盐城一家三甲医院看病,没什么问题。

2020年4月,见症状没有好转,张浏浏陪妈妈去上海看病,查出来是渐冻症。母子俩都不相信,又挂了一次"专家特需",结果还是渐冻症。

刚开始,两人都抱有希望,觉得只要配合治疗,能减缓发病速度。妈妈总对他说,"一切都会好的"。但随着时间推移,妈妈开始不能做饭,洗衣服,说话也吐字不清。

为了延缓身体的萎缩,张浏浏经常给妈妈按摩。妈妈生病前,自学会计,给银行做账。生病后,妈妈不能敲键盘,张浏浏不上网课时,就在妈妈指导下做表格。张浏浏说,那段时间很辛苦。一年下来,他瘦了16斤,头上冒出很多白头发。

疾病不仅夺去了妈妈的健康，也剥夺了他社交、娱乐的时间。妈妈几乎成了他的全部，而在这之前，他是妈妈的全部。

2020年10月，张浏浏去上学。当时，妈妈下楼需要两只手扶着扶手，一个个台阶下。她不会用筷子，但还能独自上厕所，走路。

那时的张浏浏还未意识到，渐冻症摧毁妈妈身体的速度之快。3个月后，他回到家，发现妈妈已经不能独立起卧、行走，说话也连成一片。

2

张浏浏形容当时看到妈妈的感受，"一下子有了紧迫感和失去感"。他再次当起了妈妈的护工，"心态比以往更加积极"。

"妈妈一个月就变一个样子。"影像是他留住妈妈的方式。早在妈妈确诊时，他就开始记录，第一个视频是妈妈叫他起床，看到妈妈摇摆着胳膊，活动身体，他觉得很可爱，拍了下来。记录妈妈之外，他觉得妈妈"一天到晚很无奈地被局限在屋里"，"想给她一些不一样的感受"。他的方式看起来天真又真挚，当着妈妈的面洗衣服、拆快递、装台灯，买不同颜色的衣服给妈妈穿，坐在院子里弹吉他给她听。

在所有和妈妈做的事情里，他觉得最浪漫的一次，是把妈妈抱到窗户边的椅子上，陪她看窗外的蓝天和白云。

想到没有和妈妈外出旅游过，他觉得遗憾，"想把世界带到你面前"。每去一个地方考试，他都和妈妈分享见了哪些朋友，他们过着怎样的生活。

他每月回家一次，给妈妈送长寿花、握力球、袜子等各种各样的小礼物。他仍然注意到妈妈生命的流逝，最明显的是走路，"步伐迈得越来越小，脚抬得越来越低。"

因为张玉红的状况越来越差，2021年5月，家里请了护工。2021年10月，张浏浏回家给妈妈过生日，买了一个生日蛋糕，上面写着"全世界最好的妈妈"，那时，妈妈连蜡烛都吹不动了。月末，他在学校图书馆学习，给妈妈发拥抱的表情，妈妈回复给他一个拥抱。一个星期后，他才知道，那是妈妈用一只手的关节敲出来的，是她自己能发出的最后一条信息。

后来，妈妈去医院治疗，张浏浏总担心妈妈不会走路，小心翼翼问"你今天站起来没？"

2021年寒假回家，他发现妈妈还可以走路，很开心。

3

2021年年末，在朋友的鼓励下，张浏浏决定创作一条视频。他说，妈妈生病后，他每天只做一件事，"让她开开心心度过每一天"。他把考证、旅游、和妈妈相处的点滴时刻都剪辑到视频里，配上欢快的音乐。

剪辑完后，他没发给妈妈看，"怕妈妈看后伤心，自己在学校，没办法安慰她。"几天后，视频上了热搜，亲戚们看到后转给妈妈，妈妈才看到。

他给妈妈看有关他的报道，跟妈妈说："都知道你对儿子的教育很好，你是个好妈妈。"听到这话，妈妈哭了。

视频发布后，很多人跟他分享自己的经历，说被他的生活态度打动，"一起加油"的弹幕占据了屏幕。妈妈生病后，家里积蓄渐渐被掏光，要靠亲戚帮衬，有网友私信张浏浏，想给他捐款，张浏浏婉拒，"不能随便接受别人的东西"。很多人问他，是什么支撑他走过这两年。他总说，是妈妈的爱。

他一直在和时间赛跑，让妈妈在身体完全被冻住之前，感受更多的快乐。他还在给妈妈制造惊喜。

他们在抓紧时间表达对彼此的爱。2021年寒假开学前两天，张浏浏喂妈妈喝中药，妈妈喝了两口药，说要写信给他，让他用手机记下来。

第一条是，"妈妈很爱你"。在此之前，爱不是他们生活中常见的词语，但妈妈生病后，坐着没事，就对他说"我爱你"。后来，他们总是说"我爱你"，在吃饭时，睡觉前，聊天时。他记录的很多条视频都以"我爱你"结尾。

张浏浏明白，妈妈说这几个字，是害怕"有一天说不出来了"。他笑着跟妈妈说："我也爱你呀。"🎤

抱怨自己的天赋，不如提升你的努力程度

最难考的法国学校

□ 桂一心

在法国有这样一所学校，就连出身法国著名高中、后来成为法国总统的马克龙，当年都没有考上，而且是两次落榜。这所学校是一所师范类学校——巴黎高等师范学院。

这所坐落于巴黎第五区乌尔姆路的学校，文理并重，如今已跻身欧洲最负盛名的教育机构之列。它通过全国竞争最为激烈的考试选拔人才，每年只录取200多名新生，校内学生总数不到2000人，因此被视为世界上最"小"的名牌大学。

可在法国，这类学校被称为"大学校"，绝对称得上法国高等教育体系中顶尖的存在。"师范类学生"，更是一个会让听者肃然起敬的名号。

想考上法国的师范学校没那么容易。一所普通综合类研究型大学的入学条件是，需要学生经历3年高中学习，并通过高中毕业会考。学习成绩最优异的一批学生，往往还需要在3年高中学习的基础上，再上两年预科班，以获得高等师范学院入学竞考的资格。这两年预科班教授的是大学一、二年级的内容，课程安排得十分紧凑，每周课时长达50小时，学业繁重程度相当于在国内又读了两年高三。

作为世界上最古老的一所高等师范学院，巴黎高等师范学院的历史可以追溯至法国大革命时期。200多年来，巴黎高师为法国培养了无数优秀教师、数百位法兰西学院院士、11位菲尔兹奖（数学界的诺贝尔奖）获得者、13位诺贝尔奖得主。如果按照获得诺贝尔奖的比率对全世界大学进行排名，巴黎高师名列世界第一，堪称"诺奖第一摇篮"。

那些经历了"千军万马过独木桥"的佼佼者梦想成真，终于得以步入这所绿荫掩映的古老校园时，迎接他们的，将是另一段持续4年的"艰苦"又充实的学习生活。他们需要在大一结束时拿到学士学位，在大四结束时取得硕士学位。

就像国内的公费师范生一样，巴黎高师的大部分学生在入学时已经和国家签约，成为"实习公务员"，不仅大学学费全免，国家还会给他们发放补贴。但前提是，他们毕业后需要在国家公共单位如学校或其他政府机关服务至少6年。

巴黎高师的公费师范生在毕业前必须参加一级教师资格会考。如果没有通过这门考试，也就意味着该生无法正式成为一名公务员，在这种情况下，学生需要偿还此前享受的所有补贴。一级教师资格会考难度很大，竞争也十分激烈。考生需要经历持续大约7小时的笔试，并在口试阶段准备一堂大学二年级专业难度的课程试讲。

通过了教师资格会考还不够，师范生还需要前往国家指派的高中或是初中进行为期一年的教学实习。只有当这段实习表现被国家教育督查认可后，这名师范生才能真正成为一名光荣的人民教师。

从巴黎高师毕业的学生，大部分会选择做一名教师。也就是说，在法国，人民教师都是顶级的学校培养出来的。

人们熟知的存在主义哲学家萨特和波伏娃，就是巴黎高师的师范生。他们在准备教师资格会考时相识，并在考试中分别名列第一和第二，随后分别在不同的高中任教。此外，法国前总统蓬皮杜、文学家罗曼·罗兰等，也都毕业于巴黎高师。这所规模不大的师范院校创造的"传奇"，或许正是法国独特的教育制度所带来的结果。

注定奔走一生的藏羚羊

□ 徐 刚

藏羚羊喜欢集群于淡水湖边，有时会注视着湖水，仿佛在顾影自怜。此时，你不会想到藏羚羊是飞奔的高手，时速可达80公里。飞奔对藏羚羊而言，是为生命而逃避，为种族而逃避。

每年严冬之末，是藏羚羊的发情交配时节。此时，雄性藏羚羊为荷尔蒙驱使，踌躇满志，寻找或挑战对手。然后单打独挑的角斗开始，两只雄性藏羚羊以角相抵，比拼耐力、体力。那些母藏羚羊是围观者，若无其事地作壁上观，它们所心仪的永远是强壮者、胜利者。大战得胜之后的雄性藏羚羊，会带走6～10只母藏羚羊，在荒野，在湖边，寻找一个住处度蜜月。一个又一个集群式的藏羚羊家族组成了。

和黄羊类同，藏羚羊绝不是虎虎生威者，但它们有保全自己的本领：一是跑得快，比黄羊更快；二是能登高抗寒冷，在海拔6000米的冰雪山岭，奈我何？母藏羚羊妊娠期满的日子，恰是可可西里最温暖的六七月，这时候曾经为交配权做生死搏斗的公藏羚羊们，冰释前嫌，自动组织起来前呼后拥保护待产的母藏羚羊们，至人迹罕见处，至峡谷隐蔽地休养待产。

这是一个只有奔走疾驰，只有不惧严寒，才能保全自己的种族，而幼崽们一出生就要苦其筋骨。刚出生的羊羔羊水还没有干透便可站立，出生10分钟就能迈步，10天后开始奔跑。对藏羚羊来说，奔走一生的命运几乎从降生便开始。这样一个物种，因着奔走的速度和冰雪洗礼，至今仍然巡行在造物主应许给它们的可可西里荒野上，不卑不亢，不屈不挠。

第四种幽默

□ 刘世河

生活中的刘震云对幽默有着独到的见解。有记者问："读了您的书，第一感觉是幽默，就是很有意思，那么，请问刘老师您觉得什么是幽默呢？"

刘震云答道："世界上有两种人，一种是有趣味的人，一种是没趣味的人。在有趣味的人中，又分两类，一种人一说话你就笑；另一种人他说时你没笑，出了门你突然又笑了。回家笑跟出门笑又不一样，出门笑的是细节，回家笑的是整体。前一种人叫说笑话，后一种人叫幽默。还有第三种人，他说着说着把你说哭了，突然你扑哧又笑了。破涕而笑，啼笑皆非，说的就是这个意思。但这三种人，都不是我向往的。对于幽默，还有第四种人，他说时你没笑，事后也没笑，偶尔想起，在心里笑了，叫'会心一笑'。这时你笑的，就不是大海表面的浪花，而是海底深处的涡流和潜流。它们的根本区别是，前三种幽默笑的是词语，是事件，幽默都在表面，如同秋风扫落叶，来势汹汹却不留痕迹。第四种幽默，它隐藏在事件深处，说的是事件背后的不同见识，就像雪山被雪覆盖着。前三种，笑完就完；后一种，保质期特别长，它能四两拨千斤。"

"国潮"正当时，万物皆可"潮"

□李 愚

无论是湖南卫视春晚的"国韵起，幸福潮，虎啸风生"，还是河南卫视春晚的"国潮虎"河大卫，抑或央视春晚的国画"瑞虎"形象，"国潮"日益被玩出了新花样！

国潮既包括实物，也有科技骄傲和民族文化的潮流输出，其中，电视剧、电影、综艺等子领域异常活跃。当国潮与影视、综艺相遇，它能赋予创作怎样新的能量？国潮正当时，该如何才能行稳致远？

让文物"活"起来

国潮，即"中国风"与"潮流"的叠加，它既有传统文化的精华，同时按照创造性转化、创新性发展的原则，着力于将传统文化与时下潮流相融合，让国风年轻化、时尚化、潮流化。

国潮最早指涉的是不断增强潮流元素、更具设计感与个性的"老字号"。比如，李宁、回力、百雀羚、大白兔纷纷"变young（年轻）"，成为年轻人追捧的时尚品牌。

这是国潮的1.0时代，集中于服装、食品、日用品等生活消费范畴。到了国潮2.0时代，手机、汽车等科技含量更高的国货，也受到年轻人的追捧。

而今在国潮3.0时代，年轻人最爱搜索的国潮内容，已经从传统的美妆、汽车、化妆品、家电、鞋服和食品，扩大到影视、游戏、漫画、音乐、文学、文化遗产等文化领域，国潮远远超出实物的范畴。

在综艺领域，国潮打开了文化类节目的新思维和新格局，让原本小众的文化类节目"新潮"起来，成为荧屏亮点。

比如，央视的文博探索节目《国家宝藏》，尝试"文化+明星""文化+小剧场"的"混搭风"。节目对文物的展现分为"前世"和"今生"两部分。在前世部分，明星守护人的设定，让严肃的节目有了娱乐的外壳，公众更容易亲近；而明星小剧场的演出，则通过生动有趣的表演，有效传递出了文物的历史背景。

同样由央视推出的《如果国宝会说话》，一改旁白专业而高冷的叙述，在每集5分钟的时间里，让文物开口说话，用通俗易懂的语言，"诉说"发生在自己身上的传奇，实现与观众的平等交流。不仅如此，国潮文化综艺持续上新。北京卫视围绕故宫、天坛、颐和园、长城、北京中轴线等文化IP，开发出《上新了·故宫》《遇见天坛》《我在颐和园等你》《了不起的长城》《最美中轴线》等国潮综艺矩阵，将"文化""潮流"与"年轻人"这三个元素充分融合，让历史文物活起来的同时，也让传统文化火了起来。

要论最炸圈的"国潮范"，不得不提河南卫视。《唐宫夜宴》《洛神水赋》《芙蓉池》《祈》《龙门金刚》……个个都是爆款。

还记得2021年的春晚大餐，一向低调的河南卫视凭借硬核的节目内容，竟然"C位出圈"。

一曲《唐宫夜宴》成爆款节目，引千万人围观。

唐三彩纱衣，柳眉花钿樱桃嘴，14个"胖妞儿"，一扭一扭，憨态百出地演出千年之前唐朝仕女之悠然怡乐。这支5分钟的舞蹈，将大唐风华融于少女的嬉笑怒骂，时而严肃，时而活泼。背景配以"妇好鸮尊""莲鹤方壶""贾湖骨笛"和《捣练图》《簪花仕女图》等诸多"宝物"，为观众呈现了一个活起来的博物馆奇妙夜，是一次对"国潮"文化的完美演绎。

让影视"潮"起来

"国潮"，还是近年来动画电影最重要的关键词之一。

例如，2015年的《大圣归来》，2016年的《大鱼海棠》，2018年的《风语咒》，2019年的《白蛇：缘起》和《哪吒之魔童降世》，以及2021年的《新神榜：哪吒重生》等，它们的创意大多源自中国古代神话传说里的经典IP，并根据当代年轻观众的审美体系进行"故事新编"。

或是电影主角身上有着年青一代的影子，让观众感同身受，与角色一起打破偏见，伸张正义，热血沸腾；或是通过电影场景设计，加入大量赛博朋克元素，实现传统与现代的融合、碰撞，让画面既流光溢彩又复古梦幻，赏心悦目。

尤其，近期的热门国产动画电影《雄狮少年》，更是直接取用了国潮舞狮元素。在该片监制张苗的理解中，国潮意味着中国传统文化的当下表达。舞狮这一传承千年的优秀民间艺术形式，得以在银幕上搭载少年成长故事出现，传统艺术形式也由此焕发出新的生机。

国产古装剧一直是国产剧"出海"的重镇，《琅琊榜》《知否知否应是绿肥红瘦》《长安十二时辰》等古装剧有口皆碑。

这些精品古装剧不仅继承了中国传统元素，还吸收了现代精神的价值与内核，让古装剧也"潮"起来。

多层次展现国潮文化

作为年轻人潮流风向标的B站"最美的夜"跨年晚会，可以说每年都有国潮文化的尽情展示，近年来更是希望通过多层次展现国潮文化，拓宽受众圈层。B站副董事长李旎表示，希望跨年晚会能"通过对IP内容的重新演绎，把传统的变成流行的、把复古的变为潮流的，在舞台上实现多元文化的融合"。

往年的B站跨年晚会中，《魔兽世界》舞蹈秀、虚拟歌手洛天依和琵琶演奏家方锦龙的合作舞台、《哈利·波特》交响组曲、戏曲节目《惊·鸿》等都给观众留下了深刻印象。2021年B站跨年晚会首创平行时空观看体验，将国风、游戏、综艺、二次元、传统文化等IP融合其中，在传统与现代、虚拟与现实之间进行对话，观众在弹幕中纷纷留下"破防""泪目"的字眼，称其为"最懂年轻人"的跨年晚会。

晚会中，不仅有展现传统文化风采的戏曲融合节目《白蛇传·情》，还有凤凰传奇和非遗传统文化河南坠子表演艺术家蔡其山合作演绎的《万神纪》，一曲唱了29个中华神话。更值得一提的是，国潮舞剧《只此青绿》，将名画《千里江山图》搬上舞台，用绝美的身姿描绘出这幅不朽的传世巨作，淋漓尽致地展现了传统文化之美。

2022年，还有更多的国潮综艺、电影、电视剧，在与观众谋面的路上。

国潮正当时，万物皆可"潮"。随着中国经济的快速发展和国际影响力的提升，年青一代的我们，拥有平视世界的底气，文化认同感和自信心不断提高，希望在形形色色的国潮中表达情感诉求、文化认同、价值理念与时尚追求。

但任何潮流，难免有浑水摸鱼者，也不无泥沙俱下时。这股从消费领域到文化领域的国潮，亦存在一些隐忧。比如，国潮影视剧综艺中，就有不少盲目跟风之作，粗制滥造，将文化简化为民族符号的堆砌、传统元素的拼贴，浮于表面、浅尝辄止，缺乏真正的文化内涵。

因此，面对深厚的中华传统文化，只有先了解它、吃透它，去伪存真、去粗取精；在此基础上寻找传统与现代"共情"的结合点，用新思想、新技术、新美学丰富传统文化的表现空间，才能给予观众更新鲜、更具感染力的视听享受和心理冲击。相信"国潮"定会有所作为。

吴黑米的手

□陈力娇

吴黑米站在汽车修配厂的门口很久了，他想到这里来修车。吴黑米小的时候看过父亲修车，现在父亲走了，就剩下他和母亲了，他就想到这里修车。

吴黑米修车实在是迫于母亲的疾病。他还是个高中生，母亲的化疗一日比一日费钱，他就不想再念书了，他想下来挣钱。

汽车修配厂的老板见吴黑米总是在门前转悠，就出来问吴黑米，你想干什么？抢劫呀？吴黑米说，我不想抢劫，我想在你这打工挣钱。我妈快死了，我想挣些钱，让她吃得好一点。老板说，那你只能修车，我这里没别的活儿。吴黑米说，我就会修车，不会干别的。他们就这样谈定了。吴黑米很快乐。

吴黑米晚上回家，母亲躺在床上。母亲的身体已经像一盏熬干油的灯，十分虚弱，她每日坚持去医院化疗，每天都坚持自己走回来。

吴黑米说，妈，以后去医院坐车吧，我找了一份工作，怎么也够你打车的了。母亲一惊，说，你不念书了？你不念书，妈可就没什么指望了，你说什么也不能辍学呀！母亲说着一阵咳嗽，咳出一口血吐在雪白的餐巾纸上。

吴黑米忙去扶母亲，他知道他说多了，他知道出去打工的事不该让母亲知道。扶母亲重新躺在床上，吴黑米说，我只是说说想法，我能随便放弃学业吗？妈指望我什么我不知道吗？母亲听了他的话，满足地闭上眼睛。她的呼吸终于平稳了，吴黑米看到，母亲的眼里滚出两行清泪。

第二天，吴黑米背着书包，去了汽车修配厂，他要开始一天修车的劳作。

吴黑米对修车有天赋，几乎不用人指点。老板很赏识他，决定提前支付他半个月的工资。

吴黑米盘算，这钱够母亲做三天化疗了，尽管少了点，吴黑米还是觉得挺值，至少能帮母亲减轻三天的痛苦。

放晚学的时候，吴黑米对老板说，我该回家了，不然我妈该看出来了。老板抬腕看看时间，还差三个小时呢，但他应允了。

吴黑米面露喜色，心存感激，决定明天多做些活儿，回报老板。

可是尽管吴黑米小心，在时间上极度准时，又把他的手洗了无数遍，母亲还是看了出来。

母亲说，儿呀，你还是瞒着妈去干活了，你看你的手指甲，藏着多少油垢，说完，吴黑米的母亲泪如雨下。

吴黑米只有羞愧地低下头。吴黑米的母亲泪如雨下后又说，儿呀，妈活不了多久了，你放弃学业不值呵，你就是挣座金山来，也留不住妈呀，你明天马上回学校吧，你若不回妈就撞死在你面前。母亲说着就要把头往墙上撞。吴黑米忙拉住母亲，他向母亲保证，一定回学校读书，母亲这才放弃了轻生的念头。

第二天，吴黑米上学了。走时他回头看了母亲一眼，母亲昨晚折腾一夜，到天亮才睡着。吴黑米看着熟睡中的母亲，悲伤不禁从心而生，他几乎没有多想，就又去了汽车修配厂。

到了修配厂，他换上了工作服，投入繁忙的工作中。

为了弥补昨天早退的时间，他一个人干了两个人的活儿，一刻也不歇息。这些，坐在阁楼里的老板都看得清清楚楚。

吴黑米不辞辛苦地劳作了一天，到下午四点钟，活儿全部干完了。不但抢出了昨天的损失，连今天的也做得无可挑剔。但是吴黑米并没有就此歇着，他在修配厂的门口竖起一块牌子，上面写着"免费给修配厂的人洗衣服"。老板看到吴黑米这么做，非常不解，他问吴黑米，你干得很好，也就很累，为什么还要增加额外负担呢？

吴黑米无奈，只好迟迟疑疑地向老板伸出一双油渍斑驳的手，他说，我不想让我妈看出来。

老板明白了。他很爱怜地摸摸吴黑米的头，眼睛有点湿润。

末了他说，从明天开始，你给我做食堂管理员吧，那样你的母亲就看不出你的一双黑手了。

世界上最漫长的是等泡面的那三分钟

□岑 嵘

当你饥肠辘辘的时候，会迫不及待地撕开泡面的包装袋，倒入开水，然后开始了世界上最漫长的三分钟等待。

发明泡面的日清食品公司曾经在接受电视台采访的时候，透露了一个秘密，其实，很早之前公司就可以做出一分钟的泡面了。

对泡面来说，如果想泡的时间短，只要把面条做得细一点就可以了，这样面条很容易泡烂，水倒进去烫一烫就可以吃。而且不只是日清食品公司，世界上其他方便面公司也早就发现了这个事实。

但为什么没有公司投入生产让大家能够更快地吃到的泡面呢？

答案就在于等待，这三分钟的等待中，你要空着肚子，忍受着泡面的香气，原本就饥饿的你就会变得更饿，这种情况下吃到的泡面，会觉得格外好吃。

哈佛医学院的神经学家汉斯·布莱特认为，"在饥肠辘辘的时候，我们用很长时间为自己烹制一顿美餐，而烹制本身构成一个愉悦的刺激过程。但是在我们享用这顿美味时，也许根本就不会体验到烹制过程中幻想到的愉悦。因此，刺激程度最强烈的是期望过程，而不是最终期望的实现"。

在我们的大脑中，有一个系统被称为"期望回路"，它们广泛分布在大脑各个部分，就像大城市中心区星罗棋布的商业办公网络一样，而位于大脑额叶最后部的伏隔核，则是这个收益预期网络的核心中转站。

在我们预见到经济收益时，伏隔核会逐渐变得兴奋。不过一旦你真正赚到钱，预期带来的热望就会冷却下来，进而产生一种不温不火的满足感。相比前面的火爆，这种满足感就显得苍白无力了。

也就是说，我们预期的快感要比实际体验到的快感更强烈。

科学家通过对动物的实验也发现了这一点：当科学家给动物喝了一口果汁后，结果和预期的一样，动物脑中的多巴胺含量上升，因为多巴胺是对喝果汁愉悦的奖励。

但是给动物喝了多次果汁后，奇怪的事情发生了，动物大脑中的多巴胺含量的上升先于喝果汁的动作，也就是说，只要有足够的线索能够预示喝果汁的动作将要发生，比如一个声音或是一个影像，动物大脑中多巴胺含量就急剧上升。

换句话说，只要动物接收到信息，预测愉悦的事马上要发生，多巴胺含量就会上升。

商家似乎早已深刻地了解人类的大脑结构，等待如此让人兴奋，以至于商家不断利用我们这个特点来提高商品销量。

比如你购买刚刚发布的最新款手机，你或许需要等上一两个礼拜才能拿到货，而在这段时间中，你每天沉浸在想象使用最新款手机的快乐中，这种快乐甚至会超过你真正拿到手机的感受。

李四光的一步之长

□侯美玲

1920年，英国伯明翰大学地质专业毕业生李四光来到北京大学，任地质系教授。

在课堂上，李四光常常对学生说："到大自然中去学习，才能学到真正的地质学。"在教学中，他经常带领同学们去野外实习，在实践中向学生传授地质知识，足迹遍布祖国大江南北。

1921年，李四光带领学生在河北邢台沙河县实习时，在沙源岭的大石块中发现了冰川作用遗迹。几个月后，又在山西大同盆地发现了冰川U谷。李四光以《华北晚近冰川作用的遗迹》为题，写了一篇英文报道，发表在英国《地质杂志》。正是这篇报道，打破了中国近代冰川研究方面的沉寂局面，引起了国内外地质界的重视。

常年野外地质勘测，李四光练就了一种特殊的走路方式，他迈出的每一步，距离惊人地相等，长度不多不少刚刚0.85米。

有学生不明白："老师的一步之长，为什么要保持如此精准的距离？"李四光回答："我们搞地质研究的，常年在野外踏勘，用一步之长代替尺子，有助于我们第一时间测量岩石长度，丈量地块面积，推测地质成因。"

正是因为对地质野外工作的深切体会，李四光将自己的一步之长始终保持在0.85米，形成了永不变化的肌肉记忆。此后几十年，李四光始终以0.85米的步长搞地质研究，最终成为中国地质力学的创立者。

有意思的是，因为李四光始终保持均匀、长度一致的步伐，即使在熙熙攘攘的人群中，学生也能一眼找到他的身影。

使　力

□郭华悦

擅长长跑的人都知道，前半程最重要的不是拼命跑，而是放松，让自己进入状态。在前半程一味用力、跑在前头的人，最后往往连名次都得不到。相反，有些人一开始比较放松，只要距离不被拉开就可以；到了后半程，接近目标了，才开始发力……

过日子，一味用力，最后多是得不偿失。不够努力吗？努力的程度，几乎到了悬梁刺股的程度；努力的方向，也是经过深思熟虑的。可为什么，还是无法实现目标？于是，只能鞭策自己更加努力。但越是努力，就会发现越是疲惫不堪。

运动与人生，在使力上有异曲同工之妙。要使力，先得学会放松。放松，其实是一种策略，让力量集中，用在刀刃上。

4

不设限的人生，可以有多精彩

在迪拜给酋长养马，是种什么体验

□ Ken

 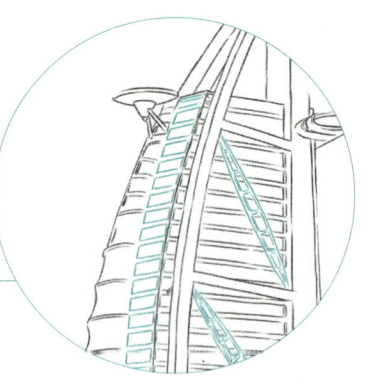

我在人大研究生毕业那年，申请到了一个很神奇的实习项目。这个项目叫作DITI（Dubai International Thoroughbred Internship）国际纯血马的实习生项目。简单来说，就是去帮酋长养纯血马。这个项目是迪拜酋长谢赫·穆罕默德创立的，每年会找十几名中国学生去他在五个国家的不同马场实习，主要是为了向中国市场推广赛马运动。

我去的是位于爱尔兰的马场。我们共有四位实习生在爱尔兰，每个月的薪水是800欧元，住在马场的一幢独栋房子里，每个实习生都有自己的房间，后来还给我们配了一台车。

酋长更大的马场在英国，有两个礼拜，我们前往一个叫作纽马基特的小镇，它算是赛马的起源地。那边的经理带我们参观农场，站在草地的中间，他告诉我们："放眼四周，你们看到的地方都是酋长的地。"

马场非常大，开车从马场的正门到住处差不多需要10分钟。我们每天去马场工作的时间比较早，七八点钟就要开始工作了。我们会先把马放出去，让它们到草原上运动，再清理马房，把看得见的马粪全部铲出来、换上干净的稻草，最后再把它们带回来、喂它们吃早餐。

我印象比较深刻的是马生产的过程。母马快要生产时，工作人员会把它们移到一个类似待产中心的地方。

一般情况下，小马的腿会先伸出来，我们帮它拉腿，小马出生是被一层膜包覆住的，我们负责把膜扯下来。

其实我都没有摸过马。那些马都是非常珍贵的，不会让我们实习生随便摸。我回国之后，很多人问我的第一句话都是："你在那边学骑马吗？"我说："并没有，在那边我从没有骑过任何一匹酋长的马，因为它们太宝贵了。"

我还记得在纯血马的拍卖会上，一匹一岁左右的小马，会被卖到几百万欧元，那个价格令人瞠目结舌。

赛马的确是一项非常烧钱的运动。我们去英国交流的时候，马场会计师给我们讲了一堂课。他说："跟酋长工作真的太不合常规了，酋长每年会花非常多的钱。虽然种马可以带来很多收益，但是比起农场的花费，还是不成正比的。但因为这是酋长的兴趣，所以只要能把这些马照顾好，每年烧几百万上千万美元也是没问题的。"

每年国际上都会有一些赛马的专业赛事。迪拜每年3月左右，会举办迪拜世界杯，据说是世界上最有钱的比赛，冠军有500万～600万美元的奖励。酋长本人每年都会参加这个活动。

我们那年在现场也看到了酋长，当时每一个人都是盛装前往，男生都西装笔挺，女生都戴着传统的英国女士的小帽子，每年都会举行帽子评选。

迪拜禁止赌博，但酋长有钱，所以大家座位上面都会有一张表格，不用花钱去买彩票，可以先预估比赛结果，全部预测正确的人，会得到酋长提供的一大笔奖金。

在迪拜，给酋长养马，真是一种太奇妙的体验。

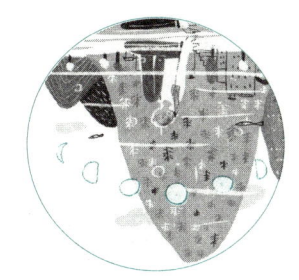

情意比岁月更长久

□宝 民

20世纪70年代末,作家冯骥才被借调到人民出版社修改小说,就住在后楼。当时,后楼住了好几位从全国各地借调来的作家,部队作家朱春雨就是其中的一位。

很多年过去了,在几次搬家过程中,好多物品都被冯骥才处理掉了,但一张写着"大冯的早餐"的旧稿纸他一直保存着。这是怎么回事呢?

原来,就在那次借调期间,朱春雨有幸参加了一次晚宴,晚宴上的猪排很好吃,朱春雨就留了一块,用纸包好,带回住处准备给冯骥才吃。可等他回去的时候,发现冯骥才已经睡着了,他就把猪排放到桌子上,并在一张稿纸上写下了"大冯的早餐"一行字。第二天早上,冯骥才起床,看到了猪排和稿纸,心中十分感动。

朱春雨已经于2004年去世,但冯骥才一直对他念念不忘:"那块猪排给我吃进肚子里了,这写着朋友情意的带着油迹的纸被我夹在本子里。"看来人的情意有时比生命更长久。

还有一个温暖的细节,同样被冯骥才一直记在心中。那是1979年冬天,冯骥才得了一场大病,一个年轻人便到他家探望他,"一天,一个年轻的小伙子爬上我的阁楼,肩上扛着一个西瓜,脑袋冒着汗。他说:'我是《北京文学》的编辑,我们领导听说你病了,派我来看你,我想总得给你带点什么来呀,就在车站给你买了个西瓜。'"

这个送西瓜的年轻编辑,后来成了大作家,就是刘恒。多年以后冯骥才在书中这样写道:"这个感动我的细节大概刘恒早忘了,我还记着。"

感动的细节,当然不是什么惊天动地的大事,但因为饱含情意的温馨,所以才会穿越漫长的岁月之河,在记忆中熠熠闪光。这样的小事之所以能被当事人记了这么多年,就是因为情意比岁月更长久。

植物受伤的气味

□李碧华

植物受伤,是有声音、有气味的。

我不是"绿手指",以前有不少植物死在我手上,后来才渐有改进。有些植物,在天气转变时,叶子上半截开始枯萎焦黄。为了延长整株的寿命,不免要把坏的去掉,去芜存菁。本是一体,但亦得"截肢"。当我们动手时,略微不忍。但植物不够青葱,那一抹黄褐色,便如眼中的一根刺。

纤瘦的枝叶,修剪时手起刀落,"咔嚓"几声便又活过来、绿起来。丰腴肥厚的植物,纵使叶子变色,它的短茎依然强健。你明知不可能另长一片叶,便要狠心下剪,否则连花也不会开。植物莫名其妙地遭此横祸,水分养料正在输送途中,忽地发出呜咽,继而如泪滴涌出。

这时,室内无端弥漫一阵酸、涩、香……的草木特有的气味,从那个伤口汩汩渗出,久久不去。它在自怜自伤,味道奇怪得令人感到血腥。被裁剪的部分,仿佛仍在颤动。

孤人与鸟群

□ 傅 菲

瓢里山,珠湖内湖中的一座小岛,它就像悬挂在鄱阳湖白沙洲上的一个巨大鸟巢。

我从黄牺渡坐渔船去瓢里山。船是拱形篷顶的小渔船,请船夫做我的向导。船夫是一个五十多岁的汉子,他对我说:"瓢里山只有八十多亩,很小,除了鸟,没什么看的,也没什么人,是一座很孤独的山。"我说:"有鸟,山就不孤独了,有了树,有了鸟,山就活了。"

船靠近岛,鸟叫声此起彼伏。

"我带你去吧,树林里有一个茅棚,一个叫鲅鱼的人常在那里歇脚,在那里看鸟,视野很好。"船夫系了缆绳,扣上斗笠,往一条窄窄的弯道上走。他把一顶斗笠递给我,说:"你也戴上,不然鸟的粪便会掉在头上。"

走了百米远,看见一个茅棚露出来。一个四十多岁的人在茅棚前,用望远镜,四处观望。船夫说:"那个人就是鲅鱼,鲅鱼在城里开店,候鸟来鄱阳湖的时候,他每天都来瓢里山,已经坚持了十多年。"

"他每天来这里干什么?每天来,很枯燥。"

"这里是鸟岛,夏季有鹭鸟几万只,冬季有越冬鸟几万只。以前常有人来猎鸟,张网、投毒、枪杀,鸟都成了惊弓之鸟,不敢来岛上。这几年,猎鸟的没有了。鲅鱼可是个凶悍的人,偷鸟人不敢上岛。"船夫说,"其实,爱鸟的人,心地最柔软。"

船夫是个善言的人,在路上,给我们说了许多有关候鸟的故事。而船夫不知情的是,我是想找一个僻静的地方躲一躲,以逃脱城市的嘈杂。

鲅鱼对我意外的造访很是高兴,说:"僻壤之地,唯有鸟声鸟舞相待。"鲅鱼有一圈黑黑的络腮胡,戴一副黑边眼镜,皮肤黝黑,手指短而粗,他一边喝酒一边说起自己的事。他在城里开超市,爱摄影,经常陪朋友来瓢里山采风。有一年冬天,他听说一个年轻人为了抓猎鸟的人,在草地上守候了三夜,在抓人时被盗贼用猎枪打伤,满身硝孔。之后,鲅鱼选择了这里,在年轻人当年受伤的地方,搭了这个茅棚,与鸟为邻,与湖为伴。

湖上起了风,树林一下子喧哗了,鸟在惊叫。后面"院子"里传来嘎嘎嘎的鸟叫声,鲅鱼说,那是鹳饿了。鲅鱼提着鱼桶,往院子走去。我也跟着去。院子里有四只鸟。鲅鱼说:"这几只鸟都受了伤,怕冷。"这四只鸟,像四个失群离家的小孩,一看见鲅鱼,就像见了双亲,格外亲热——伸长脖子,张开细长的嘴,一阵欢叫。我辨认得出,这是三只鹳和一只白鹤。鲅鱼把小鱼一条条地送到它们的嘴里,他脸上游弋着捉摸不定的微笑。他一边喂食一边抚摸这些客人的脖颈。鲅鱼说:"过三五天,我把这几只鸟送到省动物救助中心去。"

"在这里,时间长了,会不会单调呢?"我问鲅鱼。

"怎么会呢?每天的事都做不完。在岛上走一圈,差不多需要一小时。上午,下午,都得走一圈。"鲅鱼说。

鹭鸟试飞时,鲅鱼整天都待在林子里,去找试飞跌落的小鸟。岛上有蛇,跌落的小鸟要是没有被及时发现,就会被蛇吞噬。鲅鱼把小鸟送回树梢,让它们继续试飞。也有飞疲倦了的鸟,飞着飞着,落了下来,翅膀或者脚跌断了,再也回不到天空。

鲅鱼说2000年冬,他救护了一只丹顶鹤,养了两个多月，到迁徙时放飞了，第二年10月，这只丹顶鹤早早地来了，整天在院子里走来走去，鲅鱼一看到它，便紧紧地把它抱在怀里。以后每年，它都在鲅鱼家度过一个肥美的冬季，而去年，它没再来，这使鲅鱼失魂落魄，为此还喝过两次闷酒。

"鸟是有情的，鸟懂感情。"我们在树林里走的时候，鲅鱼一再对我说："你对鸟怎么样，鸟也会对你怎么样。鸟会用眼神、叫声和舞蹈，告诉你。"

我默默地听着，听鲅鱼说话，听树林里的鸟叫。在林子里走了一圈，已是中午。鲅鱼留我和船夫吃饭。其实也不是吃饭，他只有馒头和一罐腌辣椒。

吃饭的时候，鲅鱼给我讲了一个故事。

2014年冬，瓢里山来了一对白鹤，每天，它们早出晚归，双栖双飞，一起外出觅食，一起在树上跳舞。有一天，母白鹤受到鹰的袭击，从树上落了下来，翅膀受了伤。鲅鱼把它抱进茅棚里，给它包扎敷药。公白鹤一直站在茅棚侧边的樟树上，看着母白鹤，嘎嘎嘎，叫了一天。鲅鱼把鲜活的鱼，喂给母白鹤吃。公白鹤一直站着。第二天，公白鹤飞下来，和母白鹤一起，它们再也不分开。喂养了半个多月，母白鹤的伤好了，可以飞了。它们离开的时候，一直在茅棚上空盘旋。第二年春天，候鸟北迁了，临行前，这对白鹤又来到了这里，盘旋，嘎嘎嘎嘎，叫了一个多小时。鲅鱼站在茅棚前，仰起头，看着它们，泪水哗哗地流。

秋分过后，候鸟南徙，这对白鹤早早来了，还带来了一双儿女。四只白鹤在茅棚前的大樟树上，筑巢安家。晚霞从树梢落下去，朝霞从湖面升上来。春来秋往，这对白鹤再也没离开过这棵樟树。高高的枝丫上，有它们的巢。每一年，它们都带来美丽的幼鸟，和和睦睦。每一年，秋分还没到，鲅鱼便惦记着它们，算着它们的归期，似乎他和它们，是固守约期的亲人。

可去年，这对白鹤，再也没来了。秋分到了，鲅鱼天天站在树下等它们，一天又一天，直到霜雪来临。它们不会来了，它们的生命可能出现了诡异的波折。鲅鱼难过了整个冬天。

人人都说，现在的人浮躁，急功近利，要钱要名。来了瓢里山，见了鲅鱼，我不赞同这个说法。人需要恪守内心的原则，恪守属于生命的宁静，去坚持认定的事，每天去做，每年去做，不平凡的生命意义会绽放出来。

天空布满鸟的道路，大地上也一样。鲅鱼坐在茅棚前的台阶上，就着腌辣椒吃馒头。他喝水的时候，摇着水壶，把头扬起来，水淌满了嘴角。"我要守着这个岛，守到我再也守不动。"他说。

这是一个人与一座孤岛的盟约。

一字情书

□来日方长

文坛伉俪钱锺书和杨绛琴瑟和弦、鸾凤和鸣的爱情被广为传颂。两人恋爱时，除了约会，就是通信。有一次，杨绛给钱锺书寄去了一封信，信上面只写了一个大大的"怂"字。钱锺书心领神会，立刻回了一封信，偌大的一张纸也只写了一个"您"字。

杨绛看后，十分欢喜，感动到落泪。原来，杨绛写的那个"怂"字，是在问："你的心上人有几个啊？"

钱锺书回的那个"您"字，是在说："我的心上只有你啊！"两个再简单不过的字，对于他们却蕴含着心灵相通、爱的专一的含义，因此被称为史上最短的情书。

父亲的课堂

□明前茶

十年后,他还记得中考结束那年,父亲回家探亲时,进家门第三天,就嫌弃他的怠懒、柔弱、优柔寡断与吃饭慢,决定带他去骑行川藏线。

身为军人,父亲说干就干,立刻买了一辆新的山地车、折叠式帐篷、迷你压力锅,还有冲锋衣之类的,马上带他进行适应性训练,每天骑行50公里。

当时,他很不乐意父亲这般不容分说地干预他的生活,中考好不容易结束了,不是应该躺在沙发上紧握游戏手柄吗?一个时常在儿子的生活中缺席的男人,凭啥对他的性情与吃饭速度指手画脚?他好几天幻想着自己在父亲面前爆发并摔门而去,然而,不知为什么,一到父亲那张黑红的国字脸前,他就像新兵见到连长,满腹的委屈与愤懑都咽了回去。

母亲看着不忍,在厨房里小声争辩,说儿子还没有完全发育好,他身体瘦高,穿着冲锋衣顶风上坡时,像一只翼装大鸟,"你就不担心他路上生病吗?"

父亲淡淡地说:"我唯一的儿子,我有数。听着,我不想他长大后经不起磋磨,这会害了未来的媳妇。"

母亲不声响了,只是给父亲的行囊中硬塞了十几条巧克力和6支防晒霜。

十年以后,在那场砥砺风雨和暴晒的骑行中,父子间起过什么争执,他已经忘了。他记得的,是父亲满是老茧的大手,一手死死地摁住他的脑瓜,一手帮他涂防晒霜的场景;是父亲把方便面底下卧着的茶叶蛋,硬塞到他碗里的场景;是高原上的冰雹雨降临时,父亲不容分说把唯一的不锈钢脸盆顶在他头上的场景;是父亲站在高坡上,朝坡下倒卧不起的他怒目而视的场景……是的,他是怎么撑下来的,这318国道上炼狱般的25天?可能,支撑他的,是父亲不经意间流露出的些许轻蔑与失望吧,父亲跟沿途的修车铺老板、小饭馆伙计、小旅馆老板表达了同一个意思:"这小子,百无一用是书生,老刘家的精神气,到他这一辈,恐怕要断。我这一趟拉他出来,就是想练一练他的精神气。"

他一直不服父亲给他贴的标签:书生怎么就百无一用了?

老刘家的精神气,为什么由你说了算,而不是由我说了算?等着吧,总有一天,我的筋骨会结实,我的目光会锐利,我会修山地车,会在强风中搭帐篷,会看北斗七星寻找方向,会在旷野上点燃篝火,我将会比你更耐压、更有眼光。我等着,等你老了,看你会不会像今天这样自以为是、刚愎自用。

为此,他在骑行的后半段路上目光如炬,沉默是金,连父亲给他挑破脚上的水疱,并给膝头敷上膏药时,他都咬着牙一声不吭。他看到,父亲脸上深不见底的威严裂开了口子,一丝战栗掠过他的腮帮肌肉。就在他在心里举拳怒吼"不要你心疼"时,那条口子已经合拢,父亲掉头而去,丝毫不带感情地说:"熄灯睡觉,明天6点半开始骑行,要躲过下午3点以后的雷暴。"

他最终和他沧桑满面的自行车,一同见到了布达拉宫。仰望那耸立在高天薄云之下的神圣殿堂,一尘不染的白色楼宇中簇拥着肃穆的深红楼宇，只一瞬间，他的眼泪就流了一脸。

他意识到，他的少年时代提前结束了，而这一切，都是拜父亲所赐，他不知道应该感激他，还是怨恨他。

十年后，他成为一名博士生，在大学的高分子实验室里，师兄弟们一边做着对比实验，一边聊起"父亲的课堂"。他发现，大部分都市男生都在成长的某一刻，受到父亲毫不留情的敲打。

有人被要求在天寒地冻的天气里观鸟，写观鸟日记，画清楚每只鸟脖颈上的毛和尾翼上的渐层变色，分辨这些鸟极为相似的叫声，直到在树梢与崖壁上发现它们不同的筑巢地。

有人被要求自己组装家具，父亲指导他看说明书，刚装好书柜的外框架，就把冲击钻、膨胀螺丝和工具箱一股脑儿交给了他，父亲出门长跑去了。他打电话给叔叔、舅舅，所有的人都深表为难，因为，谁也不能阻挡一个男人"不是把儿子培养成国王，就得培养成匠人"的决心。

有人被要求冬泳，哆哆嗦嗦不敢下水，就被父亲所在的"老男人冬泳队"鼓掌群嘲；而为了耐寒训练，他还被父亲强押着，用一大把雪猛搓四肢，直到皮肤下面的血火辣辣地热起来。

有人被要求一个人坐27小时的绿皮车去大学报到，带着两个28寸的大箱子和一捆被子，父亲在火车只停靠两分钟的车站上，把自己的遮阳帽往儿子头上一扣，就掉头而去。

还有人在假期被要求每隔一天值一次夜班，独自陪护病重的爷爷，在深夜，每过一小时，就要起床探看吸氧面罩后面的爷爷是否有异样，是否需要喝水或咳痰。他必须学会为吊着水的爷爷穿脱衣服、擦拭身体、按摩翻身，查看有没有褥疮。父亲教给他护理手法，教给他与护士和值班医生打交道的方式，教给他直面生死的勇气。

可能，相比母亲那种柔软包容的管教方式，父亲的教育都是有点硌人的，可到了男生成年后，回过头来看，这种严厉的课堂，却是为他们结结实实补了一次钙，让他们从精神上到身体上，都强健起来。

交换

□张大愚

我邂逅一位年轻人，感觉很投缘，就攀谈起来。他看到了我华丽昂贵的服饰，我看到了他青春四射的面容。

我年轻，却一无所有。

我有钱，可惜老了。

那我们何不……交换一下？

我们的手握在了一起。身后，人流疯狂地向前涌动，汽车飞速地向前行驶，白云恣意地向前飘去，我们交换成功。我盯着他鼓鼓的钱袋，他盯着我青春的面容。

我有钱了，但人老了！

我年轻了，财富却没有了。

那我们，再交换回来？

我们击了一下掌，河水汩汩倒流，枯叶慢慢泛绿，时钟咔咔逆转。两人恢复了原样。

他看着我满头的银发，我看着他褴褛的衣衫。

如果既有钱又年轻就好了。

如果既年轻又有钱就好了。

那我们只交换一半儿怎么样？我们异口同声。

我们的手再次握在一起，交换成功。现在，我们拥有相同的年龄，相同的钱财。

本来我比你年轻的。

本来我比你有钱的。

那我们……我们最后击了一下掌，回到原点。我们同时窃笑了一下，怜悯地看着对方。然后背向着对方离开。

车辆、人流、白云、河水、树叶、时钟……一切如常。

神枪手的右眼

□孙凤国

神枪手还不是神枪手的时候，就发现自己有一双了不起的眼睛，尤其是右眼。他的右眼能看清十米远处报纸上绿豆大小的字，左眼也能看清报纸上的小标题。

一次，神枪手在给朋友表演这项技能时，一个路过的射击教练发现了他。教练把神枪手带到训练场，第一次摸枪的神枪手，打出了连专业运动员都很难打出的成绩。

神枪手进了射击队，成了一名专业射击运动员。不到五年，神枪手的屋子就被各种各样的奖牌塞满了。为了更好地保护眼睛，尤其是超乎寻常的右眼，他找专家定制了一副由特殊材料制成的眼镜。

戴上价值不菲的眼镜，神枪手的右眼高兴极了，顿时感觉身价倍增。可右眼往左边一瞄，发现左眼戴的镜片居然和自己的材料一样。要知道，神枪手在比赛的时候，用的可都是自己，功劳明明是自己的，凭什么左眼能和自己享受一样的待遇？

想到这里，右眼不高兴了。不高兴的右眼要让神枪手知道自己的重要性，主动把左眼的待遇降低。

这天，神枪手在训练时，和往常一样，靶子在右眼前无比清晰，甚至靶子上的一只苍蝇都看得见，就在神枪手满怀信心击发的瞬间，靶子在视线里突然模糊了一下，接着恢复了清晰。虽然只是短短的一瞬间，子弹却失去了目标，居然脱靶了。

怎么会出现这种情况？神枪手感到不可思议。他深吸一口气，慢慢举起枪。

右眼故技重施，再次脱靶。

右眼看到神枪手不可思议的样子，不禁窃喜："事实证明，你的成绩完全靠我。"

"难道是右眼出了问题？"神枪手吓坏了。放下枪，直奔专家所在的医院。

各种化验、检查做完，得出的结论是一切正常。专家又请来更厉害的专家，一群专家讨论了半天也没能给出答案。

"也许是太劳累了。"专家给出了模棱两可的答案，"休息一下，明天再试试。"

第二天，情况依然没有改变。

一连几天，均是如此。神枪手绝望了，告诉了教练实情。教练大吃一惊，不过多次参加世界比赛的他见多识广，拍了拍神枪手的肩："我在一次国际比赛中，就被一个用左眼的运动员打败了。你的左眼虽然不如右眼，但也比常人厉害许多，试试。"

神枪手开始了用左眼的射击训练，一开始瞄靶不如右眼那么清晰，打出的子弹也不像以前那么准，但是神枪手能吃苦，白天闭着右眼练习瞄准，晚上闭着右眼练习看墙上的报纸。

右眼看着辛苦的神枪手，心底冷冷发笑：放着我这个功勋卓著的右眼不用，可真是自讨苦吃。

在神枪手日复一日的努力锻炼下，用左眼打出的子弹也越来越准，比用右眼时更加厉害，他甚至得了个"左眼枪王"的绰号。

国际比赛预选赛开始了。

神枪手不负众望，一路过关斩将，获得了参加国际比赛的资格。最终，在国际赛场上，神枪手依靠左眼夺得了金牌，成了真正的"左眼枪王"！

神枪手挂着国际金牌回到射击队的那一刻，教练当众宣布，为神枪手的左眼投保一千万元。

神枪手依然戴着那副特制的眼镜，两个镜片的材质还是一模一样，但左眼的身价已经达到了一千万元。那只右眼，神枪手在射击时，再也没有使用过。

一个社恐入职的第一周

□人比小虫闲

入职第一周,怎么融入新集体已经成了让我不由自主挠头六七十次的重要问题。

印象里似乎每个人对我的评价都是热情、积极、爱笑、有活力、脾气又好。我每每坦白自己是社恐,总免不了被一顿嘲讽。在这个新公司待的时间虽不长,却已经被新的同事和领导贴上了内向的标签。忍不住反复去想,我是否社恐?到底如何界定社恐?我能淡定自如、带着微笑迎合领导,也会彬彬有礼地回应同事,还会插科打诨、搞笑耍宝、起哄拱火,猛一看玩得挺嗨。

但只要脱离这个环境,脸就能掉到鞋上,绷起来的肩胛骨骤然放松,一直提着的那口气悄悄溜走。

早晨和同事在电梯间狭路相逢,我主动道了早安她却看都没看我一眼;部门会议本来气氛融洽,我发言后全场却像开了禁言;小团体互相招呼吃零食却每次都忽略我。这些对我们社恐来说就是前方大批僵尸来袭,手里却只有一个饭勺。

融入新集体,这句话我们从小就在父辈的嘴里听惯了,可是没有一个人告诉你,到底怎么融入。多和同学玩,多跟他们交流,多参与集体活动……因为我们在集体活动中获得的红利太多,情不自禁地抱团仿佛已经刻在了基因里。集中力量办大事的道理也确实在历史上不止一次被成功地实践、重演。

到底该什么时候开口?什么时候举手?什么时候靠近?又什么时候该走?从小到大,每一道题都有正确答案,有解题思路,但对社交和融入集体……我没有任何思路。面对这些情景,我赤手空拳,只有不知道该何时张开的嘴,以及不知道该何时咽下的话。

这个场景好尴尬、没人搭理我好丢脸、大家是不是都不喜欢我,尴尬加倍,我就这么纠结地度过了我的入职第一周。社恐达到了顶点,夹杂着忐忑、尴尬和理所当然。

午餐时避闪不及和领导狭路相逢。饭桌上这个自诩阅人无数的中年男人缓缓定性:你的性格太内向,你同意吗?我深耕我的头皮,内心突然与自己和解。大概我有25%的外向额度,以及75%的内向额度,我在内向与外向之间切换得很生硬,也看人下菜碟。

然而,强行与人社交并没那么痛苦,能否不与人社交、随后而来的可能的负面评价,这些内心的纠结才是更让我痛苦的事情。我不怕不合群,一人行走使我自得,我却怕别人觉得我不合群,怕被群体抛弃。因为即使我远离人群,不想承担融入群体的成本,我也仍然在意来自人群的评价,希望获得群体的红利。

想通了这一环,我就明白问题出在哪里了:既想分肉吃,又不想参与集体狩猎;只想享受权利,却不是那么爽快地接受义务。

人迟早会融入集体,只要时间和距离允许。不必着急,就像不必在春天催一朵花开,就算最后没有融入,也没什么大不了。

春天那么大,不缺一朵花。集体之所以存在,就是为了让一部分人不必融入集体。

也许太过烧脑的问题使得大脑高速运转,所以才需要露出脑门散热。于是我继续在尴尬的时候疯狂蹂躏我的额发,尴尬过后,一切不留。我在人群里,社恐且自由。

"一生悬命"1995年

□罗宜淳

2月7日，95岁的杉内寿子在日本棋圣战预选赛中，战胜31岁的男棋手菊地正敏。这是这位世界最年长的现役棋手时隔795天、经历19连败后久违的胜利。

95岁时的再次胜利意味着只要再赢得几次比赛，杉内寿子就会成为日本围棋的第一位女性九段棋手。对此，她回应道，体力是在下滑，但在注意健康的同时，仍然会"一生悬命地面对每一盘棋"。

"敏捷而刚烈"的95岁女棋手

进入21世纪，杉内寿子不断打破自己留下的最高龄参赛、赢棋纪录。2000年，杉内寿子实现了日本女子棋手首个500胜，2014年达成首个600胜，在日本棋院女子棋手中排名第一。20岁到60岁间，杉内寿子十获女子冠军，决赛对手年龄跨度极大，她凭借强大的竞技生命力，始终活跃在赛场上。当她成为世界女子棋坛首位女子七段棋手时，日本棋界为她召开了升段纪念会。此后，这一天变成了日本的"女子围棋节"。而她在56岁再次创下纪录，成为世界第一位女子八段棋手。

2017年，杉内寿子八段对战15岁的上野爱咲美初段，是当时女子比赛的最大年龄差对局，相当于中间隔了三代人，引发棋界惊叹。

懂棋的人评价杉内寿子的下棋技法，"敏捷""刚烈"，"灵活得像一个高低杠上的体操运动员，高来低去，让人目不暇接"。有观众说道，棋盘上大杀四方，步步紧逼，而将目光从棋盘上移开，会发现下棋这样"凶"的是一位表情平静的老人。

2018年12月，91岁的杉内寿子在比赛中使出了一连串惊心动魄的屠龙、对杀、劫争，击败加藤启子，刷新了世界最高龄赢棋纪录。而仅仅过了一个月，杉内寿子又完胜小她整整50岁的顶尖男棋手沟上知亲九段。

布局阶段，杉内寿子便下出了26靠的强手，朝气蓬勃，从此着开始步步紧逼，46靠无视黑棋深入的威胁，奋力挺头，尽显刚烈，54靠紧抓黑棋弱点，72靠制敌于绝境，82靠冷冷一并，就像一座大山的气势。

在比赛直播中，解说员不禁感叹："真的不敢相信这是近100岁的围棋。"并再次强调，白棋确实已经92岁了，但是心和斗魂，还是18岁。

无关年龄，不分性别

围棋对个人算力的要求高，大多数高手30岁就告别了巅峰期。在韩国，与阿尔法围棋交手的著名棋手李世石在36岁选择退役，围棋文化里"吐血的名局"也说明了围棋对体力、心理要求之高。

生于1927年的杉内寿子不受年龄和性别束缚。她有两个妹妹，都是名震一时的职业高手。迄今为止，杉内寿子共获得10个女子冠军，而妹妹们也各获七冠。

她们的父亲本田荣三是围棋教练，女儿出生时，他就希望孩子将来成为职业高段棋士。

在职业围棋中，职业四段以下被称为低段，职业五段以上则被称为高段。当时虽然有女子职业棋手，但大都为职业低段者，罕有职业高段的女棋手。

同本田荣三一起下棋的人断言：女子围棋职业的天花板就是职业四段，绝对不可能达到职业五段以上。本田荣三却并不认同，他认为，围棋是智力的竞技，女子并不输于男子。

5岁的杉内寿子还没有上小学，就先与围棋打了交道。军官学校出身的父亲对她要求严格，杉内寿子每日早晨起床后，首先用冷水洗脸，接着在院子里做完广播体操，须回到房间里摆名棋手的棋谱，摆完之后才能开始吃早饭。

围棋成了必修课，游戏时间则是为增强体力而进行的身体锻炼。有时，同学叫她一起上学，寿子母亲心疼地回答："寿子还在学习围棋，你先去上学吧。"

放学回来时，本田荣三早早准备好与女儿的对局。小学短短几年，杉内寿子和父亲"面对面下了数千局棋"。

父女对弈了一段时间后，本田开始带寿子去拜访住在家附近的围棋高手。每次下完棋回到家，寿子必须再现棋局。围棋术语中这叫作"复盘"，从第一手开始，在棋盘上一手手排列出当初下棋的顺序，这是检验棋局优劣与得失的关键。复盘并不轻松，"有时候，无论如何也想不起自己下的棋或对方下的棋了。"杉内寿子回忆道。

这种时候，本田会让她重新拜访对手。冬夜，空气严寒凛冽，杉内寿子独自前往，向主人说明："我忘记了刚才对局的手数，您能告诉我吗？"有一位棋友给她买了手套，对她说："寿子，你要好好学习变强啊！"

杉内寿子在获得一个又一个冠军后回望当年，认为父亲教会了她"每天都重复一件事，养成习惯，精益求精"。

11岁，杉内寿子代表家乡在东京参加围棋比赛，获得了与"日本围棋教父"木谷实下指导棋的机会。木谷实让5子，杉内寿子沉心静气，发挥出色，最终获得胜利。那场棋谱，现在还被杉内寿子保存着。

比赛结束后，"日本围棋界之母"喜多文子来到寿子家，希望寿子做她的弟子。自此，杉内寿子正式踏上职业棋手之路。

用棋有五得

杉内寿子15岁入段成功，并在两年后升到了二段。1944年，正值第二次世界大战，围棋比赛终止。杉内寿子前往千叶县避难，不得不远离围棋。战后，与围棋的短暂分别让杉内寿子更加珍惜训练的时间，"从来没有像当时一样专心"。两年内，她的棋力快速提升，升到了四段。

1954年，杉内寿子与后来被称为"围棋之神"的杉内雅男结婚，成为围棋史上一对著名的棋手伉俪。

婚后，杉内寿子生了4个孩子，10年没有参加比赛。1966年复出时，她由于实战不足，赛场上一输再输，杉内雅男为妻子复盘，给予她"严厉而中肯"的批评，也会鼓励她"以学习的心态弥补10年的荒疏，很快又会赢的"。

杉内寿子曾说，丈夫是她的精神支柱。2017年，97岁的杉内雅男去世，他曾说："希望百岁之时还能赢棋。"在逝世前20多天，他仍在比赛。告别仪式上，杉内寿子用亲手创作的和歌纪念丈夫："活在纯洁的世界，逝于晴朗的冬天。"

日本棋院中挂有一个条幅，上面写着"用棋有五得，得好友，得人和，得教训，得心悟，得天寿"。这五得，写尽杉内夫妇的一生。

而今，杉内夫妇只余一人，"我的丈夫到生命的最后也是现役棋手，我想我也必须尽全力去下。"

人工智能时代，棋手的日常训练会参考AI的选点，曾经的围棋布局被大量淘汰，新的布局不断出现，杉内寿子需要重新适应节奏。

没有比赛的日子，95岁的杉内寿子会到公园散步，在家看书，她喜欢夏目漱石的作品。谈及围棋，她讲道，这是一门艺术，没有一局比赛是雷同的，没有一种娱乐活动比它更有意思，下棋可以随心所欲表达自己的心情，能自由自在玩味变化的乐趣。

她曾说，在围棋的魅力面前，"感受不到年龄的差异"。

有学问的外国人都怎么起中文名

□念 缓

2021年12月26日,历史学家、耶鲁大学荣誉教授史景迁与世长辞。史景迁本名为乔纳森·斯宾塞。许多研究中国历史的海外学者的中文名字都十分具有迷惑性,费正清、孔飞力、施坚雅,乍一听都以为是中国人。那么,有学问的外国人,是怎么给自己起中国名的呢?

说得夸张点,最先一批入华的外国人,费了老大劲儿漂洋过海踏上了中国土地,到头来可能都没法掌握自己的命名权。

这一点,遣唐使阿倍仲麻吕(一说阿倍仲麿)就体会过。公元717年,这位一心入唐求学的日本贵族历尽艰辛远渡重洋,终于如愿踏入长安。在长安太学读书期间,他得到了自己的第一个汉名——仲满。在加藤隆三木为其所著的传记小说中,仲满第二次得名晁衡,不仅是玄宗李隆基钦赐,更有了不同寻常的意味——

"'朝'里有'日','朝''晁'相通,嗯,'晁'字不错。姓里给你放一个'日本'的'日'字。西汉有个晁错,知道吗?就是这个晁错的'晁'。名字嘛,'衡'字如何?均衡的衡,你性格平衡而中道。衡里有鱼,连年有余,不愁吃穿。"

情节多少存在文学加工意味,却也把"晁衡"二字的内涵解释得明明白白。晁衡没有辜负这个东方名字,余生几十载都在自己仰慕的唐朝为官,深得玄宗信任,更与王维、李白等人结下深厚友谊。多年后,晁衡东归,途遇暴风雨,长安的故友以为他已经遇难,悲痛不已,李白还满怀凄伤地写下一首《哭晁衡卿》,用一句"明月不归沉碧海,白云愁色满苍梧",诉尽了对这位日本友人的思念和痛悼。

伴随现代化进程,东西方交流的大门逐渐开启。这时,传教也不再是西方人来华的唯一目的。相反,越来越多的西方人被中国的厚重历史和深邃文化吸引,由此开启的东行旅途,也赋予他们的汉名不一样的特色。

"中西合璧"是这个阶段来华汉学家颇为青睐的起名法则。比如,日本汉学家虎次郎曾因敬佩培养出曾国藩、左宗棠等英才的湖南水土,将自己的名字改成了内藤湖南。

也有另一种组合方法,是给自己选一个具有中国特色的姓氏。据说,先后七次来华考察、行遍大半个中国的德国地理学家李希霍芬正是受"李鸿章"的影响,将自己的姓氏音译成了"李"。

1937年,受中国剑桥留学生鲁桂珍博士的影响,在生物化学领域已小有成就的Joseph Needham毅然放弃自己的专业,转而钻入中国的科学文化,一字一句地学起中文,经过半个世纪的耕耘,著成享誉世界的《中国科学技术史》,以确凿的证据向世界涂描出厚重而源远流长的东方科技文明。

有趣的是,他的每一本大作的封面上,几乎都绘有六天君、温元帅这样的道家人物。人们对此不解,然而在他看来,中国古代科学的创造发明和道家的哲学思想、术士的修炼实验密切相关,所谓"道家—方士—道教—术士"的思想、实践,或许沉淀着东方科技本初的样态与内涵。因此,他尤其欣赏《老子》篇章中的自然科学思想,也循此得了汉名"李约瑟",还让自己以"丹耀"为字,号曰"十道宿人"。

19世纪末期，也有一位法国人两次来华。第一次来华，他驻扎四年，译注《史记》，编纂出《中国两汉石刻》；第二次来华，历时近一年，他冒风沙翻高山越深谷，足迹遍布东北和华北地区，更拍摄了大量珍贵照片。宣统元年（1909年），这些历尽艰辛得来的资料被他整理成《华北考古图谱》，首次向西方学术界公布了大同云冈石窟和洛阳龙门石窟的照片，第一次将东方石窟艺术的惊人魅力展现给全世界。这些珍贵的照片，在龙门石窟后来饱经风化沧桑之时，成为学术研究、文物追索的重要依据。他叫爱德华·沙畹。

在汉语中，畹本义是小盆地形状的农田，古时三十亩地称为一畹。伴沙行畹，如此看来，这个名字，倒似是量身定做。

也有一些外国汉学家除了遣词造句，还把别的东西藏进自己的汉名。

比方说，情谊。

美国历史学家、中国学家John King Fairbank，汉名费正清。这是中国建筑学家梁思成送给他的礼物。正清，寓意正直清廉，赠名时，梁思成告诉友人："使用这样一个汉名，你真可算是一个中国人了。"

有趣的是，费正清的夫人费慰梅的汉名，也出自梁思成之手。这对夫妇不仅和梁思成、林徽因结下深厚情谊，更在他们的影响下醉心中国的建筑历史，拓片著书，让中国的建筑美学进入了美国学界的视野。

再比如，瞩望与期许。

出生于英国的乔纳森·斯宾塞，在中国历史的学海里耕耘半生，先后完成14部研究中国历史的著作。在耶鲁大学攻读历史学博士学位期间，中国史学前辈房兆楹为他取了一个汉名——史景迁，寓意"景仰司马迁"。

或许也是追随史家的文脉，史景迁坚持以"讲故事"的方式写作，文笔生动，娓娓道来。

为自己起一个意蕴丰富的中文名，似乎是每一位海外汉学家的标配。近年来，更多有文化的外国人重视给自己起一个地道的中国名字。

捂住耳朵去观察

□寇士奇

上大学时，有一位老师告诉我："你要成长，就得养成一个习惯，观察事物时捂住耳朵。"

这件事很简单，很容易做到，加上这位老师很受大家尊敬，我就照他的话做了。

七八年后，我又遇到那位老师，就问："自从我在观察事物时，坚持捂住耳朵后，觉得眼界变得开阔了一些，看到了更多的事实，其中有些事实是别人无论如何也看不到的。他们对我的这一本领都十分佩服。这是怎么回事呢？"

这位老师说："为什么他们看不到？是因为在他们那里，许多事实被观点遮盖了。观点天然具有屏蔽事实的强大功能。你看见的都是符合自己观点的。当你习惯捂住耳朵，仅仅用眼睛观察时，那些来自别人的意见就被阻隔了，它们在你的头脑中无法形成观点。你的眼睛可以比较容易地看到更多事实。你能做到这一点很不错，但还要进一步提高。"

我问："如何才能进一步提高呢？"

这位老师说："在更高的层次上捂住耳朵，即不但不听来自别人的意见，连来自自己头脑中的意见也不听，做到没有任何观点；那所有的事实在你的眼睛里就全部展现了。这当然很难做到。如能做到，你的思想将变得全面多维，心灵也会真正成长起来。"

精神长相

□世界文学社

人之长相，分为体貌和心灵。颜值可以美容，但掩盖不了本色；气质可以塑造，但脱离不了本性。心有境界行则正，腹有诗书气自华。精神长相，是一种看不到的能力，这种能力决定了一个人的精神力量。

-01-

会说话是一门学问，有分寸是一种修养。语言最能暴露一个人，恰当的时候说话是智慧，沉默得恰当也是一种智慧。知道怎么说话，知道何时说话，知道不乱说话，是一种了不得的软实力。

子禽问墨子："多说话有好处吗？"

墨子答道："苍蝇、青蛙，白天黑夜叫个不停，叫得口干舌疲，然而没有人去听它们的。但你看那雄鸡，在黎明按时啼叫，天下震动，人们早早起身。多说话有什么好处呢？重要的是话要说得切合时机。"

人生是由你的一言一行沉淀组成的，你怎么说话，决定你是谁，甚至决定你过得好与不好。

口为祸福之门，懂得谨言慎行，照顾他人感受，才是智慧之举。

-02-

以貌取人真的很公平。好看，不只是肤浅的漂亮，更是举止端庄，待人谦卑，谈吐优雅……所有的惊艳，都来自长久的准备。很久以前，有一位手艺人，手艺娴熟，很多人上门买雕塑。但他和其他人不一样，喜好雕塑妖魔鬼怪。有一天，他照镜子的时候发现自己的相貌变得很丑：不是五官发生了改变，而是整个面相凶恶、丑陋、古怪。后来，他到一座寺庙里，找方丈求助，方丈说："我可以给你治疗，但你必须先帮我雕刻100尊观音像。"于是，手艺人就开始不断研究观音的神情、德行和表情，有时甚至到了忘我而代入的境界。半年后，当他把富有善良、慈悲、宽容形象的观音雕塑出来后，急忙去寺庙找方丈，对方丈说："请您务必帮我治病。"

方丈没说话，从背后拿出镜子，笑了笑说："你的病已经好了。"这时候他才发现，自己的相貌已经变得正气、端庄了。一个人若是热情洋溢，总是面带微笑，到老了，也是慈眉善目的。如果一个人长期不笑，面目表情僵化，越老显得越可怕，越没有亲和力。这就是所谓的"相由心生"。日本文学家大宅壮一说："一个人的脸就是一张履历表。"你内在的素质、修养决定了你外在的形象和风貌，这句话一点不假。你前半生说过的话、做过的事，学到的知识、懂得的经历，无形中都在改变你后半生的长相。

-03-

善良的人，根本不会吃亏。曾子说："人而好善，福虽未至，祸其远矣。"

这是一所边远的山村学校，食堂的伙食糟透了，而女老师的身体很弱，于是，她经常到学校旁边的一个小山村去买鸡蛋。卖主是位年过花甲的老太太，她叫说个价，女老师便定了5毛钱一个，其实，女老师暗中提高了5分钱，女老师家乡的鸡蛋4角5分钱一个，并且要多少有多少。女老师看老人可怜，每个蛋多给5分钱，老太太既不讨价，也不还价，这桩买卖就这么定了。那天，女老师照旧去老太太那儿买蛋，正碰上一个蛋贩子跟老太太讲价。蛋贩子出6角

一个的价要把蛋全收走,老太太不肯。蛋贩子说,这个价够高了。山里都是这个价。老太太说,不是因为这个价,而是这些蛋要卖给那位瘦老师,人家那么远到我们这里来教书,又那么瘦,我希望她胖起来,在这所小学长期待下去,孩子们需要她。女老师顿时呆住,原以为自己是个施主,想不到真正的施主倒是老太太……

凡是你对别人所做的,就是对自己所做的。所以,凡是你希望自己得到的,必须先让别人得到。生命是一种回声,你把善良给了别人,终会从别人那里收获善意。

-04-

知世故而不世故,历圆滑而留天真。

《菜根谭》中有句话:"势利纷华,不近者为洁,近之而不染者尤洁。"在这个纷杂的社会,我们要生存,就必须与人和事打交道,这个过程中,把握好尺度的同时要保留真实的自我,也就是所谓的知世故而不世故。这不是人轻易能做到的,而是走过千山万水去感悟和修炼的结果。

苏轼在63岁穷困潦倒之时,还写下这样的诗句:"寂寂东坡一病翁,白须萧散满霜风。小儿误喜朱颜在,一笑那知是酒红。"先说自己衰老,又借小孩子之口调侃,酒后的潮红被误认为脸色红润,用自嘲来排解晚景凄凉的失意。一个人未经世故,容易在逆境中沉沦,也容易苛以待人,而饱经世故却不世故的人,见过生活的凌厉,依然内心向暖。周国平在《灵魂只能独行》中说:"许多人所谓的成熟,不过是被习俗磨去了棱角,变得世故而实际了。那不是成熟,而是精神的早衰和个性的消亡。真正的成熟,应当是独特个性的形成,真实自我的发现,精神上的结果和丰收。"

-05-

让人舒服,是一种顶级的魅力。马克·吐温有一次去一个小城,临行前别人告诉他,那里的蚊子特别厉害。到后,正当他在旅店登记房间时,一只蚊子在他眼前盘旋,这使得服务员尴尬万分。马克·吐温说:"贵地的蚊子比传说中不知聪明多少倍,它竟会预先看好我的房间号码,以便夜晚光顾。"一句话逗得服务员不禁哈哈大笑。结果,这一夜马克·吐温睡得十分香甜。原来,当天晚上旅馆全体职员一齐出动驱赶蚊子,免得这位受人欢迎的作家遭受蚊虫叮咬。君子如玉,让人觉得舒服的人就像一块温润的美玉。和这样的人在一起,就像听一曲舒缓的音乐、品一杯醇厚的热茶、看一朵花静静地开放、让时光如流水般恬淡素净。

奥黛丽·赫本被誉为女神,不仅因其貌美,她用一生诠释了"精神长相"这个词,她在遗言里这样说:"若要优美的嘴唇,就要讲亲切的话;若要可爱的眼睛,就要看到别人的好处;若要苗条的身材,就要把你的食物分享给饥饿的人;若要美丽的秀发,在于每天有孩子的手指穿过它;若要优雅的姿态,走路时要记住行人不止你一个。"这就是对"精神长相"最好的解读。

一个人真正的资本,不是美貌,也不是金钱,更不是学问,而是自带的,不会随着岁月变迁而消失的"精神长相"。

如何走出无人区

□土浪漫

我从2001年开始从事登山探险活动，19年来，国内去过燕山、太行山、秦岭、天山等山脉，国外去过阿尔卑斯山、比利牛斯山、品都斯山等山脉以及北极冻原，勉强算个业余户外爱好者。那么，在野外旅行探险时，如何应对危险，保护自己和队友呢？

深山、荒野遇野兽怎么办

2001年年初，我和登山探险的大部队在严冬纵穿秦岭。进山第一天，我和队友给大家做探路先锋。过了要道"一线天"，队友在一亭子里换冰爪，我没等他，一个人走在了最前面。走过一个转角，右侧山坡上闪出一只动物——一只巨大黑色的狼，距离我只有两三米远。

这次偶遇，人和狼都感到意外。狼想不到冬季封山还会有人出现，人想不到狼会这么容易见到。但我一点都不怕，抱着山中交友的态度，憨厚地笑笑。狼感觉到了友好，开心地走了。当然，我能笑得出来也是因为我背后有一柄一米多长、锋利凶悍的冰斧。

秦岭里除了狼，还有熊、豹子、大熊猫、羚牛等大型动物。在绝大多数情况下，熊、豹子不会主动攻击人类，除非受到攻击或判定人类对其幼崽有威胁。很多深入秦岭的老驴（经验丰富的户外人）还说熊有时会友好地和人招爪子打招呼。

然而食草的羚牛却要比熊的脾气大很多，其冲击力与致命性一点不比熊小，我的一位朋友就被羚牛撞击致大腿肌肉萎缩。所以，我的建议是，无论你去哪个山脉或无人区，先做足当地野生动物种类和习性的功课。万一遭遇了，放平心态，绝大多数情况，你根本就不会被攻击。

一定注意：无论你内心再害怕、恐惧，也千万不要把自己的后背亮给任何掠食性动物。见后背就扑咬、追杀是很多野兽的本能，有时甚至对朝夕相处的饲养员都不例外。

当然，凡事都有例外。一个挪威女探险家在北极遭遇北极熊后，果断拔枪将其击毙。她的理由是，以北极熊的嗅觉，数公里外就已经知道了你在这儿。它既然出现，就肯定是奔着你，确切地说是你的肉身来的。

户外活动中的大忌

对登山探险，我有句中肯的话送给新手们：很多人错把热情与着迷当成了实力。更有甚者，错把危险当成了浪漫。对大自然没有敬畏，对自己和队友的生命不尊重的人，真不该去探险。

户外活动第一大忌便是沿山谷的水源（河流、小溪）扎营。在汛期，一条平静温柔的小溪可能瞬间就变成狰狞凶猛的恶龙。已不止一个人、一个队因为在谷底河边扎营而在睡梦中被连人带帐篷冲走，造成死伤。此外，水源也是各种大型动物频频出现的地方。人家渴了要喝水嘛，结果在喝水时遇到了愚蠢的人类，没准儿连饭都有了。

第二大忌是迷恋风景，忘记看路。所谓"走路不观景，观景不走路"，2001年十一假期，一位队员在登山时边走路边欣赏风景、拍照，结果不幸在一个转角坠崖身亡。踏踏实实走好脚下的路，才能看更多更美的人生风景。

第三大忌是缺少必要装备。工欲善其事，必先利其器，帐篷、睡袋是基础的，防潮垫也需配备。此外，绳索、刀子、打火机、手电筒、指南针、防水坚固的登山鞋都是保证基本安全的利器。上面都是外用装备，还有关键的内服装备：巧克力！它不但能迅速补充热量，还能给人带来快乐与希望的心理安慰。

非常不喜欢那些登了个什么山，穿越了什么禁区荒原就四处炫耀自己征服了大山、征服了自然的人。你能从环境恶劣的大山大自然里走出来，是因为自然放了你一马，仅此而已。

在我眼里，没那么多远大理想和慷慨激昂，尊重大山，尊重自然，尊重野生动物，尊重自己和队友的生命，不炫耀，不卖弄，这才是最真最铁的户外精神。

鸡蛋理论和宜家效应

□ 刘 润

20世纪50年代，美国一家食品公司的蛋糕粉一直卖得不好。研发人员不断改进配方，用户就是不买账。这个问题难倒了食品公司。最终，美国心理学家欧内斯特·迪希特发现，蛋糕粉滞销，真正原因是这种预制蛋糕粉的配方配得太齐了，这让家庭主妇们失去了亲手做蛋糕的那种感觉。

于是欧内斯特提出，把蛋糕粉里的蛋黄去掉。这个想法被称作"鸡蛋理论"。虽然这么做为烘焙增加了难度，但家庭主妇们觉得，这样做出来的蛋糕，才算是亲手做出来的。之后，蛋糕粉的销量快速增长。

后来，美国人桑德拉根据鸡蛋理论，提出了一个"70/30法则"。也就是说，如果你使用70%的成品（比如蛋糕粉）和30%的个人添加物（比如鸡蛋），你就能用最少的劳动，把工业化的食品变成个性化的美食。

鸡蛋理论，是源于消费者的一种行为特征：我们对一件物品付出的劳动或者情感越多，就越容易高估该物品的价值。为什么会这样？美国行为经济学家丹·艾瑞里认为，我们为某件事物付出的努力不仅给这件事物本身带来了变化，也改变了自己对这件事物的评价，我们为它付出的劳动越多，对它产生的依恋就越深。

这种现象，同样出现在宜家。人们热衷于购买宜家的半成品家具，回家后自己组装。这种理论被很多人称为"宜家效应"。

运用这种理论的最简单的方法就是：让用户有参与感，可以利用投票、选择、搭配等方式让用户付出劳动，留30%的工作让用户自己做，那么这件商品就能在他心中拥有光环。

去博物馆里吃大餐

□ 樊北溟

说出来你可能不信：我在很多座博物馆里吃过大餐。

最初的经历是在俄罗斯圣彼得堡的冬宫博物馆被解锁的。彼时，展区内的一家咖啡馆用一杯浓郁的黑咖啡，让早已逛得精疲力竭的我再一次精神百倍地投身到浩如烟海的展品之中。

然而在回味咖啡的甘香之余，我也以好奇的目光四下探寻，惊奇地发现，吃饭这件事在博物馆里逐渐成了文化生活的重要组成部分。

01 在博物馆里能吃到什么？有你想不到的

细数博物馆里提供的饮食，大致可以分为三类：第一类以三明治、热狗和沙拉等冷食为主，搭配橙汁、矿泉水或者碳酸饮料。它们通常吃起来没有什么声音和气味，不至于影响其他观众。

第二类食物以甜品蛋糕搭配咖啡或者热茶为主。逛累了坐下来吃个蛋糕、喝杯热饮，是解馋，更是小憩。和成百上千年的文物一起共度休闲时光，想来真是一种美好的体验。更有趣的是，很多博物馆的油画上也不乏日常生活化的场景。画里和画外的人物遥遥呼应，赋予了历史和艺术一种灵动且平易近人的美感。

第三类食物实在是一种神奇的存在，任何简单的描述和分类，都无法明确地概括它们。丰俭由人的自助餐、冒着热气的奶酪千层面、坚果奶酪拼盘、土豆炖牛肉、浓汤、香槟或者白葡萄酒，各式各样的地域美食不断丰富着博物馆的餐桌，也在"博物馆里都能吃到什么"这一问题上，不断拓展着人们想象力的边界。解饥扛饿、小憩都不再是它们的最初目的，"浓墨重彩""锣鼓喧天"地吃上一顿才是它的用意。

02 在博物馆里名正言顺吃吃喝喝的理由

给自己一个在博物馆里名正言顺吃吃喝喝的理由：饮食推动人类文明的发展史。

想想也是，像冬宫、卢浮宫、大英博物馆一类的世界级博物馆，实在是太大了。想要更好地参观，中途吃点东西补充一下体能是关键。而且很多博物馆不收门票，或者只是象征性收费。餐厅的收入是博物馆经济来源的补充，可以持续为参观者提供更好的服务。

除此之外，很多博物馆还会根据展览的内容推出相应的套餐，以增强参观的趣味性，吸引更多的观众。由此种种，博物馆里的餐饮生意火爆，总是人满为患。

03 那些印象深刻的博物馆美食

说了这么多，终于说到了重点……

令我印象最深刻的，当数丹麦路易斯安那现代美术馆了。这可是一座庭院就占据了一整段海岸线、拥有无敌豪华海景的博物馆。

从餐厅的窗口向外望，一整幅海景尽收眼底，餐厅里根本不需要悬挂在墙壁上的装饰画，眺望远处的风景就足够奢侈了。天气晴好的时候，甚至能够看到对岸的瑞典城市赫尔辛堡。

遵循了北欧的设计风格，博物馆的餐厅装修颇为简约，提供的食物却是朴素中别具巧思，看得出来，在提供丰富选择空间的基础上，经营者在最大限度地追求着食材的品质和食物的风味。

餐厅主营新北欧菜，自然少不了海鲜。白嫩的虾仁儿点缀上青翠的茴香，让人单是看看就要垂涎；水灵灵的牡蛎闪着莹莹的亮光，佐以灿黄芳香的柠檬，有一种冷艳的美感；还有丹麦的开放式三明治，食材都露在外面，一目了然，以及浓郁的海鲜浓汤，内涵都藏在里面……

除了自选冷盘外，餐厅还提供午、晚两餐，烤肉、胡萝卜浓汤、沙拉、姜汁柠檬水……小孩子才做选择，轻食和大餐我都要，尽情地享受生活和美食，才是欢度周末的正义。饭后再来一块柠檬蛋糕，没想到在博物馆里的一顿饭，竟然也能这样圆满惬意。

同样令人印象深刻的，还有波兰克拉科夫的维利奇卡盐矿博物馆的餐厅。这座开采历史可追溯至11世纪，深度为327米的历史悠久的博物馆，竟然拥有一家深入地下的盐矿餐厅。

这里提供最质朴粗粝的东欧美食：硬得可以钉钉子的大列巴、口感微酸的黑麦面包、酸得令人倒牙皱眉的腌黄瓜和甘蓝菜、货真价实、肉质丰厚，不知这世上淀粉为何物的纯肉波兰香肠，以及土豆煎饼和红菜汤。当然还有果子香槟和"生命之水"伏特加！吃完一顿酣畅扎实的菜肴，香得仿佛立马就能提起矿灯，下井采矿去。

比利时布鲁塞尔的火车博物馆的餐厅也很特别，菜单封面就是一个冒着隆隆蒸汽的火车头，别提有多带感了！

众多比利时菜之中，最有名的当数用锅盛装的青口贝了，同一食材的青口意面和蒜香奶油青口同样可以使人满意。但是再没有什么比鞑靼牛肉配炸薯条和土豆泥更粗豪和酣畅淋漓的了。

只有甩开膀子，撩起后槽牙，才和火车这一工业时代的钢铁巨兽最登对。大快朵颐过后再配一扎冰爽沁凉的比利时的特产啤酒，让响亮的酒嗝愣是在胃里冲出一条线，嗝——确认过声音，是满足的感觉。

除了坐在布鲁塞尔火车世界的大火车旁边大快朵颐，在瑞典斯德哥尔摩的瓦萨沉船博物馆，人们还可以守着船舱的舷窗静静地品尝美味。

瑞典的食物不习惯以精致的摆盘、诱人的色泽和浓郁的香气吸引人，不过别看瑞典的食物长得粗糙，它们仿佛独得北欧海盗冒险精神的"点化"，一大盘端上桌来，生猛得很！品尝着手中海鲜的鲜甜，眺望着远处冰冷的船舷，嗯，是印象中大海的味道。

令人难以忘怀的博物馆美食实在太多了，白金汉宫内插着小皇冠松饼的鲜奶冰激凌，柏林咖喱香肠博物馆内见证历史和时代变迁的咖喱香肠，芬兰赫尔辛基的阿黛浓美术馆里有着如少女唇彩般细腻诱人颜色的浆果口味蛋糕，以及英国贝尔法斯特泰坦尼克号博物馆里又大又蠢、略带暗讽意味的实心肉派……

其实留心这些博物馆的美食不难发现，他们并没有刻意地炒作联名、打造"网红"或是牵强附会地生硬炮制主题，他们只是用心地、安静地制作着食物，耐心地守护着一批又一批参观者的胃，不断丰富着他们的旅途记忆。一如这展馆内静谧的文物，它们在岁月的簸箕中被筛选出来，成为时间的见证，富有力量。

现　在

□ [巴西] 保罗·柯艾略

在一个既没有篝火也没有月亮的夜晚，赶驼人边吃椰枣边对男孩说："我现在活着。当我吃东西时，就只管吃；当我走路时，就只管走。如果必须去打仗，今天死还是明天死对我都一样。

"因为我既不生活在过去，也不生活在未来，我只有现在，它才是我感兴趣的。如果你能永远停留在现在，那你将是最幸福的人。你会发现沙漠里有生命，发现天空中有星星，发现士兵们打仗是因为战争是人类生活的一部分。生活就是一个节日，是一场盛大的庆典。因为生活永远是，也仅仅是我们现在经历的这一刻。"

德铁的任性

□豆 妖

在一则德国铁路自诩准点的宣传片下面，有人嘲笑："晚点不是德铁日常吗？"去德国次数越多，在那儿住得越久，你越会发现德铁要被吐槽的何止是不准时呢！

我从汉诺威乘火车去法兰克福接从国内来的家人，会合后去布拉格。在此之前乘坐过多次德铁还算正常，尚未遇到特别过分的事。

德铁火车票分对号和不对号，我买了8号车厢对号入座票，因为站台上人很多，所以就近在7号车厢上了车，以为旁边就是8号，结果却让人大跌眼镜，7号过了是9号，在拥挤的车厢里来来回回走了好几次，怎么也找不到8号车厢，同样在找的还有几个人，我急得不行，去找列车员，天知道德铁上列车员是少而又少，好容易找到一个，问他，他耸耸肩膀用带着浓浓德语口音的英语说："哎呀！对不住，8号车厢嘛，恐怕是消失了！"看我愣在当下，他轻松地说："该车厢取消了啦，你就随便找个位子坐下呗。"跟在我后面的德国"同厢们"竟然也只是耸耸肩膀回头各自找位子去了。

有了这次经历，在网上订布拉格到德雷斯顿的火车票时，慎之又慎，选了包间对号入座的四个位子。毕竟这程有了年迈父母的加入，而且因为刚从国内来，行李都是大件。离开布拉格那天下午，我们早早就在站台上候车，就怕德铁会出什么幺蛾子。

怕啥来啥，墨菲定律就是这样放之四海皆准。

在站台上聊天等车，离开车时间渐近，却发现站台上原本也在候车的人都突然不见了，只剩下我们四人，我着了慌想起刚才似乎是听见在广播什么，聊着天的我们压根儿没去细听，我赶紧到旁边的滚动屏上查看，这一看真是吃了一惊，我们的车次改站台了！改在了对面站台！我们四人忙不迭地推着行李箱，奔下长长的阶梯，跑过长长的通道，再上长长的阶梯，老爸老妈也被逼得健步如飞，总算汇入了正确站台的候车人群，恰在此时，火车轰隆隆地进站了，我们四人相视一笑，庆幸我们警醒得及时。

可是——且慢——车停下来我看见车次竟不是我们那班！看来是这班车开走后我们的车才会来？谁让我们那趟车临时改站台了呢！我自作聪明地分析给略显不安的爸妈听，他们也觉得言之有理。可是这列火车一直不开，我们那班车开车时间都过好久了，任我们焦急疑虑，它仍岿然不动，五六位列车员走来走去，不时有零星的乘客上车。

在任性的德铁带来的迷雾里，我忽地灵光闪现，不再迟疑，上前拦住一位列车员，问她这列车就是我们那列车吗，车次是改了吗。女列车员笑眯眯地看着我说："是呀！你们怎么还不上车？还有两分钟车就要开啦！"

我回头，爸妈和妹妹六只圆睁的眼睛正紧盯着我，我向他们一挥手，快上，就是这列车，车次改了！

我们上车不久，车就开了，简直有一种压哨绝杀的惊心动魄。你以为完美大结局了？不！

我们推着行李箱背着旅行包，挤过一节又一节车厢，寻找容得下我们的座位——既然改了车次，那么，原来对号入座的包厢和座位，也都被格式化了啊！

好在，幸运的我们终于找到了一个还有空位的包厢，落座后，我们都大大地舒了一口气，这时，列车员推来了咖啡零食的售卖小车，车窗外正经过布拉格郊区一片美丽的绿色田野。

那条逆流而上的死鱼

□雷炳新

歌曲《活鱼逆流而上，死鱼随波逐流》深受歌迷喜爱，歌词作者用"活鱼"的"逆流而上"和"死鱼"的"随波逐流"来激励生活中的人们应该奋力拼搏、不懈追求。可是，你知道吗？在自然界，并不是所有的"死鱼"都是"随波逐流"的，有一种鱼，死后依然能"逆流而上"，它就是虹鳟。

大多数人对虹鳟并不陌生，且它总是和美食紧密联系在一起。的确，虹鳟肉质鲜嫩，且营养价值非常高，具有"水中人参"的美称。

在动物学分类上，虹鳟属硬骨鱼纲、鲑形目、鲑科，体长形稍侧扁，吻圆钝，鳞小而圆，因体侧有一条形似彩虹的色带而得名，善跳跃，分布于加拿大、美国、墨西哥的太平洋沿岸及哥伦比亚河流一带。

虹鳟死了也能逆流而上，听起来有些不可思议，但这是事实。美国哈佛大学和麻省理工学院的研究者首次发现了这一现象，并最先对其进行了研究。他们发现死掉的虹鳟能像活着的时候一样继续游动，甚至逆流而上，这是因为遵循了物理学规律。

物理学中有一个专业术语——卡门涡街，当水流或气体经过一根棒槌的时候，棒槌后方就会出现一连串左右交替的涡漩，这就是卡门涡街。当临近两个涡漩时，后方水流或气体的作用力会相互影响，由此产生的结果是：在邻近的两个涡漩之间会产生一股与棒槌方向相反的逆行水流，把附近的水流往棒槌那儿卷裹。

这股逆行的水流来到卡门涡街的末端，也就是距棒槌直径约2倍处会终止，这里就是棒槌产生的抽吸区边界。而虹鳟善跳跃，它们特别喜欢卡门涡街，经常追着抽吸区游动。

哈佛大学生物工程学家詹姆斯·廖和同事发现，在前方出现卡门涡街时，虹鳟可以在抽吸区附近不费力地左右摇摆，这种摇摆幅度很大，像在水中不停地画8字。而此前没有在其他鱼类中发现这一现象，虹鳟在卡门涡街后的潇洒走位是独一无二的，所以科学家将其取名为卡门步态。

更诡异的是，哪怕死掉的虹鳟也可以在卡门涡街后游泳，甚至能逆流而上，其振动频率和活着的时候一样，而且动态和活鱼没什么不同。

死鱼还能潇洒走位，显然不是生物驱动的，而是水流驱动的。詹姆斯·廖通过在虹鳟的肌肉里安插电极测试其游动所消耗的能量，发现在卡门涡街后面，逆流而上比在静水中躺平要容易得多。詹姆斯·廖还发现，在卡门涡街环境的逆流而上和顺流而下所需的能量相差甚微，并且无须大脑参与，所以死掉的虹鳟也能逆流而上。当然，当虹鳟死亡时间过长，身体不再柔软的时候，也就不会再逆流而上了。

我不是完美主义者

□高 源

处女座以追求完美、过于较真而著称。这种偏见在人们心中太深，即便是对星座没有兴趣的朋友，听说我是处女座的时候，也会忍不住小心翼翼地问一句："那么，你是追求完美的人吧？"生怕有什么疏漏，得罪了我这个完美主义者。

唉，我真是无处申冤。

大多数时候，我都是很随意的人。和朋友约着出去，什么时间、去哪儿、吃什么，我的回答基本都是"随便""都行""你定吧"。只有在涉及身体的问题上会受到一些限制，比如某些东西我吃了会胃疼，但这种情况不能算是较真，这是被动的，不是主动追求完美。

我对很多东西都毫不在意，特别是在穿衣打扮上，那真可以说是"不修边幅"。有生以来第一次开读者见面会是在新华书店，现场讲座，同步直播。到场的人不多，但收看直播的人数还真不少。见面会结束之后，好几个朋友打来电话骂我："这么重要的场合，你居然都不化妆？居然不穿得正式点儿？居然穿牛仔裤、帆布鞋，就像个小学生一样随随便便地去了？你是主角，但主持人、工作人员，甚至读者，都比你穿得正式。现场那么多人，只有你看起来最像路人。"

我很淡定地听完吐槽，并没有感到尴尬和后悔。我在意的是我出版的作品质量高不高，是讲座中我讲的内容会不会让听众感到无聊。至于其他，真的无所谓。

给我剪头发的托尼老师，每次都苦口婆心地劝我："你的头发烫一下会更好打理哦。"对此我总是淡淡地拒绝："谢谢，不用啦，我对这些不在意。你剪一下就好了。"他锲而不舍地继续劝："剪发确实很重要，但烫、染等手段能让你的发型提升到一个新高度。或者，你也可以做一个'蛋白植入护理'，会让你的头发更柔顺更有光泽，比现在的效果好多了。"我非常抱歉地叹了口气："可我在这方面真没那么高的要求……"看他那么追求极致，我打趣问："你是处女座吗？感觉你很追求完美。"他笑了："那倒也没有，但是作为造型师，我确实习惯了在这方面追求极致。这也算是职业素养吧。"

我瞬间就理解了他。我对自己的工作也是如此：对创作保持极致的认真，对作品无比苛刻。每个字，每个词，甚至分段，都要琢磨。跟我合作过的好多编辑都说我的稿子他们最放心，不用改，直接就能发。有时发表的作品有个别字词改动，改得好也就罢了，改得如果有违我的本意，我甚至会气势汹汹地揪住编辑理论一番。

所以，我不是凡事都追求完美，我只是对喜欢的事物保持认真。

读小说的时候我更偏爱悲剧，因为过于圆满的结局总让我感觉虚假，似乎有损艺术美感。书中人物如果完美无缺，读起来就会感觉轻飘，毫无真实感，或者让人吊着一颗心，惴惴不安地等待后面剧情反转。反倒是那些有缺点的人物更容易走进读者内心，引起共鸣，让人感到踏实，因为他们有血有肉，生动真实。

太过完美不仅不现实，甚至还会招来灾祸。《南村辍耕录》里记载过一个故事：丘处机是金代的一位道士，声名远扬，富人们争相邀请他给自己的新房子"开光"。有一次，丘处机来到一栋修建完好的新住宅，他左看右看，最后居然举起铁杖，把屋子的一角击毁了。主人大惊，心痛不已，问他为什么要这样做。丘处机解释说，这套房子没有一点瑕疵，太完美了，可世间哪儿有完美之物呢？如果有，那就离灾祸不远了，不如我先毁掉一点，省得你们子孙后代遭遇不测。主人听罢，连连道谢。

相信很多人都有过类似的经历：从天而降一件大好事，比如中了彩票，或者认识一个闪闪发光看似完美的人，你先是兴高采烈、手舞足蹈，等冷静下来后，心里就开始犯嘀咕："怎么会这样好？会不会是骗人的？这里面恐怕有什么问题。"运气太好，多多少少会让人怀疑，太过完美，人就免不了隐隐不安。

毕竟，不完美才是万事万物的常态。接受不完美，适应无处不在的遗憾和残缺，才能平心静气、勇敢无畏地迎接生活，才能真正成长，真正强大起来。

你吃的蛤蜊也许已经好几百岁了

□ berlika

2006年，一些英国科学家在冰岛海域开展研究性巡航。当这艘船放下的大网从海底划过，栖息在海床上的生物也随即被带离。其中就包括一只已知寿命最长的软体动物——北极圆蛤"明"。

这只蛤蜊看起来很普通，8.7厘米长，和其他大蛤蜊似乎没什么不同。但细数过它壳上的生长轮后，所有人都吃了一惊。

像树木一样，蛤蜊壳上也有一圈圈的"年轮"，每生长一年，年轮就多一圈。为了弄清楚"明"的年龄，科学家决定打开它，用显微镜来观察它韧带上的生长轮。得到的答案是，它405岁。由于推测出它出生的时间正处于中国的明朝，科学家便赋予它"明"这样一个浪漫的名字。

几百个年轮挤在一个不大的壳上，这就导致一些生长轮的位置贴得过近，或被压得太扁，容易造成观测误差。2013年，科学家决定再次评估"明"的年龄，这次他们使用了碳-14年代测定法等更为先进精细的测量方法。结果，新的计数上升到了507岁，比之前大了一个多世纪。

比"明"更老的蛤蜊很可能仍然潜伏在海洋深处的某个地方。年龄超过100岁的北极圆蛤并不罕见，在爱尔兰海、北海等海域都发现了百岁以上的蛤蜊。

为何北极圆蛤能够如此长寿？有人认为，因为它们的耗氧量非常少、新陈代谢非常缓慢，所以它们拥有"冻龄"的超能力；还有人提出，北极圆蛤极高的蛋白质稳定性、细胞更新率的特异性也可能是它们长寿的秘诀。

北极圆蛤很容易就能长到100岁，而它们的生长轮就像一张微型唱片，随着时间的推移，整合着水温、食物等信息，因此，可用于推演它们生长过程中的气候与环境变化。例如，通过检测年轮中的各种氧同位素，科学家就可以确定贝壳形成时的海水温度。因此，一只蛤蜊就是一本海洋环境的"记录簿"。

有许多方法可以绘制陆地气候的变化表，但在海洋里，我们能获得的数据十分有限。北极圆蛤由于自带长寿属性，可以有效帮助我们填补这一空白，给我们提供非常准确的海洋气候变化数据。

尽管"明"的生命因一场科学研究戛然而止，但它的出现给了全世界一个提醒——海洋中还隐藏着许多人类尚未发现的奥秘。

珍惜那个跟你去啃羊蝎子的人吧

□ 饱 弟

在所有的可约饭的食物里，羊蝎子是一种特殊的存在。

它像小龙虾一样束缚你的双手，你只能戴着手套撕它掰它吮吸它，让你无法摆弄手机。吃它时还吃相狰狞，若是想把一块羊蝎子吃到极致，只能张牙舞爪，不顾形象。所以不是所有人都能跟你一起吃羊蝎子，你也不愿跟所有人一起吃羊蝎子。羊蝎子，只能留给最珍贵的人一起吃。

一、吃羊蝎子的快乐，只有最亲密的人知道

凡是一起吃羊蝎子的，之前都结下过深厚的战斗友谊——一起为工作抓耳挠腮过，一起在活动路上风里雨里过，愿意为对方上九天揽月，下五洋捉鳖。

只有这样的朋友，才能同桌大嚼羊蝎子。因为羊蝎子这东西，真的太微妙了：它看起来，真的不够高大上，不像是请客下馆子该吃的东西。

首先，以下脚料为食材，就难登大雅之堂。"羊蝎子"，不过是起了一个好听的名字：羊脊骨和连接脊骨的几根肋排，恰似一只蝎子，但从不是羊身上最珍贵的部位。

一个人吃，一锅未免嫌多；两个人小锅正好；三五人吃，大锅煮肉，热热闹闹。吃羊蝎子的人，哪怕再社恐，也愿意享受这份三五成群的热闹。因为十多块一斤的东西，没什么档次可言，也只有不对你要求档次的人，才能一起吃。

羊蝎子成为对抗世界的结界，不仅因为它的平民化、私密性，还有那副毫不优雅、毛骨悚然的吃相。那吃相，要不是挚爱亲朋，真没眼看。

夹起一块，羊脊骨肉质软烂，羊肋排汤汁欲滴，二话不说，咬！好像慢了一秒，软熟的肉从骨头上掉下来，脱离了肉汁与热气，就要消失一样。

从这一刻，贪食者的纵欲开始了。你必须与冷空气和地心引力搏斗，在肉汁流尽、冷风入骨之前，左一口，右一口，中间一口，争分夺秒。

面对烂熟飘香、汁水淋漓的肉骨头，没有人能拒绝食肉天性的召唤。

舌尖一舐，肉落入口，边嚼边吸；再咬一满口，骨头上的肉全撕咬下来；掰开再啃，敲骨吸髓，直到肉筋剥光，汁水吸干，当啷一声，白骨落碗而后已。活像匹狼。

在这里，用筷子可能会被嘲笑，一切都要靠双手，外加一副一次性手套来创造。

尤其是啃羊脊骨的时候，掰开一节，用手指小心翼翼地分开缕缕相连的肉筋，凑到嘴边，先一口把成条的骨髓吸尽，绕着圈咬起，用牙齿剔光边角的肉丝，再把纤维分明的肉筋一丝丝咬下，啃完再三检视，仪式结束，才反应过来——

此时，你已在最瑟缩的寒冬里，完成了一次手、眼、口并用，舒筋活血、胸胆开张的剧烈运动。同时，你也在对面人的眼睛里，看到了自己披头散发、张牙舞爪的模样。

你大脑一片空白，热血冷下来，才想起一条不成文的吃羊蝎子铁律：如果你爱他，请带他来吃羊蝎子；如果你喜欢他，千万，千万不要跟他一起吃羊蝎子。

此刻你的状态，在初识的人眼里，毫无优雅可言。但在爱你的人眼里，你吃羊蝎子的样子，真的太好看了。看你吃得开心，他就开心了。

二、只有吃不到一起的朋友，没有不好吃的羊蝎子

羊蝎子是最不挑馆子的食物。跟朋友吃哪家都

好吃,就算是自家楼下那破馆子,跟传说中全城最好吃那家,也没多大区别。唯一的分野,在于如何让它变得好吃。

烤羊蝎子,是"羊蝎子之父"苏东坡发现的元祖吃法,先将羊蝎子煮熟,以黄酒腌渍之后,再加以烤制。"先煮后烤"的吃法沿用至今,只是各家在汤料、腌料与烤料,以及工序细节上,各有独门秘诀罢了。

两人吃烤羊蝎子,各自抓起一块便咬,要不是坐在店里,活像是俩猴儿吃桃。只有你们俩才知道,那是焦香汹涌的无上美味。

而20世纪90年代,北京羊蝎子馆兴起之际,最早流行的,是白汤羊蝎子。当年名扬北京的"羯子李",至今仍以白汤为招牌。

这也是常见的家庭吃法,放葱姜大料,热热地炖一锅,也可把白萝卜切大块,下锅同煮,温补暖身。看似粗糙的羊骨里,其实是中国人细致的养生心态,一种对骨骼的崇拜——人们坚信药食同源,也深信以形补形,将大骨里的精华炖出来,吃肉喝汤,有利于骨骼的强健,加上冬日的萝卜,活血之外,更可顺气。

如果有人拖着你去吃白汤羊蝎子,一定是你的憔悴与疲累被他看在了眼里,记在了心上。但心病还需心药医,喝汤能补身,吃辣才开心。

红汤羊蝎子,下豆瓣酱、辣椒、葱姜、香料煸炒,羊蝎子已提前煮好,先把煮肉的原汤倒入,再将肉下锅,咕嘟冒泡,泛起香辣的气息,啃到满嘴流油,大汗淋漓。

但很多人心中的巅峰,还是羊蝎子火锅——21世纪最伟大的吃肉发明。吃羊蝎子火锅,没有一口不爽快,没有一个环节不值得享受。

面前一口大锅煮肉,身心寒气一扫而空,热气腾腾迷人眼,隔一层雾,对面的人更好看了——嗨,这会儿谁还看人哪,光盯着锅里的肉了。肉随煮随吃,一口比一口软烂入味,顷刻之间,一锅肉就剩一把骨头啦。

随后的涮菜,则是魔法的又一重演绎:汤。

大白菜叶煮完,外头裹着油,里面透着汤;炸腐竹煮完,筋道里渗着肉汤的香;嫩豆腐煮完,卤香气活像是豆腐本来就有的,咬一口从里往外冒……

北方冬天的炖菜,总有一种做法:好肉汤炖久了,煮什么不香啊?这也是食物与食物相处、人与人相处最简单、最诱人的法则。

滋补、美味与实惠,构成了我们吃羊蝎子的最大理由,独特的吃法,则是最亲密的人之间不足为外人道的美妙。最亲密的人,才最在乎、最了解你的欲望——不体面、吃相差,都无所谓,你快乐比什么都重要。

吃个几顿,我们才明白:最值得珍惜的并不是羊蝎子,是陪你一起吃羊蝎子的人啊!

地铁出入口,哪个闸机多

□罗振宇

据说,麦肯锡公司有一道面试题,问,地铁的入口闸机多,还是出口的闸机多?理论上,一个地铁站,进来多少人,就出去多少人,闸机数应该一样多。但现实是出口的闸机多。为什么呢?

一方面,你可以把地铁站看成一个封闭空间,疏散的速度肯定比进入的速度更重要。因为疏散直接关乎安全,进入只关乎效率。安全比效率的优先级要高。

还有一个原因:入口的人流是陆陆续续来的,只是平滑的波动。但是出口的人流,随着一辆车到站,是浪涌式的,瞬间人流会大增,所以,出口闸机也应该更多。

你看,这就是现实世界对理论世界的不断修正。我想,刚开始地铁站的设计肯定是一样多的。这样的优化机会其实到处都是。比如,近些年才开始有女厕所面积比男厕所大的设计。这就是一个迟到的优化。

害怕后悔

□岑 嵘

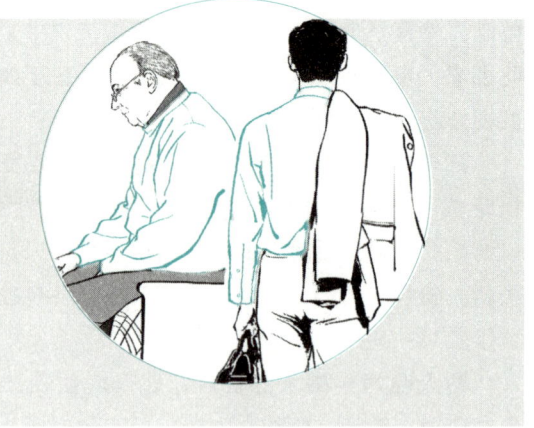

布洛尼·韦尔是一名临终关怀工作者，在临终安养院有着多年照顾绝症患者的经验。后来她写了一本书，谈到将死之人在生命最后几周向她讲述的最常见、感受最强烈的憾事。她说，男人一般后悔的是一生工作太操劳以及多年来失去的故交，女人则后悔没有纵容自己多开心一些，只是太卖力地讨人欢心。无论男人还是女人，都后悔没有敞开心扉向别人表达自己的情感。

临终那一刻虽然从时间上说非常短暂，但对我们实实在在地产生影响。

南加州大学的研究者乔吉奥·科里切利和几名合作者一起对与悔恨感有关的大脑活动进行了一项全面的研究。他们发现，我们设法尽量减少因自己的决定在日后造成的悔恨感时，大脑会产生类似于实际感到悔恨时的活动。也就是说，我们的大脑能够真实地感受到想象中的那些悔恨。

害怕后悔影响着我们生活的方方面面，人们懊悔的事情也随着时间的流逝会有很大的不同。人在短期内对自己的失败会有强烈的懊悔感，可是从长期来看，经常懊悔自己没有做某件事。在短时间内（几天或几星期），人总会深深后悔自己做出的错误选择，做了不该做的事。可是经过长时间后（几年甚至十几年），人们反而会比较后悔自己"错失良机"，后悔当初怎么没有做自己该做或想做的事。

如果有人问你，最近几个月内最令你感到后悔的是什么事情，你可能回答自己已经做了但结果不如预期的某件事，比如你去了一个门票昂贵并且没什么特色的景点；但如果有人问你，人生中最让你感到后悔的是什么事，你应该会遗憾自己当初没有做的某件事，比如没有在身体好的时候去多看看这个世界。

短期内我们会后悔选择了一个自己不喜欢的兴趣班，但长远来看我们更后悔没有为自己当初的爱好去坚持和努力；短期内我们会后悔刚买的房子物业不好、环境太吵，长期看，我们会更后悔十多年前没有在价格更低的时候买房；短期内令我们感到心痛的是被喜欢的人拒绝了，可是回首人生，我们会更懊悔当初没有尽力去追求自己爱的人。

我们会对自己已经做的事情敞开心扉，慢慢释怀，但是随着时间的推移，没做成或没去做的事造成的悔意，会像雪球一样越变越大。

因此，年轻人在遇到自己喜爱的人时，无论觉得自己配不配得上对方，至少表白一下，争取一下，以免余生沉浸在后悔中——我当初应该告诉她（他）我爱她（他）。

医学专家告诉我们，我们在临终那一刻可能并不会后悔什么。大多数人在临终时并没有机会进行哲学思考的时间，药物的使用会影响患者思维的清晰度。还有慢性认知障碍和阿尔茨海默病患者，他们同样不会在临终时再有什么新想法。同时，我们的回忆在那时可能毫无真实性可言，其中夹杂着大量的想象。

尽管如此，只要想到这一刻，想起那种虚度一生无比懊悔的心情，我们还是会打起精神来。害怕在回首人生时感到碌碌无为，恐怕是人类特有的思维。

人生不易，我们还是要努力让自己活得更主动更精彩，敞开心扉对待家人和朋友，这样在回首整个人生时，才不会感到后悔。

天空热闹又辽阔

□傅　菲

以任何姿势看星星，都是很美的。

每一个夜晚的星空，都不一样。无论我们仰望星空时有多凝神专注，都无法穿透它——是啊！星空比我们的想象更广博、更浩渺。它繁乱而有序，驳杂而纯粹，璀璨而孤独。星星如碎冰，在瓦蓝的幕布中，耀眼又冰寒。

一滴露水有星空，一面镜子有星空，一个玻璃瓶有星空，一口井有星空，一处湖泊有星空，一片汪洋有星空……我抬起头，星光点点，星空覆盖了辽阔的大地。

星空暂时被保管在我的木桶里。我从木桶里舀水上来烧。我听到星星在水壶里拉响了停泊时的汽笛，呜——呜——呜，我喝下一口土茶，星光便流进了我的五脏六腑。夜露微凉，靠在露台的木栏杆上，我微微仰起头，光瀑在奔涌。星光只在夜深人静时奔涌而来，没有声音，没有气味，它和思念具有相同的气质。

看一看夜空，是我们的哲学课。即使在微雨之夜，天空也并不是浓黑，仍有薄光透射出来。薄光是天空的自然之光。天空也不是空无一物，有孤星斗转。孤星高悬，明明灭灭，如火柴盒里的萤火虫。"看见孤星，我便觉得人生不能轻易坠落。"我给远方的朋友发了一条短信。豆亮的星，给了黑夜完整的平衡。

我很想知道这个答案：星星是从哪儿来的？又要去哪儿呢？我从不认为，星星定格在银河中的某个位置。星星扬起了帆，夜夜航行。它们是颗粒状的船。没有人知道它们来自哪儿，又去往何方。它们带有自己的河流，带有自己的季风。我们看到的时候，它们正好停泊在遥远的港口，我们只是它们的彼岸。无数的河流汇集在一起，有了海洋——我们瓦蓝的苍穹，帆影宛如繁花。

应变的智慧

□王鼎钧

人需要安全，也需要荣誉；当二者互相抵触时，显出人品。

一辆满载学童的游览车在顺着山坡向下行驶的路上，刹车突然失灵。车子像滑雪一般疾驶，不受司机控制，一再冲撞山壁，摩擦土石，终于翻覆。

急救人员处理车祸现场，发现学童虽颇有死伤，但人数很少——比他们根据经验而预测的情形要乐观得多。查问之下，才知道是随车带队的老师处置得宜。当车辆自动冲下山坡的时候，这位老师镇静而坚定地指挥孩子们离开座位，大家紧紧拥抱在一起，尽管车子跳动颠簸异常剧烈，甚至翻倒在地，这些抱成一团的孩子，以个人的血肉做团体的甲盾，到底减少伤害，保全了许多同伴。

他们幸而服从老师的指挥，没有在车中陷于惊扰慌乱。

他们当会从此记得：灾难当前，最要紧的是紧紧地团结在一起。

冰场上的歌德

□黄雪媛

德意志的夏天有多欢愉，冬天就有多乏味！这个地处欧洲中部的国家，冬季漫长寒冷，从11月起，天空总是一副阴惨沉郁的模样，让人情愿蜷缩在室内从事抽象思维活动：十八十九世纪的冬天催生了多少思想家和哲学家！可就在那个还没有诞生暖气的年代，却有一位诗人，每年都渴盼冬天快快降临："仁慈的冬天，你何时才来，冻住水面，我们就可以再一次开启冰上的舞蹈！"他写信给友人，倾诉着对冬日的期待。当家门口的美因河终于被厚厚的冰层覆盖，形同坚实的地面，他就会兴冲冲绑上一双弗里斯兰款的低帮宽面冰鞋，和朋友们在河面上滑一整天的冰，直至冷月升空，寒星点点，仍然意犹未尽。

他就是歌德。世上有不少人知晓这位天才诗人也是狂热的自然科学研究者，但他作为运动健将的一面少有人知。歌德擅长骑马、击剑和溜冰，尤其对溜冰，歌德自称到了"耽好无度"的地步。在自传《诗与真》里，歌德愉快地回忆着："在冰上度过这样一个阳光灿烂的日子是不够的，我们一直滑冰到深夜……耽于这种运动的我们，已把我们的正经作业忘了个干净。"

歌德是一个贪玩又会玩的人。冰场上的歌德技艺娴熟，翩若游龙，正如他写诗时能在种种诗体间游刃有余地切换。结冰的美因河像诗人的才情一样绵延无际，成为歌德和他的伙伴们最敞亮、最快乐的冬季社交场。1862年，歌德过世三十年后，画家威廉·冯·考尔巴赫创作了铜版画《冰场上的歌德》。画中的诗人身姿健美，面容俊朗，眼神里有一股独步天下的自信庄严，恰如一位荷马史诗中的神，正踩着有翅膀的金色鞋底，迅捷地穿行人世间。边上，歌德母亲、妹妹，还有封·拉诺赫小姐向他投去或宠溺、或崇拜的眼神。

晚年的歌德在一首箴言诗里写下对从前时光的怀念："没有溜冰鞋和清脆的铃铛，一月就是邪恶的日子。"在歌德眼里，冬天从"仁慈"到"邪恶"，只隔了一个溜冰场的距离。天晓得他有多么喜欢清冷又爽朗的冬日，碎金似的阳光洒在冰面上，像无数小精灵在跳跃追逐。歌德深深地呼吸，又凝神倾听，然后张开双臂，迎风滑向冰原深处，一直滑向时间的尽头："夜晚，一轮满月从云端浮现，遍照冰冻的夜的原野，呼呼吹来的晚风，迎着滑行中的我们，因河水减少而崩落的冰发出雷鸣似的深沉的声音，从我们脚下的滑动中发出异样的回响。"从这样的描述里，我们得以看见一个天地间悠然忘我的歌德，他永远懂得把握当下，把种种瞬间及时捕捉，一一收入记忆之囊。

歌德是那个年代的时尚缔造者。曾经，不经意间，他让蓝色燕尾服、黄裤子、翻口皮靴的维特装风靡了整个欧洲。而对溜冰这件事，歌德每到一处都会热心宣传。1775年11月，歌德赴魏玛任职后不久，就让家里人给他寄来三双溜冰鞋。从那个冬天起，鄙陋保守的魏玛开始流行起冰上运动。年轻的卡尔·奥古斯特大公和新娘路易丝公主带头加入了歌德领衔的滑冰队伍。在伊尔姆河上、在鲍姆加登花园的池塘上、在结冰的大草坪上，歌德向一众友人传授着滑冰技艺，他还发起"冰雪节"，有节日焰火和化装舞会。当无数火把照亮冰场，与天幕上的星星辉映，寒酸的小公国魏玛摇身一变，成了德意志的"人间不夜天"。有一回，歌德陪大公出访黑森公国的巴特洪堡，两人双双滑过王宫花园结冰的池塘，他俩如此招摇，就是为了撺掇当地的王公贵族也加入这项冰

上运动。

夏洛特·冯·斯坦因夫人——歌德在魏玛最亲密的贵族女友,也被歌德的热情鼓动,连日在冰场上流连忘返,她的举动难免招来了闲言碎语。有一位戈尔茨伯爵夫人在给她丈夫的信中就写道:"疯狂的斯坦因夫人整天都在冰上消磨时日,从早上九点到一点,下午从三点到六点或七点。这就叫'有思想'!很快就只能看到她穿着溜冰鞋的样子了,那副样子真是太可笑了。"

一个人若热爱什么,就会迫不及待地希望关系亲密的人也能体验一二。1781年冬,歌德在给夏洛特的信中写道:"天气冷得可怕。如果您想去伊尔姆河滑冰,那就去吧。为了稀有的体验而去吧。"可是1月18日,夏洛特独自去了冰场,歌德又无端妒忌起来,写信给她:"你最终没有带我一起去,这可不好……再见,如果我一味让阴暗的想象力得逞,那么我甚至晚饭后也不愿上冰场来。"好一个爱吃醋的歌德,和小孩子因为伙伴忘记叫他一起游戏,就赌气不理人家没什么两样。在快乐的刺激下,歌德偶尔还会出点事故,比如28岁那年冬天,歌德滑冰时掉进了水里,幸亏他福大命大,换了别人,总得病上一场。

人到中年的歌德为了滑冰,还会敷衍他的密友席勒。席勒比歌德年轻十岁,但他经历过贫寒岁月,经常熬夜写作挣稿费,把身子熬坏了,故而绝不敢冒着严寒外出运动。而且席勒心里清楚,自己断不是长寿的人,他必须和时间赛跑,否则壮志难酬。歌德却拥有不慌不忙的生命态度,兴致勃勃地从事看似风马牛不相及的爱好:植物学、矿物学、天象学、人类骨骼、美食、珠宝、钱币、绘画,运动和社交……一到滑冰季,平常十分顾惜席勒的歌德,写信就不太勤了,还拖延着和席勒的见面。在1796年12月5日给席勒的信中,歌德写道:"这些天我没给你写信,因为天气实在太好了,晴空下的滑冰场太棒了。今天晚上我会再给你写上几句话,这一天真快活啊……"

说到滑冰的好处,大诗人的体会自然也比一般人更敏锐,也更丰富。歌德众多的信件、笔记、散文和诗歌里都可以找到他对这项冰上运动的激情证明和密切洞察。歌德发现,滑冰不像别的运动那样很快使人疲劳,而是越滑越兴奋,越滑越舒展、轻灵。"滑冰使我们与最新鲜的童年接触,它让年轻人充分享受身体的敏捷,能够抵御摇摇欲坠的晚年过早来临"。人们从四面八方会聚冰上,如同水滴汇入海洋,欢声笑语中不分老幼贵贱,更无论新手与大师。同时,这种群体运动又赋予个体自在的空间,人与人刹那间无限接近,又迅速滑离,可以独自在漫漫空间滑转,种种潜伏的内心热望和回忆会被唤醒。

滑冰这项爱好,歌德坚持了二十八年。歌德高于常人的是,他善于行乐,但又能抽身而出,不会被享乐引向歧途。滑冰给他带来快乐刺激,却同时使他保持一种"纯粹的心情",给予他"智慧的启迪",甚至推动了他的文学创作力,他在日记中写道:"我的创作计划之所以能较迅速地实现,实在受到这种体育运动所赐。"

在我看来,歌德留给后人的诸多箴言中,有一句最为恳切,就是"别忘记生活"(Gedenke zu leben)。冰场上的歌德用双脚恣意书写对生活、对自然的殷切爱意,他似乎也在提醒人们:运动之乐是上苍赠予人类的珍贵礼物,别忘记享受它。

把聪明藏起来

□鲍鹏山

孔子到周去求教于老子，一见面，老子就给了他当头一棒。这件事对孔子而言，似乎不够体面，所以，司马迁没有把它记录在《孔子世家》里，而是记录在《老子韩非列传》里。

记录在《孔子世家》里的，是老子送给孔子的临别赠言。

老子说："送别嘛，有钱的人送财物，仁德的人送教导。我没钱，就冒充一下仁德的人，送你几句话吧。"

第一句话是："聪明深察而近于死者，好议人者也。博辩广大危其身者，发人之恶者也。"

一个人聪明，明察秋毫，很好。可是这样的人，往往比那些笨人更容易招来杀身之祸。为什么？因为他好议人。

一个人知识广博，能言善辩，很好。可是他因此时时处在危险之中。为什么？喜欢揭发别人的隐私呗。

聪明会使人对别人的缺点一目了然，善辩会使人对别人的毛病一针见血。

笨人倒并不一定不好议人，不好揭人隐私，而是眼拙、嘴笨，没看出来别人的毛病，无从议起。即使议论别人，也不得要领，不至于戳在痛处。

老子在告诉孔子什么？单纯的智力如同没有柄的刀片，让握住它的人自己受伤，且越是锋利、握得越紧，伤得越深。

孔子十有五而志于学，三十而立。到此时，就是一个聪明深察、博辩广大的人。

老子提醒了孔子，人生有两个过程：第一个过程是让自己聪明起来；第二个过程是要善于把聪明藏起来。

幸福的能力

□吴伯凡

顾城有一首诗《给逝去的老祖母》，说他的祖母每次搬家的时候，都会把一个包裹紧紧抱着，不让别人碰。别人都不知道那是什么东西，后来知道就是一种已绝迹的玻璃纽扣，因为这是祖母的初恋情人送给她的。

然后诗人就写了一句：你用一生相信，它们和钻石一样美丽。这一生的持续感、一贯性和沉浸感，我觉得她就是幸福的。

我们反省一下自己，现在不是没有那种幸福的条件了，而是没有了那种幸福的能力，玻璃纽扣是多么廉价的东西啊！

5

抱怨无法改变现状，努力才能带来希望

向内求

□马亚伟

170多年前，美国青年亨利·戴维·梭罗遭受了一系列人生打击：事业不顺、恋爱受挫、亲人离世。之后他独自来到了瓦尔登湖畔，与湖水和森林为伴，与月光和鸟鸣为友，开始了长达两年多的隐居生活。

隐居期间，他写下了《瓦尔登湖》。

这本书的影响力穿越了时空限制，到如今仍旧是我们津津乐道的话题。

梭罗在瓦尔登湖畔沉淀思想，他在山川河流中过滤心中的杂质，在日月星辰中思索人类应该有的生存状态。

瓦尔登湖让梭罗获得了心灵的平静与纯粹，也收获了沉静睿智的思想。瓦尔登湖，是梭罗心灵的避难所，是他灵魂的净化地，更是他人生的能量站。

其实，每个人都有自己的瓦尔登湖。陶渊明不为五斗米折腰，选择归隐田园，过起了"采菊东篱下，悠然见南山"的生活。

王维向往山林，喜欢"明月松间照，清泉石上流"的闲适生活。

作家史铁生双腿瘫痪后，经常去地坛沉淀思想，思索关于生命的谜题，写下了《我与地坛》。他曾说："在人口密聚的城市里，有这样一个宁静的去处，像是上帝的苦心安排。"

他摇着轮椅一次次进入地坛，觉得地坛为一个失魂落魄的人把一切都准备好了。地坛沉静而神秘，人在其中可以看清时间，正视磨难，领悟生命。

陶渊明的田园，王维的山林，史铁生的地坛，其实都是属于他们自己的瓦尔登湖。

他们在心灵的秘境，探寻生命的出口，探索人生的正确通道。因为长久地与自然相融，终与万物融为一体，具备摆脱世俗的格局，以及超越凡尘的眼界。

经过沉淀、滤净、思索，他们仿佛得到了某种神秘的指引，在人生的迷途中豁然开朗。从此，一切都放得下，一切也拿得起。

心理学大师荣格说："向外看的人，做着梦；向内看的人，醒着。"

因为有自己的瓦尔登湖，他们屏蔽了俗世喧嚣，朝向自己的心灵，是向内看的。

我们每个普通平凡的人，也应该有自己的瓦尔登湖。

我每隔一段时间，都要去登一次西郊的一座山。每次登临山顶，我都会找个地方静静地席地而坐，任凭山风吹彻。

大地博大，云天开阔，山脚下万物渺小，那种登临高处的畅快感，荡涤着心中的种种块垒。很快，心头所有阴云便会烟消云散。我起身的时候，拍一拍衣上的尘土，一身轻松。

有位朋友，经常会到故乡的小河边走走。听听溪水潺潺，会觉得那是世间最美妙的音乐，让人能一下子回到生命的起点，找回初心。

有时他会像孩提时那样，赤脚在浅水里蹚一遭，思考一下人是不是能多次踏入同一条河流。

即使是冬天,他也会沿着河边走走。故乡山河在眼前,胸怀激荡,足以抵御滚滚红尘中遭遇的那些苦恼、误解、非议。

我们的瓦尔登湖,同样是心灵的避难所、净化地、能量站。

回归,是为了更好地启程。每当我们再次离开自己的瓦尔登湖的时候,会觉得整个人像被净化过一般,身心俱净,云淡风轻。

另一种井底蛙

□黄丽娟

有一次,观摩一位同行执教课文《坐井观天》。这位老师基本功甚好,行云流水的教学节奏令人感到愉悦。在这节课结束前十五分钟,同行让孩子们根据课文内容展开想象,以《青蛙跳出井口了》为题进行说话和写话训练。根据以往的教学经验,我觉得这一环节的设计合情合理,我也期待着孩子们精彩的演绎。

果不其然,孩子们的回答精彩纷呈。一个孩子说,青蛙跳出井口后,看到了无边无际的大海,海涛声吓得它连忙向小鸟求救。另一个孩子说,青蛙看到了高高的山峰和一眼望不到边的田野,田野里开满了五颜六色的花儿,上面飞舞着蝴蝶和蜜蜂,青蛙陶醉了,它觉得以前的日子都白过了。还有一个孩子竟然让青蛙坐上了飞机环球旅行,青蛙一下飞机就感慨:"不看不知道,世界真好啊!"同学们都被他的话逗乐了,我也因为这个孩子广告语般的回答笑了。

就在这时,又有一个孩子站起来,后来听说他是新转来的。他把手举得高高的,同行便点了他的名。他说:"青蛙从井里跳出来,它到外面看了看,觉得还是井里好,它又跳回了井里。"同学们听了哄堂大笑,同行也笑了,打断了他的话,问大家:"是井里好,还是井外好?"学生一致回答:"井外好!"同行示意那个孩子坐下,随口笑着说:"我看你就是一只青蛙,坐井观天呢。"我一愣,随即发现在同学们的笑声中,那个孩子红着脸,局促不安地坐下了。我感觉那位同行当时根本没意识到发生了什么,因为她接着就让孩子们把自己想的和说的写出来。

孩子们写完了,同行展示了几个孩子的佳作,但没有读到刚才那个脸红的孩子写的。课后,我不动声色地拿起那个孩子的作业,读到他续写的故事。

青蛙跳出井口,来到一条小河边。它累了想去喝口水,突然,听到一声大吼:"不要喝,水里有毒!"果然,水面漂着不少死鱼。它抬头一看,原来不远处有一只老青蛙在对它说话。它刚要说声"谢谢",就听到一声惨叫,一柄钢叉刺穿了那只老青蛙的身子,老青蛙正在痛苦地挣扎。青蛙看呆了,心想:这外面的世界太可怕了!于是,它急忙往回赶,又跳到了井里,心想,还是井里安全啊!

河水里常漂有死鱼,菜市场也常有卖青蛙的,这些我们都有目共睹,让青蛙跳回井里又有什么不好呢?课堂却没有给这个孩子一个发表自己观点的机会,老师随口的一句调侃也很可能伤害了一个纯洁的心灵。孩子的心灵就像井外那多彩的世界,而需要跳出来的恰是自以为是的我们啊!

值得庆幸的是,孩子的笔下还处于开放状态,有倾吐表达的机会。我后来私下找那位同行交流,对方很快反馈我,她已给了那位同学正面的肯定。

抱怨自己的天赋，不如提升你的努力程度

一定要学会的三句咒语

□ 刘 润

我特别想和年轻人分享三句话。这三句话，就像三句神奇的咒语。关于成长、关于协作、关于管理，会让我们发生重大的改变。不信？你可以试试。

我不会，我可以学

"我不会"，这三个字是很难说出口的。说了我不会，相当于承认自己的无知，还有被别人指着鼻子嘲笑的风险。即使真的说出口，也像是被逼的。这事儿我还能不会吗？唉，既然你说我不会，那我就不会吧。

显然，你能感受到一种怨气，甚至还有一丝骄傲。但是，这样的状态并不好。因为这永远关闭了对自己的改变，把自己当成无所不能的人。但是，怎么会有无所不能的人呢？

跑步，谁都会。但是跑得像苏炳添一样，大多数人就不会了。

上班，谁都会。但是成为公司前20%，成为最优秀的人，大多数人也不会了。

所以，为了让自己更好一点，有人愿意去研究，去探索，去用更高的标准要求自己。于是，他们就会自然而然紧跟着说出后面半句话，我不会，但我可以学。但是，有人会说，学习的过程，很累啊，太痛苦了。我想说的是，那你应该感到高兴。舒适和安逸，总是让人麻痹。而学习带来的短暂痛苦是什么？就像去健身房锻炼一样，撕裂的肌肉，会让你变得更强壮。虚弱和强壮，你想选择哪一种？

敢于承认我不会，并且放低姿态学习，以欢迎的态度面对世界，这是真正成长型的人。

我不懂，请你帮我

我不懂，请你帮我，这句话也挺难说出口的。这意味着自己有缺陷。而寻求别人的帮助，也代表着自己的弱小。于是在很多人的生活里，就没有求助这个选项。他们更想自己有三头六臂，大包大揽。

其实这也是不可能的。很多时候，我们需要去求助，通过求助完成协作。我常常和别人说，不要担心求助别人。求助，说明你有强烈上进的愿望，渴望得到别人的帮助。而每一次求助，都是一次连接。

求助，是某种程度的自我暴露。自我暴露的前提，是信任。而你求助的人，也一定是你信任的人。你信任对方专业的能力，也信任对方良善的意愿。

请你帮我，其实这句话是在说，我把后背交给你了，我能依靠你，而且我相信你不会背刺我。

求助，其实是一个很高级的词，很高级的做法。

当然，求助有很多方法。在求助之前，自己先思考先努力，别当伸手党。求助的时候，清楚地描述需求，而不是含糊其辞。求助，是请求帮助，不是甩锅……

关于协作，学会说这样一句话，一句咒语：我不懂，请你帮我。

不会说这句话的人，是一个封闭的点。懂得说这句话的人，是连接的一张网。

我错了,我可以改

如果说承认无知和寻求帮助很难,那么承认错误,更是难上加难。对一些人来说,让他说自己错了,简直像在羞辱他。这种心理,就是我之前一直说的Ego。Ego,就是以自我为中心,拼命维护自己正确的想法。

有一次我和一家公司的PR高管聊天。我说现在网上对你们有不少批评,你们要重视。但是,那位高管的回答,还是震惊了我。他说:"这些都是水军。竞争对手整天就想着怎么黑公关我们。我们错就错在,自己太优秀了。"

从这句话里,我感受到一种强烈的自我。

所以,能说"我错了,我可以改"这句话的人,是极度谦虚、极度自信、极度有担当的人。你可以观察观察,取得越高成就的人,越懂得说这句话。

这就是我想分享给你的三句话,三句神奇的咒语:

我不会,我可以学。

我不懂,请你帮我。

我错了,我可以改。

这些话的背后,其实是一套心智模式。坏的心智模式,不会让人成长。

真正的改变是行为上的改变,但行为上的改变首先是认知上的改变。

堵 车

□顾静怡

开车的人都遇到过这样一种交通现象:前面没有发生事故,没有停顿车辆,不是上下班高峰期,也不是合流交替行驶道路,在车辆正常行驶的状态下,莫名其妙地出现堵塞,过了一段时间又毫无征兆地自行恢复。

其实,交通拥堵是高速公路上车辆通行的一种新兴特征。在正常行驶的车流中,有一辆汽车缓慢减速时,堵车就会开始,减速动作就像波浪一样,通过行车道向后传播,导致后面的汽车也减速。换而言之,在车流量不大的道路上,由于某个司机不当操作,比如急刹车、突然变道、加速超车这种突发性的行为,虽然看起来并没有造成任何事故,但是每个人的反应都是有差别的,驾驶人对这种突发性的状况如果不能及时做出反应,就可能导致短暂的停顿,而在其后方的车辆会引发一连串的停顿。

对第一辆车来说,只是将速度放慢了一点,但是其带来的"波动效应"会导致后方的车辆不断将速度放缓,才能避免事故的发生,最终造成堵塞现象,开始了莫名的堵车。

有研究人员粗略估算过,在车流量较大的路段,一个急刹车会影响到20辆车的行驶,受其影响的路长超过500米。这样看来,堵车归根结底是被不良开车习惯引发和加剧的"蝴蝶效应"。那么,有没有解决办法呢?

最近,致力于研究堵车现象的麻省理工学院的霍恩教授和他的团队提出了一个新方案:行车间距双边控制法,即在遇到前方刹车等情况时,快速调整与前后车之间的距离,尽量使其位于二者之间。因为适当的车距在车流中扮演着阻尼器的作用,可以缓解潜在的堵车问题。研究人员还建立了一个仿真模型模拟普通路况,正常行驶中的小车很快陷入拥堵;而当研究人员开启双边控制,拥堵情况开始缓解并最终消失。霍恩教授指出:行车间距双边控制法可以通过简单修改自适应巡航控制系统来实现。

看来,干掉堵车的最佳方案,是让道路上的汽车之间保持相等的间距。当然,前提是每个驾驶人都要养成良好的驾驶习惯。否则,堵车还是会出现的。

抱怨自己的天赋，不如提升你的努力程度

"摸鱼"理论

□青 丝

"摸鱼"是一个意蕴很风雅的词，会让人愉快地想起在家乡小河摸鱼捞虾的童年时光，或由词牌名想到写"更能消、几番风雨"的辛弃疾，"问世间，情为何物，直教生死相许"的元好问。可是到了现代，却成了工作偷懒、不肯勤恳做事的隐喻，也令原有的雅意和旨趣逊色不少。

不过，"摸鱼"倒是以一种诙谐的方式，道出了人类需要从更积极角度，看待自身懒惰的一面。有经济学家发现，人与生俱来的懒惰习性很难被改变，想要人始终保持专注的工作状态，只有两种结果，一是短时间内实现，二是没有任何功效。

包括许多非常理性的人，都是"摸鱼"的高手。被赞誉为"美国契诃夫"的雷蒙德·卡佛，就坦承从没喜欢过工作，人生目标永远是得过且过。马克思也曾以自谑的口吻承认，大部分工作时间被他用来"摸鱼"了，经常到了必须完成的最后时刻，才"眼前咣当一黑"。

于是问题随之而来，如何才能激活人的工作动力，同时与懒惰的天性共处？经济学家总结出了一个"诱惑捆绑"理论，建议通过增加活动乐趣使人更享受活动。如健身时，一边运动一边听有声书，人们坚持的概率就会更大。用到工作上，就是让人适当"摸鱼"，劳逸结合。

就像港剧中，那些大公司总有下午茶时间，让员工饮茶吃点心，平时也让人到茶水间喝杯咖啡、抽支烟小憩。过去我很羡慕这样的人性化管理，却不知道其意义。反倒是古人更懂得让人适当"摸鱼"的道理。据《清稗类钞》记载，清代武将李某积军功转任巡抚，因整天看戏被谏官弹劾。

李某上书解释，自己一介武夫，没读过书，看戏可学到很多礼节和历史知识，看到好人就学习，看到坏人就警诫自己，到任后也没有因为看戏耽误过公务。雍正看到思路如此清奇的"摸鱼"理由，知道没必要求全责备，遂下旨特批他看戏。

但是，人只要有退路，就很容易为自己的行为找借口，如何调和"摸鱼"与尽职之间的矛盾冲突，还得看当事人的内心有没有上进的意愿。心理学家荣格从小在瑞士乡村长大，11岁的时候，第一次去到大城市巴塞尔读书，同学大多来自有钱家庭，吃的穿的玩的，都是他之前从没见过的，令荣格既羡慕又自卑，心气一下子颓了。恰好有一次他与同学吵闹，被对方推倒，头撞在了石头上，受了点伤，于是借机"摸鱼"不上课。

此后他凡是想要"摸鱼"，就假装晕病发作。荣格做牧师的父亲非常担心，请了很多医生来给他治病，自然都治不好。直到有一天他无意中听到父亲与人对话。父亲叹息说，也不知道儿子得的是什么病，仅有的积蓄为了治他的病都花光了，如果他因为这个病以后不能自己谋生，余生就会很艰难。原本冥顽不灵的荣格听了，顿时一激灵，彻底醒悟过来，明白了自己的处境。从此他不敢再"摸鱼"，晕病再也没有发作过。至于后来的故事，大家都知道了。

数年前，一个移居美国的朋友返乡探亲，邀约众人叙谈。他供职于一家全球500强企业，公司的电脑每隔30分钟就会自动重启一次，让员工起身活动一下，伸伸懒腰，看看窗外远处的风景。上班时间健身也是受公司鼓励的，只要完成工作，玩多久都没人管。这就是运用了"诱惑捆绑"的管理方式：公开鼓励"摸鱼"，员工身心愉快，既能为公司省下可观的医疗支出，也大大提高了工作效率，因为低尽责性的人在这样的环境中会很容易被甄别出来。

不过说一千道一万，"摸鱼"最重要的一点，就是只有在成功的情况下才为人们所称许，失败了则一无是处。就像马克思，若不是写出《资本论》广为人知，人们就会用他"摸鱼"的经历作为反面教材，教育那些"不够努力"的人：看！这就是你们的前车之鉴。

爱到八分是最美

□ 申国强

当代著名的解构主义建筑师盖里在接受采访时，向记者说出一个秘密，那就是他的得意之作玛塔博物馆在设计上并不是完美的，他故意在设计中留下一些小缺陷。记者听后感到万分惊讶，而这位世界建筑领域金字塔尖的人物微笑地说："只有缺憾才能引起更多的人来关注我的作品，这也是我从来不会把事情做到完美无缺的原因。"

玛塔博物馆是建筑师盖里的杰作，他为这个建筑的诞生倾注了大量的心血，可以说爱它胜过爱自己的亲人，然而盖里最后选择了在心爱之物上留下一点缺憾，这种不求完美的做法其实源于更深的爱，因为他想让更多人来关注自己心爱的作品。

这不禁让我想起了一则寓言：一个不完整的铁圈，十分羡慕圆滑毫无缺憾的圆圈，于是费尽周折，终于圆了自己的一个心愿。当它高傲地站在山顶时，心里充满期待，心想，一会儿就要领略一项完整的自己滚下山坡时的壮举了。可是当它滚到山脚下爬起来时，心里一阵困惑，怎么完整的自己还不如起初那个有着缺憾的自己呢？从山坡上瞬间就滚下去了，什么也没有看到啊！

其实，人生就是一个圆，不要处处苛求完美，否则就会少许多本该拥有的乐趣。

在华北平原，每到麦收时节，那里的农民就会说起一句农谚："八成收，十成丢。"进入五六月，麦子一天一个样儿，一场风过后，麦子就会麦芒炸开，麦粒鼓出，如果不及时收割，麦粒就会大量掉在地里。为了避免损失，有经验的农民，一般都是在麦子八九分熟的时候就开镰了，如果到十成熟收割，那损失可就大了。小麦是当地农民的心肝，但是这些有经验的农民懂得如何去爱它们。

国画中也常用一些空白来表现画面中需要的风、水和云雾等景象，这种技法与直接用颜色来渲染相比，会显得更加含蓄内敛，这就是我们所说的留白。留白可以使画面构图协调，减少构图太满而带给人的压抑感，很自然地引导读者把目光转向主体。看来，艺术家们更懂得如何去爱，爱到八分时，爱就自然而然地成为一种超然的艺术。

爱到八分，不仅是一种智慧，更是一种境界。

抱怨自己的天赋，
不如提升你的努力程度

没说出口的话

□顾一灯

　　表白墙是某个学姐申请的微信号。它接收一中同学的投稿，在朋友圈定期发送匿名告白的截图，届届相传，已有六年光景。

　　"墙墙，表白艺术节上唱《大艺术家》的男生，他好酷啊！"

　　"墙墙，表白文科班的历史课代表，每天都用自己的自习时间帮同学打课件，一次都没出过错，真的辛苦啦！"

　　梁芯喜欢翻表白墙。

　　看男孩子说跑去食堂吃饭的路上，与心仪的女孩子擦肩而过，只瞥到一个模糊的侧影，却感觉那一晚上的心情都亮了。

　　看女孩子描述一周一次的大扫除，明明已经要跳下窗台了，转眼看见喜欢的男孩子走过，便装作继续在擦窗户的样子磨蹭，直到男生的衣角消失在视野里。

　　心会跟着怦怦地跳。

　　有时，表白的主角也会是自己。对此梁芯并不意外。她清楚自己长得不错，这承自她的爸爸。几乎每周都会有各个年级的学生，将对这位老师的仰慕之情写在或长或短的句子里，投递给表白墙。

　　爸爸不知道这些留言的存在。女儿提起时，他随口说，如果哪天有空，可以给他看看。

　　梁芯认真地将表白墙六年来的留言一一过目，截出相关的部分，放进一个文档。

　　最后刷新朋友圈时，她看到表白墙最新的图片里，有这样一句话："梁芯，我喜欢你。"

　　梁芯并没放在心上。有人却从这短短的句子里，读出了一种格外郑重其事的口气。

　　不知道从何而起，他们说这条消息是许孟发给表白墙的。起初还加了"应该""或许"一类的限定词，传得越多，语气越笃定，渐渐成了板上钉钉。

　　将两个风云人物捏合在一起，无疑是同学们喜闻乐见的事情。只是当这个版本的传言进入班主任的耳朵，这份喜欢和表白墙司空见惯的欣赏相比，便多了一份全然不同的意味。

　　那天晚饭时间，班主任将梁芯叫到办公室。她说，梁老师在西藏很辛苦，她不想因为这些事打扰他。而且她相信，梁芯是个聪明的学生，知道自己应该做什么，不该做什么。

　　梁芯本来有很多别的话想说，比如没人知道这条告白到底是谁发的，比如她和许孟之间根本就没有什么。但班主任的话让她意识到，这场风波不过是个由头，究竟发生了什么，其实没那么重要。

　　"我知道。"咽下了那些话，她说。

　　当晚课间，许孟去水房接水回来，停在梁芯桌前。

　　"周末又要写作文了，拜托你帮帮忙啊，要是再跟月考似的拿一半分，我又得挨批

— 126 —

了……"

梁芯攥了攥手中的笔，抬起头说："今天才周三，离周末还早吧。"

"也是哦。那周五再问你吧。"

"以后这种问题还是不要问我了。我又不是老师，万一哪里说得不对，怕耽误了你。再说……每次帮你想作文的内容，真的很浪费我的时间。你还是多看看作文书，多请教下语文老师，好吧。"

许孟愣住了。

梁芯低下头，紧盯着眼前的英语阅读，明明每个单词都认识，却一个句子都看不进去。

良久，在吵闹的喧嚣里，她听到一声轻轻的应答。

"好。"

下唇已经被咬出血，嘴巴品尝到腥咸。这成了他们整个六月最后的对话。

心门很轻

□ 程 泽

大抵这两种顾客，在咖啡店是不讨喜的。

一种是，一个人来，点一杯咖啡，却占着一条几人的长桌。让你匀座，也不见得就有陌生人愿意在对面坐下来。另一种是，坐下来便不打算起身的，漫长一下午，没有一点买单离席的意思。催你快走，不是待客之道，任你久坐，又不见你再添什么新消费。

如果，两者兼而有之，怕是要避之不及了：欢迎你来，不欢迎你再来！

我，偏是唯恐避之不及的那一类。一个人的窄小加上一条长桌的空旷，一杯咖啡的简易加上一下午的悠长，没少招致异样的眼光。吧台的几位姑娘，不时低声说笑，会不会有一声在笑自己呢？且不去理会，城市里，有个地方，可以静坐码字，已经不好找了。

去得多了，服务员也渐渐脸熟。虽不热情相迎，倒也不另眼相看，大概是觉得，这样的顾客，大涨营业额是不指望了，可又不好闭门谢客，来就来吧。

雨天的下午，早早来到这家咖啡店赶稿。日色阴沉，一团昏暗。一旁的包厢，破窗而出的灯光烁亮，显得我这边的案头，更加黯淡无光。端来咖啡的姑娘，没有寒暄一句"慢用"，轻手轻脚，有些生怕打搅的意思。背影离开不久，顶灯突然亮了一片。眼前豁然一亮，心头也猛然一暖。

没想到，我这个不"讨喜"的顾客，竟然也被如此关照。原来，有些偏见，往往是杞人之见，有些是非，也可能是想入非非。

其实，人的心门很轻，爱和善意，一推就开了。

朋友的"贝塔值"

□岑 嵘

假如你正在学习理财知识,一定会听到一个理念,那就是"不要把鸡蛋放在同一个篮子里"。

如果用专业术语来表达,就是"分散投资",它不但能让你规避风险,还能在一定程度上帮你获得收益。

这个投资理念由来已久,古老的《犹太法典》中就写道:"人的财富应永远分成三份,一份投入土地,一份投入贸易,第三份随时备用。"

现代金融发明了"贝塔值"这个概念来实践这个理念。和你的投资组合整体波动相关性较大的资产,叫作"高贝塔值资产"。

打个比方,你的投资组合以股票为主,你又新买入了一些近期的热门股,那么股市上涨时你可能获得超额收益;而股市一旦回落,这些股票也是跌得最凶的。

与"高贝塔值资产"相对应的是"低贝塔值资产"和"负贝塔值资产"。

"低贝塔值资产"是指,随着你的投资组合的波动,其波动幅度相对较小的资产。

比如你投资了部分房产,尽管也会受到宏观经济和股市涨跌的影响,但相对波动就会较小;"负贝塔值资产"的波动则和你的投资组合走势相反。比如你买了黄金,当经济动荡股市暴跌的时候,或许黄金还会升值。

这个理念恐怕不仅仅适用于投资理财,我们的人生何尝不是如此?

我们身边的朋友、同事,还有商业伙伴,有很多人都具有"高贝塔值"。

当你的人生基础盘稳固,事业节节向上时,这些人会聚拢在你的身边,他们愿意和你共享资源,帮你介绍新的生意伙伴,或者乐意把钱投给你。

有了这些朋友和伙伴,你会消息灵通,人脉广泛,事半功倍。

你蒸蒸日上的事业也离不开这些人。

然而正如"高贝塔值资产"固有的弱点,他们会随着你的基本盘波动而大幅波动。

当你的事业出现问题,你的人生跌入低谷,这些"高贝塔值"的人会放大这些波动。

或许,这时就没有人愿意再借钱给你,往日天天和你称兄道弟的人也会悄悄地消失。

就像莎士比亚《雅典的泰门》中的富商泰门,一旦他身无分文,朋友就变成了路人。

这些人如同杠杆一般,放大了你人生的顺境与困境,让你的人生看起来是大起大落的。

好在不是所有的人都是"高贝塔值"的,每个人的人生中还有一些"低贝塔值"的朋友,他们对你是不是成功或有没有钱并不太在意。

你春风得意的时候他们不会刻意来讨好你,你跌入谷底的时候他们也不会嫌弃你。

他们把你当朋友不是因为你居于高位或者富有,他们只是觉得你人还不错。

当然,最难得的是那些具有"负贝塔值"的人,这些是你最亲的人,比如你的父母。

当你的事业顺风顺水的时候,他们不会向你索取什么,只是对你说要注意身体健康。

一旦你遇到挫折,他们总是无条件地接受你,全心全意地帮助你。

还有些朋友，当你风光无限的时候，你几乎看不到他们；而一旦你遭遇困境，他们会出现在你身边——其实他们一直在默默关注着你。

以上三种人我们都会遇到，我们也不用责备那些"高贝塔值"的人，事实上，很多人际关系都是功利的。

你顺风顺水时，他们就会在你的身边；你灰头土脸时，他们会离开你，但同样，他们对你的价值也相对较小。

这并不代表他们毫无价值，只是他们看起来会"加剧"你人生的波动。

沃伦·巴菲特是位投资大师，他深谙投资之道，同样，他也知道人生的哲理和投资相通。

他在一次访谈中提到一件事："二战"时期纳粹到处抓捕犹太人，有一位女士是波兰的犹太人，她和她的家人曾被关在奥斯维辛集中营饱受蹂躏，甚至有些亲人没能活着走出集中营。

她这样对巴菲特说："沃伦，我一般不和别人交朋友，我要看这个人能不能把我藏起来，才决定是否和他交朋友。"

我们身边的人总是有聚有散，重要的是要看清每个人的"贝塔值"。

当一个人在你遇到大麻烦，甚至需要他做出巨大牺牲的时候还肯帮助你，而不是转身离你而去，对我们来说，那个人就是最宝贵的。

用故事说出城市的性格

□骆以军

有一回，我在一个场合听作家阿城先生说起，多年前他在纽约，有一次问作家木心先生："您能否只说三个小故事，就描述出纽约这座城市的个性？"

木心先生真的讲了三个小故事，不过我只记得其中的两个。第一个故事，木心先生说，有一回他去纽约下城区一个很大的超市。从超市出来到停车场，差不多有200米。他看到一个美国白人老太太，80多岁的样子，推着一个超市里的菜篮车，里面放了一点蔬菜，步履蹒跚，非常慢地移动，一直走到停车场，她有一辆很大的休旅车停在那儿。老太太走了半小时才走到，她按下自动锁，车门开了，她慢慢地把菜放到车上，关上车门，又慢慢地爬到车子里，发动车子，一换挡，车子开走了。阿城说："对，这就是纽约。"

第二个故事，木心先生说，有一次他在纽约的地铁站等地铁。有一个像流浪妇一样的老太太，她的票卡掉到月台下面去了，旁边没有任何人有所反应。老太太穿着一件长袖毛衣，她不慌不忙地从毛衣袖口抽出一根毛线，掏出一片口香糖，放进嘴里嚼一嚼，把口香糖粘在毛线的另一端。接下来，她就像钓鱼一样，颤颤巍巍地把毛线垂到月台下面，没多久，那块口香糖竟然真的粘住了票卡。

这个故事的重点是，票卡被拉回来的那一瞬间，整个月台的人都在鼓掌。你原来觉得纽约人都很冷漠，其实他们都很佩服这个老太太：她竟能想出这么充满创造性的办法。

阿城先生笑着说，木心先生讲的这个故事就是纽约。

别怕，你没有受骗

□李松蔚

我常在想，为什么人们在网络上会发表那么多激烈的言论，在现实生活中，就温和很多？我认为，一个原因就是在网络空间里，你不确定对面的人是谁，他抱着怎样的目的与我们互动。于是，安全起见，我们只好假定他是一个坏人，向他投射各种各样的恶意，甚至先下手为强。

不安全的感觉，并不只是由网络带来的。近年来，整个社会结构都在发生变化。传统的乡土中国是一个人情社会，人与人之间的关系基于亲缘宗族、道德礼法。我怎么样才可以相信你？你有家族，有亲戚朋友，有口碑。一句话，你是一个有迹可循的人。

在那样的社会结构中，人情和道德至关重要。而在现代社会，人变多了，流动性变大了，约束我们的准则早就从道德礼法变成了法律法规。只要不违法，想做什么就做什么。然而，有些事我们打心底还是觉得"这是错的"，比如六年前饱受争议的父亲"卖文"替女儿筹集医疗费一事。

为什么在这次事件中大家反复提到女孩的父亲有炒作嫌疑？因为，人们关心的是，究竟要不要把这个人当作一个"坏人"。这似乎决定了整件事情的性质。给一个"坏人"捐钱，就是中了他的圈套，是愚蠢的。

但是我想说，如果我因为看了那篇文章，打赏捐了钱，那么捐钱这件事的性质，从它发生的那一刻起，就已经决定了——不以对方是谁，做过什么事为转移。

漫画《怪物》里，天马医生牺牲自己的职业前途，救了一个孩子。谁知，那孩子长大后，竟成了一个杀人魔王。对天马医生来说，在接诊的那一刻，救人是医生的天职。不管对方怎么样，这件事的性质不会变。同理，女孩的父亲骗不骗我，有没有利用我，这些都是他的事，我帮不帮他才是我的事。

我这种行为，不是为当事人负责的，它是一种完全自我的行为。比如，在"卖文"事件中，我作为一个女孩的父亲，看了那篇文章后十分心痛，便想捐钱帮帮那个小女孩。这是自然而然的下意识反应，只是为了出一份力，让自己好受一点儿。

我的一个朋友对这件事发表评论："无论真假，只管善恶。善念如丛林中的鹿影，或隐或现；恶意却像荒原上的饿狼，死死跟着我不放。相较于对真相的执着，我更在乎自己内心善恶的起伏。"我深以为然。捐一点儿钱，会大大抚慰我的苦楚。所以我帮的不是他，我根本不认识他。

我们已经不在百来人的小乡村里生活了。谁又能把所有需要帮助的人排列出来，考察其人品道德、需求程度，逐一排序再选择帮谁呢？所以，在今天，我们能做的只有做好自己的事——各自凭本心行事，需要帮助的人，自然可以从我们的言行中获得他们需要的资源。

不论受骗与否，每个人都要为自己负责。不要担心"我们被人骗得多了，以后真正需要帮助的人反而得不到帮助"，不要把自己做或不做什么事，建立在对方有没有"骗"自己之上。

行善时，不要总疑虑那个人说的是不是实话，有没有做过有违公德的事，是不是真正需要我的帮助，这些都与我要不要做这件事无关。他是他，我是我。别怕，你不是在帮他。在打赏、转发，或者感动落泪的那一刻，你是在通过打赏、转发，或落泪的方式实现那一刻自己的善念。你已经实现了。

这碗羊肉汤，让我原谅了凛冬江南

□申功晶

苏州人的冬天，是从一碗藏书羊肉汤开始的。过了深秋，姑苏城里大街小巷，但凡能闻到羊肉飘香，店门头无疑都悬着"藏书"招牌。在外地人看来，苏州人忒矫情，连给羊肉取名字都要带个"书"字。其实，藏书只是太湖之滨、穹窿福地的一个小镇，藏书镇本土不大批量产羊，只因镇上农民烹得一手好羊肉，调得一手好羊汤。早在明清时期，每到冬天农闲时分，藏书镇的农民就开始宰羊烧肉，挑着羊肉食担叫卖或沿街摆摊，到了清末，老街上开出一家家售卖羊肉的固定店面，俗称"羊作"。

进得店堂，一张张木桌上支起一只只咕噜冒泡的羊杂汤锅。屋外，天寒地冻，冷得人缩脖子、跺脚；屋内，围着暖锅喝热汤，吃得酣畅淋漓，脑门直渗汗珠。

比起名满天下的新疆手抓羊肉、北京涮羊肉、内蒙古烤全羊……藏书羊肉的做法更为简单，只有传统的两种基本手法——白烧和红烧。大清早，羊肉馆里的师傅就开始拆解羊肉，将羊骨头、羊杂碎一并扔进盆堂。何为"盆堂"？便是用当地山上盛产的杉木打造的桶。苏州人惯会处理腥膻的鱼肉类荤食，一只硕大的杉木桶盛着上百斤羊汤，底下用煤炭慢慢煨，杉木的清香渐渐浸润到肉汤里，煮上三个多小时，揭开木盖，一股浓香扑鼻而来，汤色乳白浓郁，倒在碗里也十分清澈。

要想吃上好的羊肉，须亲自去苏州市区四十千米外的藏书镇。一条羊肉美食老街两边挤满大大小小的羊肉店，且每家店门口都停满了本地或从上海来的私家车。第一次来的人，往往会转晕了头，到底该上哪儿去吃？

其实，大店有大店的派头，小店有小店的滋味。就我个人而言，更偏爱那些门面不起眼的"苍蝇馆子"，那里才是"吃独食"的最好去处。一人进出的店门，掀开帘子，随意找一处座头，先称好羊肉，老板把切好的羊肉放在锅子里，后厨的人过来取锅，加入油豆腐、白菜、粉丝、羊血开始烧，这是锅底。再点几个下酒菜。汤锅上桌，滚烫乳白，香气四溢，撒一把新鲜青蒜叶，喝一口，不黏不稠，唇齿留香，夹一片浸在高汤中的羊肉片，再蘸点红椒酱，便是人间至味了。

据李时珍《本草纲目》记载："羊肉能暖中补虚，补中益气，开胃健身，益肾气，养胆明目，治虚劳寒冷，五劳七伤。"可见，羊肉还是一味极滋补的药材，可作"药食同源"。记得我年少时，一到冬天，手足冰凉，写起字来更是颤抖不已。父亲请了老中医给我号脉，开的药方便是：喝一个冬天的羊肉汤。当年，父亲给我买藏书羊肉，还打包了一大锅羊汤。此时，我方才明白，原来，藏书羊肉的灵魂就藏在这一碗汤里。

寒意渐浓的冬夜，街头拐角处，不起眼的小店仍在营业。此时，切一盘羊肉，来一碗羊杂汤，烫一壶黄酒，约两三好友，一边吃喝，一边聊些不着边际的闲话。在旧时，北方人屋里有火炉，南方人没有；现今，北方人屋里有暖气，南方人也没有。可一碗滚烫鲜香的藏书羊肉汤下肚，一股暖流从头滚到脚，忽然之间，我便原谅了没有暖气的江南。

时间的心跳

□ 华明玥

在老顾眼中,时间不是均匀地一去不回,时间有脾气,有青春和老迈之分,有果断、迟疑与摇摆不定。钱锺书对方鸿渐家中老钟的妙喻,甚得老顾之心:那架每个钟点走慢七分钟的计时器,"无意中包含对人生的讽刺和感伤,深于一切语言,一切啼笑"。对了,老顾一辈子都在修钟表,在钟表匠用的长臂灯下工作了35年。

就像看电影的人这十年在猛增一样,戴名表的人这几年也在猛增,加上不少钟表鉴赏家醉心于收藏百年前的镶翠嵌钻及珐琅烧制的名表,老顾每天都在加班加点。他不得不在家也辟出了一个专门属于他的工作间,里面除了一张窄床以外,就是一张定制的两头沉的写字桌,像大画家的画案一样恢宏,上面放满了待修的钟表,以及镊子、锉子、尖嘴钳和放大镜,连墙上也挂满老钟。有意思的是,它们并不像操练的士兵一样,步调整齐,而是像散漫的骑士或诗人一样,各行其是地走着,每过十几分钟,就有老钟打鸣报时。老顾的老伴从来受不了在这房里待上半天,因为钟表们淘气地吵个不休,老顾却不嫌这些嘈嘈切切烦人,他是钟表匠啊,在他眼里那些钟表发出的噪声,就像孩子病愈后的吵闹声一样,犹如天籁。

看老顾修钟表绝对是享受。把钟表正面朝下放倒,像取下珠宝箱盖那样取下钟表后盖,把长臂灯拉近点儿,检查发黑的铜齿轮,手指捅进钟表里,搓开那些碍事的油泥,可以清清楚楚地看到经过烧烤和千锤万打的金属零件,有着异样美丽的蓝绿色和金紫色波纹。寻找钟表的病灶,拨弄大齿轮、均力圆锥轮和擒纵轮,看看它们是否梦幻般地咬合到位;把鼻子贴得更近,近到可嗅见金属零件上丹宁酸的酸味,把发黑的零件放进氨水里清洗,捞出来时,鼻子烧得慌,眼睛流泪,而透过泪光,可以看到它们闪亮新生。锉锉轮齿,在轴衬上打孔,循着记忆将所有的零件一一按拆卸的相反顺序,安装回去。

当老顾组装完毕,他会用拇指拨一下最大的齿轮,附耳去听。若钟表发出带铜音的鸣儿嗡儿声,老钟表就修好了;若是声音还嘎吱嘎吱的,那就要耐着性子从头再来。

这年头,还有谁会舍不得一块坏掉的表呢?但老顾听到过的表主人的故事很动人。

一位留守妈妈,自独生子出国后,天天要枕着儿子中学时代戴惯的那块表入睡,一日听不到那表均匀有力,甚至是带点儿刺耳的走着的声音,就莫名心慌。

表坏掉的那天,她一天一夜都在打儿子的手机,竟一直没人接,于是寝食不安,猜度儿子是否摊上了什么大事。事后儿子道歉说,他只是出去参加一个主题派对,走得急,忘了带手机而已。母亲一身的汗才落了下来,发誓要修好那块秃头秃脑,像中学生一样没有任何装点的机械表。

还有一块表,属于一位正在筹备婚礼的男子,他遭遇了惨烈的车祸,表上的指针就停在撞击的那一刻。长辈们想把这块表随逝者一起安葬,或者,就让它停在那个伤心时刻,成为缄默的哀悼。但是,他的未婚妻把他的表要走了,她只要了这一样东西,她要修好它,重新带着它启程。

老顾永远忘不了那女子来取表的情形,她把表放在耳边聆听,瞪大眼睛,努力不让满眶热泪流下来。表重新行走了,那是来自另一个时空的心跳吗?如此清晰有力,不徐不疾,安人心神,有体温有血肉,它仿佛是在说,一切总可以修复,只要你有信念,希望就能完好无损。

从伊甸园带走的礼物

□ 毕淑敏

亚当和夏娃从伊甸园离开的时候,带走了两样礼物。这是两样什么东西呢?我考过一些人。有人说,是树叶吧?夏娃既然已经穿在身上了,当然要带着走。有人说,是那个唆使他们吃了智慧树上的果子的坏蛋,为了报仇雪恨。要不然凡世间为什么会有各式各样的毒蛇?还有人说,一定是个苹果核。夏娃既然吃了果子,觉得香甜可口,肯定要把种子偷偷掖在身上……

正确的答案是:上帝震怒,要把亚当和夏娃赶出伊甸园。亚当俯视了一眼人寰,看到万千磨难险象环生,怕自己和夏娃凄苦煎熬,恳请上帝慈悲,送他们几种消灾免难的法宝。上帝想了一下,说,好吧,就送你们两样东西吧。一个是休息日,另一个是眼泪。于是,亚当和夏娃携带着上帝最后的礼物,从温暖美丽的伊甸园堕入水深火热的人间。

初次听到这个故事的时候,我还年轻。觉得上帝实在小气,休息是自己的,眼泪也是自己的,还用得着您老人家馈赠吗?完全可以自产自销。

年岁渐长,又做了心理医生,才悟出休息和眼泪真是无与伦比的宝贝。休息是什么呢?是山高路远跋涉其间喝茶的闲暇,是无所事事坐看星辰秋风落叶的散淡,是百无聊赖的伸长懒腰和迷迷瞪瞪的困倦,是三五死党鸡零狗碎的游走和闲谝……这指的是懈怠的休息,还有一种奋不顾身的休息。到高处攀登,到深海潜藏,从苍穹坠落,与猛兽同眠……求的是冷汗涔涔的刺激,收获的是惊世骇俗的风险,甚至搭上了性命也在所不辞。

无论休息的外套怎样千变万化,有一个共性永存其中——那就是它真的什么也不创造,除了快乐。它什么都消耗,最主要的是时间和金钱。

再说说眼泪吧。人可以因为各种原因流眼泪,包括大喜过望和义愤填膺的时刻。眼泪是从最靠近我们大脑的双眼之穴涌流出来的,单单这一点就让人充满奇妙和敬畏。眼泪可以把我们恶劣的心境和强烈的情感,融入其中,将那些毒素排出,而将圣洁和宁静沉淀下来还给我们。泪水冲刷洗涤着昏暗的双眸,让它们恢复清洁和明亮。它是心灵火山爆发的岩浆,苦涩之水前赴后继地滴落,需要大量新鲜的血液涌入大脑。脉管偾张血流澎湃,就像黄河水漫灌了苦旱的平川地,于是万物复苏草木葱茏,思考的藤蔓随之萌芽延展。

现代人放弃休息鄙夷眼泪,他们以为这是不值一提的废物,如同办公室里被粉碎了的过期纸渣。将休息从自己的日程表中放逐,其实是一种慢性自杀。号称从来不流一滴眼泪的硬汉,说得悲惨点,就是被阉割了情感的怪物。

让我们在该休息的时候休息,在该流泪的时候哭泣。这不是上帝送给亚当和夏娃的礼物,而是你自己传给自己的生命秘籍。

循正而行，自与吉会

□ 苑天舒

《资治通鉴》中记载了这样一个故事：贞观五年，即公元631年，太子李承乾到了行冠礼（类似于现在的成人礼）的年龄，礼部提议选择这一年的吉月二月为太子举行冠礼。唐太宗说："东作方兴，宜改用十月。"意思是每年的二月是春耕农忙之时，若此时举行太子冠礼，举国庆祝，势必影响全国的春耕生产，应该改在农闲的十月举行。少傅萧瑀认为不妥，劝说道："据阴阳不若二月。"唐太宗答："吉凶在人。若动依阴阳，不顾礼义，吉可得乎！循正而行，自与吉会。农时最急，不可失也。"意思是吉凶完全在于人如何去做，如果动辄查看阴阳，而不顾礼义，吉时难道就是这样可以通过计算得到的吗？做事遵循正道正理，自然可以与吉时相遇。在当下，农时是最最紧要的，不容耽误错失。

唐太宗对太子李承乾可谓至爱，从小精心培养，寄予厚望。太子乃一国储君，行冠礼很重要，是国家的政治大事；但是民以食为天，守农时、保春耕也很重要，是关乎经济民生的大事。唐太宗坚持"循正而行"——前者为后者让路。最终，太子冠礼没能在所谓的"吉月"举行，却能因"正"而"吉"——无论延后到何时举行，都是自成吉祥，自与吉会。这是中国传统文化所蕴含的博大精深的至理要道，与愚昧世俗的迷信不可同日而语。

古人尚知"循正而行，自与吉会"，现在有些人追求吉利，却不知老祖宗讲的吉利里还有个更重要的"正"是不能忽视的。守"正"是致"吉"的前提。何谓"正"呢？天地间的自然规律可谓之"正"，人世间的公平正义可谓之"正"。遵循着天地间的自然规律和人世间的公平正义去做事，就叫"循正而行，自与吉会"；反之，违背天地间的自然规律与人世间的公平正义，都是失正的，必有其殃。在中国传统文化里，"循正而行"是道德的，失正则是不道德的。

中国既是政治早熟的国家，也是拥有高度政治文明的国家。在汉语的语境里，政治的核心在于"正"。这里有两重含义：一是做人要修身端正，如《论语》里所说"其身正，不令而行；其身不正，虽令不行"。二是做事要遵循自然规律，一切事物都有着本然的规律性，不能肆意妄为。《周易》里就讲过："乾道变化，各正性命，保合太和，乃利贞。"《管子》里也说："政者，正也。正也者，所以正定万物之命也。是故圣人精德立中以生正。"我们中国人所讲的政治就是循正道而治，遵循万物应有的秩序。天地以自然规律正定万物之运行，人类以道德中正实现社会之进步文明。不正，不能为政，更不能为官。为政为官，唯有"循正而行"，方能"自与吉会"。

不仅仅为政为官要"正"，经营任何事业都不可以离开正义、正当。"正""义"

组词连用，是因为"正"与"义"具有相同的意思，即正当性。"义"与"利"相连，"利益"必须以正当合理为前提。《管子》里说："非吾仪虽利不为，非吾当虽利不行，非吾道虽利不取。"这是经营事业的三个原则，不是任何利益都可以要的，更不能为图利而放弃这三个原则。现如今有些人的生活态度，不顾礼义廉耻，不讲正当性，不理会天道，一切以利益为导向，一切都可以用金钱来计价，都可以与利益做交换，致使人格丧失和人性堕落。

《周易》里讲："积善之家必有余庆，积不善之家必有余殃。"这是中国传统文化的吉凶祸福观。做人要端正，做事要正当，吉凶祸福，全在人自身的修为。

说快乐

□ 高洪波

究竟何谓快乐？当代人似乎对此有两点说明：一是金钱的积累可以给人快乐；二是权力的掌握能够给人快乐。殊不知，金钱固然可以买到许多享受的东西，但我也曾听到过某位腰缠万贯的个体户感叹："我现在穷得只剩下钱了！"这是对金钱快乐观的最佳注释。说到权力，其实是一种责任，如果不是滥用权力以权谋私的话。权力愈大，压力愈大，"快乐"是谈不上的，"沉重"倒很真切。

金钱与权力并不意味着快乐，这是千真万确的。当然，把金钱和权力当作自己奋斗的某种标志，或青年朋友在自己的人生设计初始，愿意当名企业家或掌权的干部，并利用这种优势为社会服务，我绝不反对。

快乐其实源于我们对生活的真心实意的参与和热爱，以及对周围事物兴趣浓厚的欣赏。有位哲人论及"笑"时，曾说过一段话，大意是孩子比成人笑得更爽快、更厉害，笨人比聪明人爱笑，老百姓比达官贵人爱笑，天真淳朴的人比矫揉造作的人爱笑，善良的人比记仇、善妒的人爱笑。他实际上说出了快乐的某种真谛。

试问一个人一天到晚故作深沉皱着眉头，以为自己肩上承受了全人类的苦难，他有什么快乐可言？或者猜忌怀疑，刻薄成性，或者斤斤计较，事事"拔尖儿"，当然更谈不上快乐。

快乐存在于你周围的一切事物中，关键看你能否用慧眼去发现，用慧心去寻找。

公园里一群找乐子的人，拉着胡琴进行京剧清唱，他们全身心地投入"西皮流水"和"二黄导板"的唱腔里，他们的快乐洋溢成和谐的气氛，直遏云霄，让旁观的人们也感到心旷神怡。

马路边上制作爆米花的小伙子，面容黝黑，手脚不停地为孩子们制作爆米花，他被孩子们崇拜着。"砰"一声巨响，白花花的米花倒进孩子的盆子里，也倒入童心的愉悦中。我认为小伙子连眉眼里都浮现由衷的快乐！

立交桥上一辆上坡的三轮车，上面有位老人吃力地蹬着，两名小学生匆匆跑过去，帮老人把车子推上桥头，然后像小鸟一样快乐地飞走了。他们把快乐输送给了骑三轮车的老人，因此他们共同享有了快乐！

这就是生活，普普通通实实在在的生活，快乐不正像珍珠一样蕴藏在里面吗？给予别人快乐的人，自己往往获得更大的快乐。更何况，还有知识的积累、视野的开阔给予人的灵魂丰富的快乐呢？

如果你时常郁闷不乐，对生活毫无兴致，可能要适当调整一下自己的生活方式和行为方式，当然也包括思维方式，那必定是某方面出了毛病。

快乐地面对人生，把微笑留在唇边，说到底是一种自信和自尊。

野马结局

□张文成

非洲草原上的野马最怕吸血蝙蝠，这种蝙蝠靠吸食动物的血生存，常叮在野马的腿上，不管野马怎样暴怒、狂奔，吸血蝙蝠始终不依不饶，一定要从容地吸饱血之后再离开。而野马拿这些"吸血鬼"毫无办法，最终会被活活折磨死。

然而，动物学家研究发现，这些吸血蝙蝠所吸的血量极少，对野马来说根本不足以致命。真正导致野马丧命的，是它们被蝙蝠叮上以后的暴怒和狂奔。

换句话说，吸血蝙蝠只是野马死亡的诱因，而野马对这一诱因的剧烈的情绪反应，才是造成它们死亡的最直接原因。因此，有心理学家将生活中因芝麻小事而大动肝火，以致因别人的过失而伤害自己的现象，叫作"野马结局"。

莎士比亚说："不要因为你的敌人燃起一把火，你就把自己烧死。"当你发怒的时候，怒火也许会烧及他人，但在更多的情况下，它烧的是发怒者自己。

医学心理学家还用狗做过类似的实验：把一只饥饿的狗关在一个铁笼子里，让笼子外面的另一只狗当着它的面吃肉。结果是，笼子里的狗在出现饥饿性病理反应前，就已经被急躁、忌妒和愤怒的负面情绪支配而产生了神经症性病态反应。

其实，愤怒是一种很正常的情绪反应。在愤怒的过程中，血液会大量集中在四肢末端，令人肌肉紧绷，并使得挑战、无畏等感性思维取代理性思维，使人迅速地进入攻击状态。可以说，"愤怒"这种情绪是人类自我保护的手段，确保了人类在逆境中瞬间拥有异乎寻常的战斗力。

但是，与愤怒的爆发力相对应，它对人体自身的破坏性也是显而易见的。就像瞬间超负荷运转的机器一样，愤怒情绪所带来的爆发力，也意味着对人体机能的过度损耗。是以，愤怒情绪不仅是诱发心脏病的致病因素，还会使人增加患其他病的可能性——不夸张地说，这是一种典型的慢性自杀。正如一位心理学家所说："人类要开拓健康之坦途，首先要学会宽容。"

"高血压患者主要的特征就是容易愤怒，"健康专家都会反复告诫他们的病人，"假如不能克制愤怒情绪的话，长期性的高血压和心脏病就会随之而来。"

美国华盛顿州警局档案中就记录了这样一起离奇的命案：一个小餐馆老板——六十八岁的威廉和他的厨师发生了冲突，冲突的理由令人啼笑皆非——厨师一定要用茶碟喝咖啡，而威廉认为用茶碟喝简直莫名其妙，于是两个人开始吵架。威廉越吵越生气，愤怒中抄起一把左轮枪对着厨师大喊大叫，厨师拔腿就跑，他挥舞着枪追了出去。结果，威廉却倒地而死。

是因为枪走火吗？并不是，根据法医验尸报告，威廉死于心脏病——极度的愤怒加上剧烈运动，诱发了急性心肌梗死。

因此，为了确保自己的身心健康，必须对自己进行意识控制。当愤愤不平的情绪即将爆发时，要用意识控制自己，提醒自己应当保持理性，还可以进行自我暗示："别发火，发火会伤身体。"医学专家通过实验证明，在有效抑制易怒情绪的受试者中，死亡率和心脏病复发率会大大下降。

那么，如何有效地抑制伤人又害己的坏情绪呢？

具体方法有很多，但是一个最重要的法则是，提高自己对外界刺激的承受力和对外界刺激的客观评价能力，当怒火上升时，反复地告诉自己——这并不值得愤怒。

另一个重要途径是主动释放愤怒情绪，将心中的愤懑、不平向人倾诉，从亲朋好友处得到规劝和安慰，也可以缓解怒气。或者在即将发怒时通过转移注意力来减轻愤怒，尽快离开当时的环境，避免进一步的刺激。如此一来，愤怒的情绪便会渐渐消退。

退货险里的概率思维

□刘　润

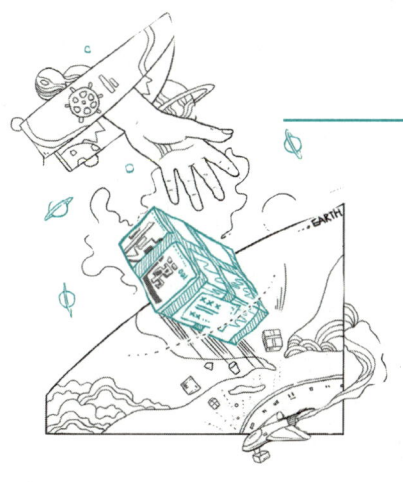

有一次，被誉为快消品行业的颠覆者萨里格监测到，某品牌的台式制冰机销量很好，但评论很差。

"几个月后，便时不时停止工作了"，"有时显示冰满了的灯会亮起，但是没有满"，"一年半，就坏了"。

消费者很想买一款产品，质量问题却在阻止他们付钱。这就是机会。

萨里格团队赶紧开始研究。

结果发现，这些问题都是由抽水泵导致的。

于是，他立刻找到制造商解决问题，并迅速在亚马逊上推出了自己的制冰机。

很快，这款制冰机的销量，占据了亚马逊网站制冰机总销量的1/4。

这个结果背后，离不开萨里格在浩如烟海的大数据中挖掘出"金矿"的能力。

随着数字化的深入发展，这种能力越来越重要，而大数据挖掘底层其实就是概率。

从概率的角度来看，大数据和传统的数据分析最大的差异是——从寻找群体共同特征，到寻找个体独特差异。

比如，喜欢网购的小伙伴们，你们有没有注意过淘宝的退货险？还记得多少钱吗？你仔细观察，会发现这个价格是不断变化的。同样一件商品，可能你的退货险的价格是8毛钱，而你女朋友的退货险的价格是2块钱。退货险是根据每个人买某家店、某个商品可能退货的概率而自动得出的。再根据你这次7天后退货还是没退货，自动调整下一次退货险的价格。

分享一个小小的经验。我买东西的退货险一般是1块钱左右，如果突然我想付款买一件商品，发现它的退货险是5块钱，这说明什么？这说明淘宝觉得我退这件货的概率大幅度提升了，那我就要小心了，我会再回去看看商品的评价，评估一下，是不是真的需要这件商品，或者这件商品是不是真的符合它的说明，你知道，毕竟淘宝比我还了解我自己。

希望你能够借助概率思维，打开看待世界的一只天眼。

抱怨自己的天赋，
不如提升你的努力程度

欠 练

□ 韩大爷的杂货铺

大约是在中学阶段，有一次文艺会演，老师叫我和几个伙伴编排一出小品。两三天工夫搞出一个剧本，凑在一起排练了两遍，基本可以拿出手了。

一天下午，老师过来审查我们的节目。我们表演得还算顺利，中间失误了两次，有一个包袱也没抖响，但大伙都拍着胸脯跟老师保证：这只是排练而已，大家都没有拿出最佳状态，一些瑕疵在临场发挥时，一定能靠彼此的随机应变掩饰过去。但老师似乎并不相信，只是严肃地说："再练。"我们就又练了几遍。

二审的时候明显比第一次好很多，结果我们得到的仍然是一句："不错，接着练。"第三次审查，我们的表演真的可以说是轻车熟路，闭着眼睛都知道哪个演员站哪个位置，这回总行了吧？

老师终于满意了，一阵鼓励之后，解散之前，说："如果还有时间，你们再排练两三遍……"

就这样，我们在最后上台前，仍然像小傻子一样，硬着头皮在后台练啊练。

那次演出规模比较大，我们毕竟是孩子，压根就没见过这阵势，一个个都吓傻了。尤其是我们之前的几个节目，平时看着都挺好，但往台上一放立马缩水，让人莫名地觉得僵硬，效果也一般。

轮到我们表演时，从台下到台上的几步台阶仿佛都是扭曲的，大家脑海中都是一片空白。然而从开演的第一秒开始，奇妙的事情发生了，台词像流水一样泄了出来，每个包袱都是铺平垫稳，一出必响，就像大脑明明已经罢工，身体却在自动运转。

那是我们第一次感受到气场的存在，观众席的上方就像悬着一团热浪，随着我们表演的节奏前后左右摇摆，偶尔还能和我们互动，连笑声的长短都是那么合适。

记得谢幕的一刻，我们站成一排，发现每个鼓掌的观众眼睛仿佛都是黑亮的，台上的我们已经哆嗦了，那感觉不是紧张，而是兴奋。

那真是一次令人终生难忘的体验，这件事加深了我对幽默的理解。原本我以为幽默是一种天赋，之后我发现，天赋多少要有一点，但更准确地说，幽默是一种熟练。

进而我发现，每一个优雅的姿态，每一种行云流水、游刃有余、淋漓尽致和左右逢源，背后凝结着的都是一份熟练。

很多想做的事情可能天赋不够，条件不全，周遭因素都欠缺，但别忘了，你可以交给熟练。

每次考试的时候，时间紧，任务重。记得有一本专业书我前后翻了十一次，熟练到什么程度呢？随机拿出其中的一个小理论，我已经可以说出它在这本书的哪个章节。

天才我见得少，比天才更稀缺的，是平凡人找准一个方向，然后坚持不懈地训练。

最好的奋斗姿态是将看似简单的小事做它一遍又一遍。一遍不如十遍，十遍不如百遍，做到生巧，做到精专。开始的阶段里，甚至在过程中，总会有不润滑之处，总会有生涩、尴尬、困顿甚至难堪，然而这些都不要紧，以系统且长远的眼光去看、去投入、去发展，你终会得到一条整体趋势上扬的线。

到了熟练阶段，你和你要做的事情之间就像老夫老妻。彼此熬过了磨合期，携手走过了风雨和平淡，到最后你嘴巴大张，对方知道你要喊，嘴巴半张，对方就知道你要米饭。一句"你瞒得过别人瞒不过我"，都蕴含一种不可言说的美妙。

当怪物来敲门

□ 李峥嵘

在我的记忆里，妈妈是超人，从来不生病。等我当了妈妈，发现自己也成了超人。其实，妈妈不是不生病，而是妈妈得了病会自己悄悄治疗。这一切都是因为我们有了孩子，不想让他担心。

有一次，孩子要我讲睡前故事。我说："今天讲一个短的，好吗？我想早点儿睡。"他问："妈妈，你生病了吗？你会死掉吗？"我说："妈妈也会生病，但是妈妈休息一晚上就好了。虽然不能保证，但是我会尽量照顾好自己，不在你长大之前死掉。"

后来这个问题我们没有再深谈，但我花了好几年思考：当妈妈生病时，孩子在想什么？父母该如何跟孩子谈论疾病、死亡和恐惧？

儿童文学作家西沃恩·多德得了癌症，在生病期间她产生了一个灵感：如果父母得了绝症，孩子会有什么样的心理变化？她设定好角色，草拟大纲，并创作了开头："零点刚过，怪物就来了……"在跟疾病的赛跑中，她输了，没时间完成创作。病逝之前，多德问另外一位儿童文学作家派崔克·奈斯是否愿意完成这部作品。通常，作家不太愿意接手别人的工作，但是西沃恩的创意给人以极大的启发和震撼，奈斯决定接过这根接力棒。一位心怀慈悲的作家，把她用生命凝结的创意交给了下一位作家，仿佛在说："去吧，拿着它跑起来，去大干一场吧！"于是有了《当怪物来敲门》这部催人泪下的作品。

自从妈妈生病，康纳每晚都做相同的噩梦。梦里有呼啸而来的狂风和令人窒息的黑暗，康纳无论如何都无法抓住妈妈那双坠向深渊的手……这一晚，一个由古老的紫杉树变幻而成的怪物来了，它要给康纳讲三个故事，以此交换康纳深埋心底、不敢示人的真心话。

这本书通过故事的方式，让我们理解孩子在面对巨大压力时，会有什么感受。

他无法感知他人的关怀，甚至无法忍受他们关怀的语气，因为他根本用不着他们这样。他只想得到平常的对待，不需要同情，不需要被另眼相待。他回敬老师、同学说"我挺好的"，其实他在内心尖叫。好像暴风雨骤然而至，雨水穿透他的身体，从他紧握的拳头中流出来。他无法面对母亲终将不治而亡的结局。怪物用故事的方式让康纳一层层打开自己，接纳自己，接纳现实。

第一个层次是不舍和恐惧，害怕妈妈死掉。第二个层次是更深的恐惧——只希望这一切赶快结束。这个层次的内心活动通常是成年人和孩子都不敢触碰的，怎么能希望妈妈早点死呢？其实，这句看似无情的话揭示了一个心理秘密，孩子救不了妈妈，他太痛苦、太害怕、太受煎熬了，希望结束痛苦、结束孤立无援的状态。

第三个层次是什么？在最后时刻，康纳说出了全部的真心话："我不想让你走。"泪水夺眶而出，开始缓缓流淌，接着泪如泉涌。"我不想让你走。"但是，最后的时刻就要到了，无论握得多么紧，妈妈的手还是从他手中滑落，他紧紧地抱着妈妈，只有这样，他才能真正放手让她离开。

生离死别是不可避免的过程，那就在分离之前去紧紧拥抱我们所爱的。竭尽全力努力了，诚实地承认人生就是对有些事情无能为力，然后，勇敢放手。

嘿，同学，来把瓜子吗

□ 叶繁华

我是一个内向的孩子，从小到大都是。十岁那年从村子里转学去县城读书，在一路向南的班车上，我哭得涕泗横流，想家是一部分，最重要的是，我畏惧新环境，不知道该怎么去和新同学交流。到新班级后，如我所想，在车上练习了八百遍的自我介绍在面对一张张新面孔时还是被我说得吞吞吐吐，七零八落。

那节课直到下课，我都没能让自己的呼吸平稳下来。

从书包里掏下节课要用的课本时，我摸到了一包瓜子，掏出几粒食不知味地嗑了起来。同桌苏玲回来的时候我正在收拾瓜子壳，看到她向我投来的目光，我内心一阵惊慌，手一哆嗦，掌心的瓜子壳撒到她椅子上不少。我随手扯出书包里的瓜子，声音微颤地问："那……那个，你……你要不要……来把瓜子？"说完，我就已经开始后悔了，不先去收拾人家座位上的瓜子壳，还问人家要不要吃瓜子。

出乎意料地，苏玲竟然伸出了手，探头过来笑着说："要。"我怔住，片刻间竟忘了拿瓜子给她。因为一把瓜子，我交到了来县城后的第一个朋友。

从那之后，我带的瓜子开始在班级广为传嗑，我很快就认识了班级的每一个同学。

上初中后，我依旧没能摆脱对新环境的恐惧。去报到的第一天，教室里，同学们因为对新同学的好奇，都在互相小心翼翼地打着招呼。空荡荡的书包里，我掏出一包瓜子，试探了半天才转头把话说出来："那个……你……要不要……那个……来把瓜子？"同桌的男生显然一愣，随后对着一脸紧张的我点了点头。但这次情况出乎预料，瓜子刚扔进嘴里，我们两个还没来得及说话，老班就像暗中观察了很久，从门外一鼓作气地冲到了我们两个面前。

第一节班会课，我的名字就被老班昭告了全班："林一凡同学，刚来班级第一天就因为嗑瓜子触犯了校规，念在你刚来，我就不惩罚了，同学们要引以为戒。"我在座位上把头用力地往下垂，泪水悄无声息地打在了桌子上。但令我没想到的是，那样青涩的年纪里，同学们竟然把我的这种行为看作"酷"。我因为这件事被全班同学记住了名字，总会有几个爱开玩笑的同学过来找我要瓜子，嘴里还振振有词："我也要用一包瓜子去挑战老班的威严！"

时至今日，我依然有在书包里塞一包瓜子的习惯，它似乎成为一道门，让内向的我有了接触外面的人的机会。去年上大学坐火车，硬座车厢里，人影缭乱，我掏出书包里的瓜子小心翼翼地试探着问对面年龄相仿的女孩，有些意外地，我被拒绝了，女孩说她感冒了。出师不利，我的信心瞬间坍塌。或许是看出了我的窘迫，对面的女孩虽然没有接受我的瓜子，却还是主动和我攀谈起来。我们互相倾听，彼此诉说，十六七个小时的车程好像一眨眼就过去了。

我现在依旧内向，遇到新环境会紧张到全身出汗，见到陌生人会不知道该怎么开口说话，但这不妨碍我去往外面的世界。上天给了我内向的性格，让我失去了很多勇敢说"你好"的机会，好在它看我性格冷淡，甩给我一包瓜子，让我有了掩饰自己涨红的脸和慌乱的心的工具，也让我的开场白与众不同地从"你好"变成了"你要不要来把瓜子"。

嘿，同学，要来把瓜子吗？说好了，吃了瓜子我们就是朋友了，可不许耍赖哦！

用"箭头反弹法",人前不紧张

□ [日] 矢野香

有些人可能会说:"在人前说话很紧张,要顾及别人的眼光和别人是怎么想的。"

在这里送给大家一个秘诀,就是改变心之箭头的方向。"被别人看到自己的样子"或者"被别人听到自己说的话"是被动的。

在现场,会有很多双眼睛看着你。

为了消除紧张,我们来掉转一下箭头的方向吧!也就是采取积极的姿态,要"让别人看到自己的样子"或者"让别人听到自己说的话"。拉弓射箭者变成了你自己,是你向观众射出了箭。使用"箭头反弹法"来讲话,就不会紧张了。因为现在不是紧张的时候。

如果心里想着要"让对方看""让对方听""让对方理解",那么就会不屈不挠地拼命想传达给对方,竭尽全力地射出利箭。

如果你感到紧张,请改变箭头的方向。要想改变箭头的方向,关键在于你的脚。

在实战中,如果要用长剑把对方射来的箭弹拨回去的话,脚应该处于什么姿势呢?是不是要向对手的方向迈出一步呢?当你紧张的时候,大多处于双脚并拢的"立正"姿势。

如果你意识到自己的双脚并拢时,就向前迈出一步吧。向前迈出一步,把箭头转向你的听众,你就不会再紧张了。

教 育

□ [波斯] 萨迪

一个教师教育一个王子,他毫不顾惜地责打、折磨王子。有一次,王子实在忍受不下去了,便到父亲面前揭开衣服诉苦。看到王子伤痕累累的身体,国王心里很难受。他叫来那个教师,说:"这样的折磨和羞辱,就是对一般百姓的孩子也是不允许的,你对王子又怎能这样?这究竟是什么原因呢?"教师说:"普通人说话都要有分寸,行动都要合法度,王族更应如此,因为他的一言一行都会受到众人的议论和仿效,而普通人的言行却无足轻重。即便普通人有一百样过错,接近他的人只能看到一个。而君王如果有一个过错,都会被人们四处传播。为了培养王子健全的品格,有句经文可以参证:'王子拥有更多的智慧,就要接受更多的教训。'这样做,是我当老师应尽的责任。幼年时没有受过良好的教育,成年后很难有太大的出息。就像嫩绿的枝条可以轻易弯曲,而晒干的木棍只有火烤才能取直。"

贴在崖壁上的"生活费"

□徐立新

周末,在县城读书的他,提前一周回到山里的老家,由于买了一双好几百块钱的名牌运动鞋,他把这个月的生活费超前花光了,只得回来重新朝家里要。

得知他回来要钱,母亲欲言又止,脸上露出不满的神色。"明天我就上山采岩耳,"与母亲不同,父亲并未因他乱花钱而不高兴,反而异常兴奋地对他说,"城里一家饭店昨天朝我要6斤岩耳,给的价格比平时高!"

父亲是一名"耳客",农闲时,专门在悬崖绝壁上采摘一种地衣植物——"岩耳"。岩耳含高蛋白质和对身体有益的多种微量元素,是一种营养价值极高的山珍。

之前,父亲并不是耳客,他曾在一个工地上干活,可由于长期沾凉水,以及恶劣的饮食,最终患上了严重的胃病,再也不能干重活,只好回到家里,开始一边务农,一边采岩耳和卖岩耳,以此来支撑一家人的生活,并供他上学。

由于平时要在县城里上学,节假日还都上补习班,因此他从未有机会得见父亲是如何采岩耳的,只是听母亲说过,采岩耳很危险。

第二天,他决定陪同父亲一起上山。爬上山顶后,父亲将拇指粗的尼龙绳系在身上,扣上自制的保险锁,再将绳子的另一端拴在一棵树上。做完这些后,父亲开始拉着绳子,在险崖绝壁上一点点地下降,一边来回移动,一边采岩耳,他的脚下便是万丈深渊。

父亲在崖壁上的每一秒,都让他提心吊胆,他几乎不敢去看父亲,生怕父亲出意外……

好在,几个小时后,父亲平安回到地面上,"只采到了半斤多。"父亲叹了口气道,"大的岩耳越来越少了,3年长一个疤,5年铜钱儿大,30年才长巴掌大,老耳客们说的一点都不假。"

下午,父亲决定带他去另一个崖壁上采,"那上面有很多岩耳,几年前,我就蓄着一直没采,现在应该都长大了。"

这次的岩壁比上午的更高耸,更陡峭,父亲在上面忙碌了很久,但也只采回了一斤多。他不解地问父亲:"您不是说上面有很多吗?为何不全采下来,趁着高价,多卖些钱?"

"是有不少,但很多都很小,"父亲回应道,"还得继续蓄着,我们不能因价高就不顾后果地去采,否则山上的生态就会遭到破坏。"

这天下来,父亲总共只采到了2斤岩耳,跟饭店要的量还差很远。

晚上，辛苦了一天的父亲很快便睡着了。他开始问母亲父亲采岩耳都遇到过什么险情。母亲告诉他，有一次，拴住父亲的尼龙绳缠到远处一块凸起的岩石上，任凭父亲怎么移动、回荡，绳子就是动不了，致使父亲被悬挂在岩壁上达两小时，最后才一点一点地被解开。等父亲着地后，才发现绳子已经被磨断三分之二，差点就完全断掉，那样父亲就会葬身峡谷之中。

母亲还告诉他："老耳客中流传一句俗语——'挖煤客'是埋了没死的，'岩耳客'是死了没埋的。由于太危险，现在已无人愿意当'耳客'了，除了你爸。"

第二天，父亲将岩耳送到县城里去，顺带用摩托车捎上了他。2斤岩耳，饭店老板给了父亲600元，父亲留下了50元，剩下的全给了他。

"你先用着，没了就回来跟爸要。"说完，父亲便骑上摩托车走了。看着父亲远去的背影，回想起母亲昨晚跟他说的那些事情，他感到特别沉重。

这些贴在万丈崖壁上的"生活费"，他再也不能轻易就花掉。

大小皆宜

□草 子

在城市里，有时会发现，大事好办，小事却很麻烦：价格不菲的服装好买，改腰收腿的裁缝铺却很难遇。各种建材，市场应有尽有，配把钥匙，可能要转上好几条小街旧巷。美食款款精致，色香味俱全，这不难寻，要觅一碗平价的清汤面，就不那么容易了。

离家不远的超市，拐角处，有个中年女人，帮人缝补。最初，墙边靠着写有"织补"的牌子。一张马扎上，坐着绾着发髻的女人，埋头飞针走线。有时遇见，她没生意，坐在那里，望着来来去去的人。

冬天，风雪刺面，她竟也常常在那儿替人缝缝补补。偶有一次，还听见有人向保洁打听她的去向。对方回答，上午还在，下午应该有事回去了。明天来，准在！

后来，超市让她进到了里面，安排在不起眼的角落，可见她不是这寸土寸金之地的租户。搭个铺面，有点奢想。不过有桌有椅，没有了热风寒浪，她的生意该是好做些了。

老主顾终归有限，何况缝缝补补的小活计，入账到底微薄。几年来，她却从未掀摊走人，商场也不曾嫌弃这个不交租金的小修小补摊。搞不定的针线活，人们也不苦恼，知道她还在那里。

大厦摩天，都市繁华，城市的昌大，让人看到了速度。日常手艺，小修小补，城市的细小，又让人看见了温度。一座城市，没有速度，或许留不下拼搏的人，可如果没有温度，也难留住人。

英国怎样偷走了中国的茶

□ 何 帆

1662年，葡萄牙公主凯瑟琳嫁给了英国国王查理二世。她的嫁妆不仅包括位于摩洛哥的军事重镇丹吉尔、印度大陆的明珠城市孟买，以及价值80万英镑的财宝，还有中国的茶具和茶叶。这是英国人最早接触到的茶。很快，这种典雅、浪漫的东方饮品风靡英国的上流社会。其实，英国人当时喝不到口感最好的新茶。茶叶从中国运到英国，至少需要8个月。爱好吃糖的英国贵族发明了往红茶里放牛奶和糖的喝法，这种暴殄天物的土豪作风居然变成了一种独特的英伦茶文化。到了18世纪中期，不仅是上流社会，就连普通的工人也已经手不释怀。就像一首英国民谣里唱的："当时钟敲响四下，世上一切瞬间为茶而停了。"

唯一令英国不爽的是，中国垄断了茶。到了17世纪，茶叶在中国的对外出口贸易中就超过了丝绸和陶瓷，成为最重要的出口产品。中国生产的茶叶，有1/5出口到了英国。白银大量流入中国，英国出现了贸易逆差。

后来，英国发现了一个纠正贸易失衡的办法，就是把鸦片由印度出口到中国。1822年至1837年，中国的鸦片销量增长了5倍，白银开始反向流出中国。1839年，林则徐在虎门销烟，引起英国的不满。1840年，英国悍然发动鸦片战争，用枪炮打开了中国的大门。

鸦片战争之后，英国得到了巨额赔款和清朝割让的香港岛，而且强迫中国允许鸦片贸易合法化，但又开始担心，万一中国纵容国内种植鸦片，不再从英国属地印度进口，该如何是好？想来想去，唯一的办法就是：从中国把茶偷过来。

这项任务交给了一个叫罗伯特·福钱的园艺师。福钱出生在苏格兰边境的一座小镇，是自中国开埠之后来中国的第一个英国园艺师。从1843年到1846年，福钱在中国各地跑了3年，到处搜集植物的标本和种子。他把很多中国花卉引入了英国：荷包牡丹、蒲葵、紫藤、栀子花、芫花、金橘等，满足了维多利亚时代英国举国上下对园艺的狂热。

回到英国后，福钱在切尔西草药园做园长，这是英国第二古老的植物园。1848年5月，英属东印度公司邀请福钱再次前往中国。东印度公司一直尝试在印度种植茶叶，但就是不像中国的茶那样有一股清香。"不入虎穴，焉得虎子"，要想生产出品质一流的茶，只能到中国最好的茶叶产区，把中国的茶种、制茶技术通通偷过来。

福钱先到上海，雇了一位姓王的买办。王是安徽人，家里就是种茶的。福钱从上海出发，经过杭州，辗转到了安徽。中国官府对茶叶生产一向管制甚严，鸦片战争之后民间的排外情绪日涨，福钱自然不能招摇过街，他穿上了一套长袍大褂，剃了头，头发上缝了一条假辫子，还学了几句含混不清的中国话，比如："我是从长城以外很远很远的地方来的。"

王家在安徽休宁县松萝山，这里气候温和，雨量充沛，土壤肥沃，特别适合茶树生长。福钱可能是第一个亲身造访中国茶园的外国人，他把茶叶制作的整个过程记录了下来。

福钱从安徽买了大批的茶苗和茶籽，运回上海。1849年1月，他把第一批茶苗、茶籽运往印度。

他接着开始了第二趟探险,这次是到武夷山寻找红茶。英国人更喜欢红茶,因为喝红茶时能放糖,凯瑟琳公主的嫁妆里就有几箱正山小种。福钱可能是第一个通过实地调查,弄清楚红茶和绿茶区别的英国人。红茶和绿茶的区别,在于红茶多了一道发酵工艺。福钱在武夷山找到了一种上好的乌龙茶:大红袍。乌龙茶是一种半发酵茶,英国当时进口了大量武夷山的乌龙茶,正是因为武夷山乌龙茶的茶色较黑,英国人才将所有的红茶笼统地称为"黑茶"。

从武夷山回到上海,福钱收到了来自印度的坏消息。他的茶苗和茶籽几乎全军覆没,这批货从香港出发,历经4个月才抵达喜马拉雅山的茶园。那时,1.3万多株茶苗只有1000株还存活,而且这1000株都布满了霉菌。移种到茶园之后,当地负责人执意给茶树浇水,这样又把大部分茶苗浇死了。最后只剩下80株大难不死。茶籽情况更糟,没有一颗发芽,全部发霉烂掉了。

福钱接到这样的坏消息,真是欲哭无泪。再搜集茶苗、茶籽并不困难,但怎样才能把茶苗和茶籽不远千里地运到印度?这时,福钱想起了英国医生沃德在1830年发明的"沃德箱"。沃德箱是一种密闭的玻璃容器,植物在沃德箱里可以长时间存活。

福钱把采购来的茶苗和茶籽小心翼翼地放进沃德箱,总共达两万株。他还带上了制作茶叶需要的全套工具——火炉、炒锅、锅铲,以及种植茶树的各种农具,还有制茶时为了给茶添加香味而经常使用的植物:茉莉、香柠檬。最让福钱得意的是,他还雇用了8个手艺精湛的茶农,带着他们一起去了印度。按照福钱的要求,这8个茶农都来自偏僻的山区,因为福钱不信任通商口岸的中国人,觉得他们不够纯朴老实。这8个茶农还必须来自种茶世家,因为福钱知道,手艺都是由世世代代的经验传承下来的。福钱想得非常周到,他还找了两个专门做茶具的巧匠。印度生产的茶叶之所以品质不佳,有一个原因就是贮存茶叶的容器太粗糙,密封性不好。

1851年2月,福钱带着他的茶苗、茶籽和雇工,从上海启程。同年4月,福钱一行到达喜马拉雅山区的茶园。这次所有的茶籽都发芽了,长势喜人。此后,不到20年,印度大量种植茶树,培育出了大吉岭等世界一流的红茶品种。中国对茶叶的垄断地位从此被打破。

英国就这样从中国偷走了茶,这是一起巨大的商业盗窃,就好比有人窃取了可口可乐的配方、微软的Windows代码,或是谷歌的算法。但无论福钱,还是东印度公司,都没有觉得有丝毫的不安和愧疚。相反,他们觉得这是一次伟大的探险、一次胜利的攫取。凡是别人有的,他们都想要有。他们豪情万丈、理直气壮,因为,那是另一个民族的"野心时代"。

香 饵

□黄小平

一日,见一老者在池边钓鱼,出于好奇,我站在一旁,观看起来。池水很浑浊,这么浑浊的水,鱼儿怎么能看见饵料呢?看不见饵料,鱼儿怎么会靠近饵料,靠近鱼钩呢?不靠近鱼钩,鱼儿又怎么会上钩呢?正在我怀疑是否能在这么浑浊的水里钓到鱼时,老者很快就钓上了一条鱼。

也许老者看出了我的怀疑,他拿起一粒饵料,要我闻闻。"这饵料好香啊!"我说。

"现在你知道鱼儿怎么会上钩了吧。"老者说,"鱼儿上钩,不是因为它看到了饵料,而是被饵料的香味诱惑上钩的。饵料对鱼儿的诱惑,无处不在,不只是在它的视觉里。很多诱惑,是看不见的,看不见的诱惑,有时更容易让人咬钩上当。"

想想,"饵料"对人的诱惑,也不是你眼睛轻易看得到的,它会不知不觉地渗透到你的肌肤里、血液里、骨骼里,无处不在。

纸巾和口罩里的人生温度

□ 崔 立

一件小事，是我走进一家家居店没多久，肚子里突然有了不适感。抱着试试的心态，我问一位年轻女服务生，她摇摇头，说这里没有纸巾卖。我的心头一下黯然，眼看着她要走开了，我咬咬牙，说："不好意思，你身上有纸巾吗？我可以买。"这话，其实是有点唐突的，她没有义务给我解决这个问题。女服务生摇头说："没有。"见我一脸失望的表情，她说："你要不等等我。"她走进一间屋子里，出来后递给我一小包纸巾。我接过，说："多少钱？我没带现金，扫码给你吧。"她摇摇头，说："不要钱，送你了。"我从卫生间出来后，想找那位女服务生。可我尴尬地发现，几位年轻女服务生都戴着口罩，已经认不出刚刚是其中哪一位了。我的心头，默默地感谢着这位好心的年轻姑娘。

还有一件小事，是我早上刚刷卡上公交车，司机突然掷地有声："请戴口罩！"我一摸口袋，没带！我傻眼了。此时，耳边传来一个轰雷般的声音："我终于等到你了！"声音的源头是一位老人。他从包里掏出一只崭新又干净的口罩给我。我接过戴上，要把钱给老人，老人却怎么也不要，说："我这是助人为乐，又不是为了赚钱。"老人还亮给我看他随身包里的一沓口罩，说："喏，这些口罩我都是带着给忘记戴口罩的乘客的，以前好几次，看到那些着急上车又没戴口罩的乘客一脸焦虑，我帮不上他们，心里很难受。"他又说："其实也没几个钱，我有退休金，做些力所能及的有意义的事情，心情舒畅，比吃什么补品都能让我长寿，对不对？"老人说着，还自顾自地笑了。

后来，我再出门，包里必备两样东西：几包纸巾和一沓崭新的口罩。

关注利益而非立场

□ ［美］贾斯汀·李

管理学大师玛丽·帕克·福列特讲过一个案例——想想两个男人在图书馆里吵架。

一个人想要窗户开着，另一个人想要窗户关着。他们为了究竟开多大不停地争吵：开条缝，一半，或三分之二。没有一种方式能同时满足双方的要求。

图书管理员走了过来。她问其中一人为什么要打开窗户，那人回答："呼吸新鲜空气。"她问另一个人为什么要关闭它，那人回答："我怕风。"

她想了一会儿后，去隔壁房间打开了一扇窗，这样一来，那两个人既能呼吸到新鲜空气，又不会被风吹到。

这已经成为一个"关注利益，而不是立场"的经典例证。

当听别人阐述自己的观点时，你要听的不仅是他们在这个问题上的立场，更重要的是要通过倾听，了解他们潜在的要求、需求、价值观、关注和优先事项，也就是激励他们坚守立场的利益。

换句话说，问题不只是"他们想要什么"，而是"为什么他们想要它"。这是你的回应最终必须解决的问题。

6

山高路远，
看世界也找自己

抱怨自己的天赋，
不如提升你的努力程度

人生的契机和姿态

□ 卞毓方

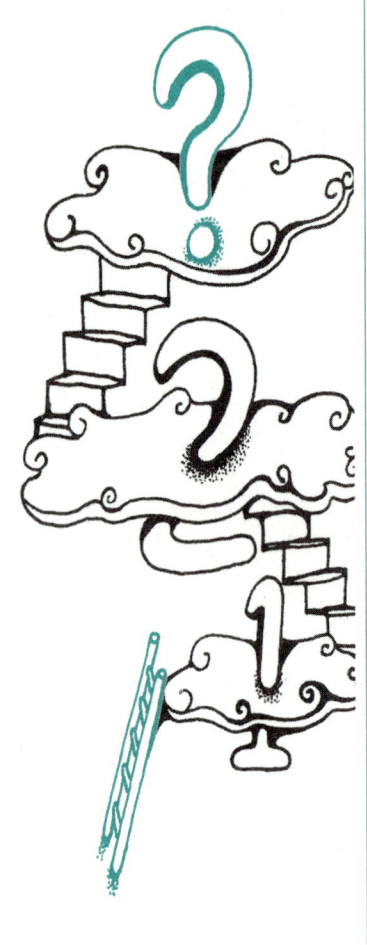

01

命运的转折，常常决定于外界一个微小的引诱或刺激。

譬如说陈省身，小时候，父亲在省城杭州工作，他跟着祖母待在老家嘉兴。有一年，父亲返家过春节，给他带了一套礼物，是当时流行于新式学堂的《笔算数学》，分上、中、下三册，是美国传教士狄考文和中国学者邹立文合编的。还家当日，父亲觉得儿子还小，仅仅给他粗略讲了讲阿拉伯数字和数学算法。谁知陈省身一听就爱上了，他私下里慢慢啃，越啃越有兴趣，没过多少日子，居然把三册书啃完，并且做出了其中大部分习题。这简直是奇迹，陈省身无意中闯进了数学的门槛——那里正通向他生命的殿堂。

譬如说钱学森，初中阶段，一次课余聊天，有位同学说："你们知不知道20世纪有两位伟人，一个是爱因斯坦，一个是列宁？"众人闻所未闻，面面相觑。20世纪20年代初，信息相当滞后，爱因斯坦的相对论虽然问世十多年，列宁领导的十月革命也已过去了五六年，他俩的大名和事迹还没有广泛进入中学校园。见状，那个同学禁不住神采飞扬，侃侃而谈，他说，爱因斯坦是位科学巨匠……列宁是位革命巨匠……学校图书馆有关于他俩的书……钱学森听得心痒，就从图书馆借了一本爱因斯坦的《狭义与广义相对论浅说》，内容似懂非懂，心扉却轰然洞开，他看到了身外有宇宙，宇宙有无穷奥秘。科学，就是开启宇宙奥秘的钥匙。正是从那时起，他思想的触角，开始试探太空的广阔与自由。

02

由陈省身、钱学森又想到侯仁之，他们仨同龄，都是1911年生，但是后者的起步阶段，远没有前两者幸运。侯仁之幼时孱弱，也没大病，就是弱不禁风，碰一碰就倒的样子，难以坚持正常上学，总是读一阵，休学一阵，这对他是很大的打击，尤其复学之后，照例要留一级，对幼小的心灵，更是雪上加霜。仅在初一这个台阶，他就"蹲"了两年，第三年，还是读初一。这样的环境，即使身体完全康复，也是不宜再待下去的了，恰巧他有个堂兄，在山东德州博文中学教体育，于是他便离开老家河北省枣强，转去德州读书。

博文中学是一所教会学校，体育风气浓厚，各种项目中，篮球尤为大家喜爱。班班有篮球队，经常举行班际比赛。侯仁之受堂兄的鼓舞，也想上场一试身手。一天，他壮着胆子找到本班的篮球队队长，说出了自己的心愿。队长看看他，矮而且瘦，而且黄，一副病恹恹的神态，岂能硬碰硬地打篮球？摇头，断然拒绝。其实，不要说班代表队，就是本班同学玩球，大伙分成两拨，哪一拨也都不要他。侯仁之被孤立在篮球运动之外。他感到绝望，由绝望中又生发出豪气：既然玩不了球，我就练跑步——跑步，是不要别人恩准的。从此，每天下了晚自习,他就围着操场,一圈又一圈地跑。坚持了整整一个冬天,风雪无阻。转过年来,学校举行春季运动会,体育委员找到他,说:"侯仁之,你参加1500米吧,怎么样?"侯仁之感到突然,他说:"我可是从来没有参加过比赛呀。"体育委员说:"你行,你肯定行,我看见你天天晚上练来着。"侯仁之于是硬着头皮报了1500米。比赛开始,发令枪一响,侯仁之就拼命往前冲,跑过一圈,又一圈,转弯的时候挺纳闷:怎么旁边一个人都没有?回头一看,哈,其他人都被他甩得老远!侯仁之轻而易举地获得了冠军。

03

人生是一场马拉松,各有各的跑法。仍拿陈省身作例,他的"跑",就是玩。陈省身不爱体育,中学时,跑百米居然在20秒开外,比女生还慢。但是,他懂得玩。他的玩,不是外在的,而是内向的,他"玩"数学,"玩"化学,"玩"植物学,"玩"围棋,"玩"一切他喜欢的功课和项目——他是同知识玩,同自己的心智玩。钱学森读的是北京师大附中,受到的是全面发展的教育,他喜欢体育运动,更喜欢数学、音乐和美术。若干年后,他曾向加州理工学院的一位同事表示:根据定义,一则数学难题的解答,具体呈现就是美。因此也可以说,钱学森的"跑法",就是追求美。

说到侯仁之,他的人生姿态,绝对是长跑。体弱多病和长跑健将,这两者很难令人联系在一起,但是,侯仁之做到了。起初是出于无奈,跑着跑着,事情就起了质的变化。跑步不仅使侯仁之告别羸弱,赢得健康,而且成了他生活的动力,奋发的标志,人格的象征。

侯仁之从博文中学一路跑进燕京大学,从本科生一路跑到研究生,跑到留校当教师。他名下的5000米校纪录,一直保持了十多年,直到1954年,才为北京大学的后生打破(1952年燕大并入北大)。侯仁之先生的影集,保留有在燕大长跑时的雄姿,其中一幅注明是"终点冲刺",画面上的他赤膊上阵,精神抖擞,一马当先。艺术家黄宗江回忆:"师兄侯仁之……我初上燕京大学时他已经是研究生。我们曾一同参加越野赛,从西校门跑至颐和园再折回未名湖。他获冠军,我居第五名。在我前的三名均是外籍学生,乃有人戏称我为中国学生之亚军,亦殊荣也。"有资料显示,侯仁之那一次越野赛战胜的外籍学生中,包括一名英国长跑高手。

顺便说一说,陈省身以"玩"的姿态,一路跑到九十四岁;钱学森在追求美的路上,跑进了九十八岁;侯仁之呢,今年已经一百零二岁(指2013年),仍然在做生命最后的也是最豪迈的冲刺,在此,谨祝他老人家相期以茶,高歌猛进。

乍醒时

□ 沈从文

乍醒时,天才蒙蒙亮,猛然想着你,猛然想着你,心便跳跃不止。

为了那张仿佛很近实在又极远的白脸,一时无法把握得到,心里空虚得很。因此,每一丝声息,每一个墙外夜行人的步履声音,敲打在心上都发生了绝大的返响,又沉闷,又空洞。

再说,再说这边的两只眼睛,一颗心,在如何一种焦急与期待中把白日同黑夜送走,忽然有一天,有那么一天,一个瘦小的身子挨过门来,那种欢喜,唉,那种欢喜,你叫我怎么说呢?

你好，鸡块侠

你的外星小姨

在社交媒体上，网友们开始手捧麦乐鸡盒，虔诚地祈愿"鸡块侠"的降临。这一切，都是因为前不久火起来的一张截图：一位麦当劳员工声称，自己在打工两年间，总会默默地给每份麦乐鸡多放一块鸡块。

这等壮举，很快让这位神秘人被网友们捧上了神坛，赋名"鸡块侠"。这并不是单纯的网络段子，"鸡块侠"确有其人，他叫科迪·邦达尔查克。他本人认为，这只是一个小小的善举，但对广大网友而言，不那么简单。科迪因此获得美誉："下一届诺贝尔和平奖得主""麦林好汉"……人们开始明白一个道理：英雄不一定身穿斗篷，也不一定站在光里，有可能正在麦当劳炸鸡块。

尽管有些声音对这种"慷他人之慨"的行为表示不赞同，但科迪并不在意："我这是在为麦当劳做慈善。"也是因为这种"坦然背刺资本家"的豪迈之气，科迪成为网络红人，甚至开始竞选市议会议员。

自他之后，快餐界开始出现无数匿名侠客，他们大隐隐于市，却不断给"干饭人"谱写神话。

"我在那儿上班的时候经常来一个流浪汉，但经理不给他免费食物。

"我第一次见他就给他买了吃的。自那以后，我每天都会多买一份午餐让他省点钱。他是我在那儿工作那么久的原因。"

没有快餐侠就没有今天的C罗。C罗如今已成为世界体坛最富有的运动员之一，而他却难以忘记，自己11岁时曾经因为饥饿到麦当劳要免费汉堡。当时他刚去里斯本竞技青少年队踢球，只是个来自马德拉岛的穷孩子。

越来越多的无名英雄开始从阴影中现身。有人不惜千方百计，只为你饮料里能多点真材实料。"甜筒侠"的任务，则是尽量把每个甜筒都打成实心的。

得知这一群体存在的食客们，也开始与这些"英雄"暗中联络。不知有多少单外卖的备注是："会有鸡块侠吗？"人们虔诚地祈祷，只为奇迹的来临。在这期间，尽管有一些"鸡块侠"英勇"牺牲"，但还是有不少人得到了眷顾。

在紧张的学习和工作中，你没空去吃顿正经饭，在外卖平台上点了一份麦乐鸡盒。打开一看，里面比平常的量多了一块——对普通人而言，这种微不足道的"加餐"可以带来一天的好心情。

在欧美，有个理论叫"袋子底部的薯条更好吃"：当你吃完薯条盒里的薯条，打开外卖纸袋一看，发现底下还漏了好多根。无论数量多少，这些"意外之薯"都会让你如获至宝。有种幸福，就叫"你以为你吃完了，其实还没有"。

网友们也玩开了——有把50页的寒假作业印成70页的"试卷侠"；有下课了也要多说十分钟的"授课侠"；食堂大妈"打饭侠"，每次都要用饭勺把饭压一压；"网约车侠"，每次都把乘客多送500米；每次点炸鸡都会遇到"手套侠"，多给双一次性手套……

保养好你的微笑

□白音格力

少年好,好在韶华易老,他仍鲜衣怒马,爱到星眸闪耀,仿佛不管经年,都可璀璨微笑。

岁月渐深,一路走来,若一个人仍内在清澈,不惧不忧,自持从容与美好,所望来路,内在安稳,我相信,这时他眼里的笑,是春光,是千里莺啼,纷纷红紫。

所以,走过多远的路,行过多深的岁月,我们都愿归来时仍是少年。能携清风,邀明月,能五百年谪在红尘,三千里击开沧海,依然能安然明媚,灿烂一笑。

容颜会老的,爱会老的,藏都藏不住,保养都保养不好。而微笑,是一个人心底的光,是流泉,是精神上的气质,只要你愿意,你的眉眼间,总有青翠欲滴的时光,总有嫩绿如芽的清风。

一直相信,树开的所有花朵,都是情深意浓的笑。记得一年在春山之巅,看墨绿的松,有春风拂面,我知道,整个的荒山已满是笑意,因为花籽在来的路上了。不经意,看到一山沟坡上一树红,像火一样的红。其实不是纯红,是嫣红。

嫣红惹眼,在春山里,红红火火似的。

当时不顾一身的疲惫,赶着去见这一树红。终于走近它,是野杜鹃,一朵一朵,薄薄的瓣,开得那么热闹,像一只只眼睛,笑着看我。那一刻,好想抱起那一枝枝嫣红。我在便笺上写下一句"在这个初春里,你早早地开了一树的笑",然后挂在枝上,寄给春天。

不被岁月的秋风抽空了魂,不怕世事的冬雪覆盖了愿,一棵树,默然迎接着风霜雪剑,一场寒里保养一整个季节的笑,所以才会在来年依然开花。

每到深秋入冬,便觉得要保养好自己的微笑。我知道微笑是花,是人身体这株植物开出的最美的花。如此再添茶翻书,书上有古人扫尘。尘世也就晴了,暖了。然后把清瘦的往事摆上茶席,把花香虔诚地邀来,把白云,把清风请来作陪,好好地聊一聊,那些春天里的花事。

我知道,对每个人来说,人生的秋迟早会来的。身体的枝干迟早要脱尽繁华,一片片落叶将覆盖自己的人生。

可是,落叶的离开是替树送一封信,路过你眉间的第一场小雪,早早为花籽送了信。我只需保养好我的微笑,我知道,我光阴的信箱里,春水初生,花月同行,一封封信,莞尔见我。

人与岁月,与往事,与一个人,甚至与自己,最好能相安于日常。让心的宅门前,开一丛清喜的山花,名字叫"微笑",风来几分明媚几分自在,雨来几分安然几分自若。

请相信,保养好微笑,可过渡沧桑。

即使多少年过去,你一生经历怎样的沧海桑田,都不敌你那一笑,山花烂漫,山河故人,皆认得你。

人一生,踏过石径清露,别过孤亭霜叶,最美或许就是那么一刻,空山月凉思人时,月色给你包扎好尘世的伤口,你仍有保养好的微笑,在每一个平平常常的日子里,温慈,莞尔,一笑。

多学习一种语言，成绩会更好吗

□ 袁则明

最近，有报道说，多种语言夹杂使用可以提高学生的成绩。此文一出便引来无数网友的关注。

那么，这种说法到底有没有道理呢？这就有必要认识一下人类的大脑。人的大脑分左右两部分，左脑是"现实派"，主要以语言、逻辑、分析计算等活动为主；右脑则是诗与远方，与灵感、节奏、音乐、图像和幻想等有关。但两个半脑并不是独立的，它们之间有3亿多个神经细胞组成了一个高度复杂的交换系统，并不断地平行输入信息，将抽象的、整体的图像与具体的、逻辑的信息连接起来。比如听一首歌时，左脑负责处理歌词，右脑则处理旋律，两种信息几乎在同时进行交换，所以我们才能唱出一首歌。

那么，神经细胞之间是靠什么交换信息的呢？靠的是一种化学物质，这种化学物质与外界给予的刺激有关，刺激越大，分泌得就越多，神经细胞交换的速度也就越快。人们学习的过程就是大脑信息不断交换的过程，大脑兴奋，学习才能充满活力。

其实，运用纯粹的多种语言学习，目的不是多一种语言就能提高一点成绩，而是通过这种边缘化的方式来刺激左右脑。我们知道，中国和日本是象形语言，很大程度上使用的是右脑，而西方的字母文化，一般只使用主管抽象思维的左脑。利用多种语言学习，一方面能让左右脑参与活动；另一方面可以激活大脑打开记忆之门，联想起一些旧的知识。

比如，第三代杂交水稻的双季稻亩产破1500千克后，袁隆平表示："我excited，more than excited。"他还解释说，"more than excited"是更加激动的意思。这句汉英混合的话，不但说明了他兴奋、自信，活跃了现场，同时关于这个短语是否规范的问题也引起很多人热议。

人的左右脑记忆力极其悬殊，右脑的记忆力是左脑的100万倍。随着年龄的增长，左脑会逐渐变为"自身脑"，从而取代右脑成为主宰，最终让右脑处于休眠状态，所以年龄越大的人，就越依赖左脑，记忆力会减退。那么，要增强记忆力，就得用多种语言开发右脑。

当然，这里的多种语言并非一定要在讲中文时掺入外国语言。著名教育学家斯维特洛夫说："教育家最主要的，也是第一位的助手，是幽默。"就是说，幽默、笑话、打比方、图形和游戏等也属于另一类语言，另外，抑扬顿挫、娓娓动听也是一种语言技能的翻新。所以，在学习或教学时，若能运用多种语言，就能在脑海中有一个空间，而人的右脑有一种特殊功能，那就是空间记忆，通过相关空间"语言"的点缀，就能记得快速、牢固。比如，在《最强大脑》节目中，参赛选手就是通过图形、场景等形式记忆的。

除此之外，运用这些"语言"还能建立更好的师生关系，拉近师生之间的距离，使人更加幸福。美国心理学家霍华·克莱贝尔研究发现：右脑使人幸福，左脑用得多的人不易感到幸福。一个人的幸福指数高，学习起来也会更加自信。但真正善于使用右脑的人并不多，因为人人都有惰性，潜意识里会选择比较简单的东西，不想给自己带来不必要的困扰。总之，大脑遵循的是"用进废退"的原则，所以多运用一种语言学习，就能多开发右脑，成绩自然也能很快得到提高。

树 帖

□ 赵大民

家乡的人，每遇重要的事需请人来，都要提前两三天发一个请帖去，有的甚至更早一些，五天六天的都有，以示对被邀请之人的敬重。

比如结婚时，亲戚朋友邻里都要送上贺礼，那请帖自然也要好好地写，这样的帖子，人们叫作"婚帖""喜帖"。再比如，盖了新房、小孩儿满月或是老人过大寿，都要给来贺的人家发个请帖过去。

在我们家乡，还有一种帖子叫"树帖"。

家乡在豫西南的山里，山多、坡多，乡亲们除了种地，最爱干的一件事就是种树，而那坡上，土少，石头多，一镢头下去，当当响，震得手疼。乡亲们说，咱这"石圪尖"的庄名儿没起错。手是疼，但大家还是背着镢头上山上坡，挖坑，砸石头，搬石头，挑水，抬水，挖土，培土，能种树的地方都要种上。今年种上二三十棵，死一半，活一半，明年还要把死的树补种回来。

慢慢地，家乡的山坡上起了栎树林、杨树林、化香林……而家家户户的房前屋后不是榆树，就是桐树、洋槐树……一年四季里，家就长在林子里。村里人邀请朋友来家里做客，不说住的啥房子，只说"俺家门前有棵大柳树""俺家门前有棵大杏树"……

树成了材，就要伐一些，卖给收木材的人，或者自己家修房盖屋、打家具用，但哪一棵该伐了，哪一棵该留下，每一家的当家人都心中有数，不能滥伐，且伐一棵，必定补上一棵。

家乡的人伐树有一个规矩，就是要提前三到七天给树发个请帖，这帖就叫"树帖"。

村里有一位孔先生，是在小学当老师的，文化深，字也中，毛笔钢笔写出的字都周周正正的，有力道，看着排场、提精神。要伐树的人家都要提前去他家，拿着一张红纸，请他写个树帖。他无论多忙，都会立马停了手中的活儿，笑着说："中。这又不难，况且还是给树神树仙写帖哩。用毛笔，还是钢笔？"

"都中，都中。"

孔先生就净了手，裁了一块尺余长的红纸，屏着气，用毛笔写起来。那帖子是竖排的，标题的字要比正文的大些："敬树神树仙帖"。正文则言简意赅："兹定于×年×月×日伐树，敬请各位树神树仙大驾移位他树仙居。不敬之处，请众神仙海涵。敬请人×××。×年×月×日。"

帖写好了，孔先生要远远近近地看看，若不满意，还要重新去写。他说："这帖是敬请神仙哩。"

我家的树帖也是孔先生写的。爹喜眯眯地去，又喜眯眯地回来，然后叫我跟他一块儿去给树发请帖去。那是一棵大榆树，十来年了，一个大人都搂不住。爹把娘打好的糨糊刷在树干上，毕恭毕敬地把红红的帖子贴上去，还用手压得实实的，生怕风刮去。那棵榆树是七天以后才能伐的。

我问爹："为啥非要给树写个帖呢？"

"咱栽下了树，就得照护好，树长大了，神仙就在上面安家了，也给咱照看着树哩。咱要伐树了，不给他们说说会中？一说，他们就搬到别的树上去了，又安了新家，又给咱照看树。"爹笑着抚摸着我的头说，"人养活树，树养活人啊！你记住了，以后长大了，好好养树，要伐树了，就先给树写个帖。"

抱怨自己的天赋，
不如提升你的努力程度

古人"鸡娃"也疯狂

□竹映月江

"鸡娃"虽是当下的网络热词，但这种现象古已有之。古人为了培养自家子弟成才，所用的"鸡娃"手段一个比一个狠。许多历史上的名人，都曾在家长们的疯狂"鸡娃"之下，学成一身文艺武功，将"内卷"推向新高度。

那么，深谙"鸡娃"真谛的古人，"鸡"起娃来到底有多疯狂呢？

曹操家的"鸡娃"指南

如果要评选疯狂"鸡娃"的家长，那三国时期的曹操必须榜上有名。

曹操之子曹丕曾在《典论·自叙》里"吐槽"："余时年五岁，上以四方扰乱，教余学射。六岁而知射，又教余骑马，八岁而知骑射矣。"

这就是说，曹操让年仅5岁的曹丕学习拉弓射箭的本领，压根儿不考虑5岁的孩子有没有力气拉开硬弓。

6岁那年，曹丕已经在曹操的严格训练下熟练掌握了射击术。曹操又继续逼着年幼的曹丕学骑马，令曹丕在8岁时成了马术小能手。

在这样的"鸡娃"教育下，曹丕10岁时便弓马娴熟，能够跟着曹操上战场杀敌了。

相比之下，现代父母"鸡娃"，终极目标无非是孩子成绩好，而曹操"鸡娃"够狠，才10岁的孩子就被他"鸡"得南征北战，过上了刀口舔血的生活。

关键的是，这般疯狂的"鸡娃"，曹操还"鸡"得理直气壮，甚至毫无心理负担地表示，他这么做都是为了孩子好，谁让世道这么乱，不"鸡娃"不行啊。

画荻教子

曹操的"鸡娃"在现代人看来很疯狂，可在宋代的欧阳修看来，就成了不值一提的"小场面"。据史料记载，欧阳修出生时，他的父亲欧阳观已经55岁了，时任绵州军事推官，为人正直，官声极佳。

欧阳观严于律己的同时，也对欧阳修寄予了莫大的期望。他心心念念着欧阳修能成为栋梁之材，做出一番成就。

可惜，欧阳修4岁那年，欧阳观的生命就走到了尽头，临终之时，欧阳观拉着妻子的手，用尽全身的气力说道："我一生清廉为官，没有贪污过一间房屋或一块土地，对得起天地良心。我只是遗憾不能亲眼看到儿子长大成人，你一定要好好教导孩子，等他长大后，让他像我一样清白做人，用心做事。"

妻子含泪答应了欧阳观。此后，欧阳观生平的一言一行都成了欧阳修的"教科书"。童年的欧阳修在母亲的督促下早早开蒙识字，由于家里没钱购买笔墨纸张，母亲就用芦秆当笔，在沙地上教欧阳修读书写字，从而留下了"画荻教子"的美谈。

或许是为了让欧阳修更加用心地学习，欧阳修的母亲时常一边辅导欧阳修的学业，一边自顾自地念叨着："吾不能教汝，此汝父之志也。"

意思是：孩子，你别嫌老妈严格，要怪就怪你爸去，这都是他的遗愿。短短一句话，造就"鸡娃"

新高度，"别人家的孩子"在欧阳修家里黯然失色，"你爸说的"成了欧阳修童年时代的金科玉律。

锁户严课

历史的脚步转瞬就是数百年。清代，一位"别人家的孩子"横空出世，再度引发了一次疯狂的"鸡娃"事件。这次"鸡娃"事件中的灵魂人物，是著名的晚清重臣左宗棠。

左宗棠出身耕读世家，从小天资出众，学习刻苦，4岁能诵《论语》，8岁能写八股文，被誉为"神童"。

16岁那年，左宗棠参加长沙府试，以第二名的成绩高中秀才。1832年，左宗棠又前往省城长沙参加乡试，取得举人功名。

若是不出意外，左宗棠只需会试再次高中，就能成为两榜出身的公务员，但意外偏偏发生了，号称"神童"的左宗棠连考了3次会试，次次铩羽而归。最终他只得带着遗憾，无奈地来到晚清名臣骆秉章麾下担任幕僚。

虽说是幕僚，但骆秉章对左宗棠敬重有加，十分信任，这无形中滋长了左宗棠骨子里的傲气。一次，永州镇总兵樊燮来访，见到左宗棠后只当是寻常幕僚，并未行礼请安，左宗棠十分不悦，忍不住与樊燮发生了争执。

两个人争执的记载在不同的文献中有些许出入。一些文献里记载，左宗棠当时越说越怒，盛怒之下当场掌掴樊燮；而《世载堂杂忆》等文献中却称，左宗棠气头上大骂樊燮道："滚出去！"

但无论如何，这次争执过后，樊燮就被革职，这让樊燮恨极了左宗棠。于是，带着满腔仇恨的樊燮回到故乡，在祖先的牌位旁立下一块"洗辱牌"，上面写着"滚出去"，并就此走上了"鸡娃"复仇之路。

他花费重金，聘请名师教导两个儿子，发誓要培养儿子中举，从而在功名上超越左宗棠，一洗当日之辱。

为了逼儿子努力学习，樊燮定下了一条严格的家规：两个儿子在没有考取功名前，无论出席任何场合、见任何人，都只能穿女装。

若是考取了秀才，就可以脱下女装的外套；考取举人后，再脱下女装的内衣；等到考取进士金榜题名后，就可以焚烧"洗辱牌"，彻底完成"复仇"的伟大事业。

在樊燮的疯狂"鸡娃"下，樊燮的两个儿子夜以继日地用功学习，但樊燮还嫌不够，他又取消了儿子们所有的娱乐活动，将他们锁户严课。

所幸皇天不负苦心人，光绪三年（1877年），樊燮次子樊增祥终于考上了进士，那时樊燮已死，但樊增祥还是遵循父亲的嘱咐，请来许多宾客，当众焚烧了"洗辱牌"，以告慰樊燮在天之灵。

细细算来，当初樊燮立"洗辱牌"时，樊增祥才13岁，待到焚烧"洗辱牌"时，樊增祥已经32岁了。樊燮虽然"大仇得报"，可樊增祥的整个青春岁月都在"鸡娃"中埋葬。古人"鸡娃"到这个份上，可真是让现代人看了也汗颜呀。

真正的孤单

□［智利］罗贝托·波拉尼奥

表面上无人的大楼，就是说，你以为大楼里面没人，你之所以这样认为，是因为没听见任何动静，实际上，并非无人；即使听觉和视觉告诉你无人，你知道也并非如此。于是，焦虑，恐惧，不是由于你认为的原因产生的，就是说，不是由于你待在空楼里，不是由于你真的被关在、禁闭在空楼里，而是由于你知道，内心深处就知道没有空楼，所谓的破烂空楼里总有人躲避我们的视线不闹出动静来，所以我们并不孤单，即便我们独处的时候，也并不孤单。你知道什么时候我们真的感觉孤单吗？我说：是在人群里。

窗中戏剧

□ [德] 伊尔泽·爱辛格尔

女人倚在窗子边，朝对面望去。风微微地从河边吹来，感觉和平常没什么不一样。她住在顶楼的倒数第二层，街道在远远的下面，就连马路上来来往往的车辆的噪声也很少传到这里。就在女人准备从窗边转身离开的时候，她突然发现，对面那位老人房间里的灯不知道什么时候已经打开了。天色还不晚，外面还很亮，老人房间里的灯光并不明显，那种感觉就像太阳底下开着的街灯，又像是灯火通明的房间里，某个人在窗边点亮的蜡烛。

女人站住了。

老人打开窗子，朝着这边点了点头。

他是在向我打招呼吗？女人暗自想道。她所住的房子上面一层是空着的，下面一层是一家工厂，这会儿早就关门了。女人于是微微地点了点头，作为对老人的回应。只见老人又冲着这边点点头，同时伸手去摘帽子，却突然发现，自己的头上并没有帽子。老人转身消失在了后面的房间里。

很快，老人又出现在了窗前。这次，他的头上多了一顶帽子，身上加了一件外套。他脱下帽子，微笑着向女人致意。接着，他从口袋里掏出一块白色的手帕，挥舞起来。一开始，是轻轻的，接着，越来越激烈。他把身子倾在窗台上，让人不得不为他担心他的整个身体会从窗子里跌出来。女人有些愕然地后退了一步。

这时，窗子对面的老人一抬手，将手中的帽子远远地甩开了。同时，他将围巾顶在了自己的头上，将自己的头包裹起来。接着，他将双臂交叉，合在胸前，开始鞠躬。每次抬起头时，他的左眼都闭着，仿佛在向女人传递着他们两人之间的某种秘密信息。女人饶有兴味地看着这一切，直到她突然发现，窗子中出现了两条穿着窄窄的、打着补丁的丝绒裤子的腿。老人在做倒立！当他那通红、满是汗水而又兴高采烈的脸重新出现在窗前时，女人终于拨打了警察局的电话。

老人仍然没有停下来。他披着一条床单，在两扇窗子前交替出现。三条街道以外的警察局接到了女人的电话，女人在电话中有些语无伦次、声音十分激动，以至于警察们也不知道发生了什么事。此刻，对面的老人笑得更厉害了，脸上的皱纹堆成了一团。他伸出一只手，做了个模糊的手势，在脸上一抹，随即，他脸上的笑容消失了，似乎，他的笑容已经瞬间被他攥在了手里。女人一直站在窗边看着这一切，直到警车赶到楼下。

女人气喘吁吁地跑下楼。警车周围已经围了许多人。一群人跟着警察和女人上了楼，有好几个甚至跟到了最后一级楼梯上。他们凑在一起，好奇地等待着——先是有人上前敲门，没有人应；然后按门铃，仍然没有回应。作为训练有素的警察，打开一道门并不是难事——门很快被打开了，干净利落。顺着窄窄的走廊，他们终于捕捉到了走廊尽头隐约的灯光。女人蹑手蹑脚地，紧紧地跟在警察后面。当通往里间的那道门被打开时，只见老人背对着他们，仍站在窗子旁。他的双手拿着一个大大的白色的枕头，放在自己头上，又拿下，不断重复着。那样子仿佛是在告诉什么人，他要去睡觉了。而他的肩上，还披着一块地毯。众人几乎已经走到了他的身后，老人仍然没有转身——这位老人的听觉已经非常迟钝了。女人的视线越过老人，望向对面，她看到了自己家那扇昏暗的窗子。

就像她所想的那样，底下那一层的工厂已经下班了。不过，在她家楼顶上，不知什么时候搬来了一对小夫妻。在他们房间的窗子旁，有一张围着栏杆的儿童床。一个小男孩正站在里面。

这个小孩儿头上也顶着一个枕头，身上披着一个床单。他不停地在床上蹦着跳着，朝着这边挥动着双手，嘴里咿咿呀呀地叫着。他先是笑着，接着，用手在脸上抹了一把，随即，他的脸变得严肃起来，仿佛他在一秒钟内将自己的笑容攥在了手中。紧接着，小男孩伸出手，用尽全身力气将手中的笑容抛到了所有目瞪口呆的人们脸上。

"人生赢家"

□王国梁

真正的人生赢家，是能够把自己的生活安排好，把自己的心态调整好，过出生活的真滋味。你仔细想想就会发现，其实生活就是一种心态。心态好了，一切都是满足的状态。

活在满足的状态中，虽然不一定能做出多么令人瞩目的成绩，但一定是幸福的状态。

有人问《人世间》的作者梁晓声："您认为的成功是什么？"他回答说："我不认为一个人非得取得所谓的成功。好的生活应该是稳定而自适的，自适就是使自己的心性安稳下来，过适合自己的生活。如果每个人都去追逐所谓的成功，而我们中国人又把成功定义为要么当大官，要么成为大款，那么这种成功没必要去追逐。文化不应该是这样，文化最大的作用应该是告诉我们，人生真的不必那样。"

梁晓声这番话说得特别好，过稳定而自适的生活就是真正的成功。真正的人生赢家，是能够很好地自我调适，自得其乐。

这样说来，我们每个人都可以成为"人生赢家"。也许你普通甚至卑微，就像一朵最不起眼的小花一样，但仍在角落里默默绽放属于自己的美丽，并且能够感受和享受到属于自己的美好。这样的人，难道不是"人生赢家"吗？

你或许没有功成名就，但能够发现生活中的种种美好，能够享受到人生的种种乐趣，就能够"赢"得真正的幸福。

小细节，大命运

□清风慕竹

宋高宗赵构没有生育能力，不得已，决定来一次海选太子，海选的范围限定为宋太祖赵匡胤的子孙。经过层层选拔，最后只剩下一胖一瘦两个孩子，胖的叫伯玖，瘦的叫伯琮。

两个孩子只有十来岁，高宗皇帝龙眼一望，立刻喜欢上了那个胖孩子伯玖，觉得他有帝王的福相。高宗也没让伯琮白来，赐给他三百两银子。伯琮恭恭敬敬施礼，谢过皇帝的赏赐，转身拖着银子往外走。银子太沉了，伯琮非常礼貌地向周围的人求助，礼数周到。高宗皇帝看在眼里，不住地点头，心里赞赏这孩子素质不低。

这时，大殿里只剩下胖子伯玖了，这个皇家子弟看起来非常骄傲，也非常开心。这时，一件意外的事发生了，一只猫不知从什么地方钻进了肃穆的金殿里，跑到了伯玖脚下。伯玖想都没想，抬脚就把这只猫踢出去老远。伴随着猫的惨叫声，整个大殿陷入死一般的沉寂。高宗皇帝的脸色立刻变了，对猫都这样，对百姓又会好到哪里去？高宗把手一挥，胖子下去吧，把伯琮召回来。

命运就这样发生了戏剧性的转变，胖子伯玖的一脚，把瘦子伯琮踢进了皇宫。高宗皇帝给伯琮请了最好的老师，悉心培养他。伯琮也很争气，他天资聪颖，又勤奋好学，很快便成长起来。

公元1162年，宋高宗赵构正式册立伯琮为太子，改名为赵昚。同年，赵昚登基，是为宋孝宗。宋孝宗即位后，立即给岳飞平反，又将秦桧时期制造的冤假错案全部予以昭雪。同时，重用主战大臣，整顿吏治，严肃军纪，积极抗金，收复失地，成为南宋最有作为的一位皇帝。

互锁定律

□寇士奇

我们经常互相问候："你最近有去哪里旅游吗？""你睡得怎么样？""工作还好吗？"还有一个问题，我觉得大家应该相互多问一下，那就是："你最近在读什么书？"这是一个简单却有力的问题，它可以改变生活，为被文化、年龄、时间和空间分割的人们创造一个共享的宇宙。

当我们问别人"你在读什么书"时，有时我们会发现与他人的相似之处，有时我们会发现不同的地方，有时我们会发现隐藏的共同爱好，有时我们会打开思索新世界、新想法的大门。

当怀着真诚的好奇心时，"你最近在读什么书"并不是一个简单的问题，这其实是在问"你现在是谁？你正在变成谁"。

蔬菜也有脾气

□ 厉 勇

夏日里的菜园，是一道独特的风景，瓜棚豆架绿意融融，豆角和丝瓜都像艺术品般安详垂挂着，让人不忍去摘。红番茄如婴儿的脸蛋般诱惑着你，碧绿而肥大的冬瓜躺在土地上，黄色明亮的南瓜花像一颗颗闪亮的星星……

在我眼里，蔬菜也有自己的脾气、性格。比如那葱绿可爱，非要把自己一层层包裹起来的包心菜，它估计缺乏安全感，所以要穿那么多件衣服；比如大蒜，它气味刺鼻，但懂得团结合作，抱团取暖；比如辣椒，别看外表鲜艳夺目，玲珑可爱，但是真不好惹，你若惹了它，就会被它辣到不敢再碰……

最近听了一个故事，更让我觉得蔬菜很有性格。单位的孙师傅，在办公室露台种了一棵冬瓜，冬瓜的触角在露台空地上蔓延着；又在办公室过道前的空地上种了两棵南瓜，南瓜藤沿着车棚顶攀爬着。夏天是冬瓜和南瓜大量结果的季节，在乡下，随处栽一棵南瓜或者冬瓜，几乎每天都可以摘一个嫩南瓜，冬瓜也可以有不错的收获。

没想到，孙师傅只收获了一个冬瓜和一个南瓜。他带着神秘的表情，对大家说，这是因为单位里人来人往，走来走去，看它们的人太多了，"我小时候听过一个说法，冬瓜和南瓜喜欢在偏僻的地方自由生长，那里没什么人打扰，所以它们哗啦啦一下子偷偷摸摸结好多瓜"。

如此看来，冬瓜和南瓜可谓低调、谦虚、默默酝酿丰收的"好瓜"，我对它们的好感又增加了。

你在读什么书

□ [美] 威尔·施瓦贝尔

一位外国哲人说："你用锁链套在奴隶的脖子上，链子另一端就自动锁在你自己的脖子上了。"其实，这句话也适用于其他地方，这简直就是一个定律，姑且称之为"互锁定律"吧。例如，你纵情地喝美酒，那美酒也在喝你；你极想坐处长局长那个座儿，那个座儿也在坐你；你一心要用时间赚取金钱，那金钱也在赚取你的生命。以致举目四顾，满大街都是和喜爱之物紧紧互锁之人。

但也有例外，我认识一位大学教师，他有个爱好：炒股。平时只见他双手在键盘上噼里啪啦炒股，却不见股在烟熏火燎地炒他。一日收盘后，见他对着电脑屏幕吟唱："我坐在城楼观山景……"我以为他买的股票红盘报收，凑近一看却是根绿森森的大阴线。某晚闲聊，问及此事，他说他有个处事宗旨，叫作"活在里面，但不完全属于它"。

我一怔，当时就想到：这句话可能是破除互锁定律的唯一法宝。人处在世间，很难不被喜爱之事羁绊，很难不受世俗裹挟。然而，我们可以活在其中，但不完全属于它。这样，你的存在和那个事物之间就有了一段距离。你就有了一种精神上的自由。当它哗啦啦抛来锁链时，你就有了躲避的可能。

贝勃定律：幸福本质上是种"敏感度"

□张文成

有人做过一个实验：一个人双手各举着三千克的重物，这时在其左手上加一百克的重物时，他并不会觉得两者有多大差别，直到左手重物再加六百克时才会觉得有些重；如果双手都举着十千克重的物体，那么，只有在他的左手上加上超过一千克的重物时，他才会明显感到两边重量不一样。也就是说，原来的砝码越重，之后就必须加更大的量，才能感觉到差别，这种现象被称为"贝勃定律"。

"贝勃定律"揭示了一种普遍存在的社会心理学现象，即当人经历强烈的刺激后，他对这类刺激的免疫能力会大大提升——就心理感受而言，第一次的大刺激会让第二次的小刺激变得微不足道。比如，原本一元钱的东西突然变成了十元，我们定会感到无法接受；可原本一万元的电脑涨了一百元，我们不会有太大反应。

从"贝勃定律"中我们可以推论出一个铁律——幸福递减。简单地说就是"得到的越多，感受到的幸福就越少"。同样是一个面包，带给一个饥肠辘辘的穷人和一个饱食终日的富豪的幸福感是截然不同的——并不是因为他们得到的幸福总量不一样，而是两者对一个面包的幸福感受能力不一样。

正如"贝勃定律"所阐释的，当人处于较差的状态下，一件微不足道的事情都可能会让他兴奋不已；而当所处的环境渐渐变得优越时，人的要求、欲望等就会随之提升，感受到幸福的能力就会大大降低。所以，很多时候，当我们感觉不到幸福，可能幸福依然在周围，只是内心失去了对它的感受力。

法国有一个寓言故事：一位国王带领军队去打仗，结果全军覆没。为了躲避追兵，他与部下走散了，在山沟里藏了两天两夜，其间粒米未食、滴水未进。后来，他遇到一位砍柴的老人，老人见他可怜，就送给他一个用粗粮和干菜做的菜团子。饥饿难耐的国王狼吞虎咽地把菜团子吃掉了，当时他觉得这是全天下最好吃的东西。于是，他问老人，如此美味的食物叫什么，老人说叫"饥饿"。

后来，国王回到王宫，下令厨师按他的描述做"饥饿"，可是怎么做都做不出原来的味道。为此，他派人千方百计找来那位会做"饥饿"的老人。谁料，当老人给他带来一篮菜团子时，他却怎么也吃不到当初的那种美味。

真正让国王感受到幸福的不是菜团子，而是他的"饥饿感"。饥饿时，即使是剩菜馊饭也吃得津津有味；酒足饭饱时，纵使是山珍海味也难以下咽。这就是"贝勃定律"为我们揭示的真理。

古罗马哲学家塞涅卡曾说："如果你不能对现在拥有的一切感到满足，那么，纵使让你拥有全世界，你也不会幸福。"曾经有人做过幸福调查："你觉得自己过得幸福吗？"在受访人群中，有80%的人觉得自己不幸福，都有这样或那样的抱怨、不满和牢骚。

难道真的有这么多的人过得不幸福吗？其实是很多人渐渐丧失了感知幸福的能力。幸福不是实体，而是一种感受，能获得多少幸福，只取决于我们对幸福的敏感度。时刻提醒自己：只要懂得用心去感受，幸福就一定在我们身边。

演讲的开场白到底怎么说

□ 李南南

俗话说,好的开始,是成功的一半。演讲也一样,开场最重要。那么,开场第一句到底应该说什么呢?

根据美国著名演讲家詹姆斯·休姆斯的观点,这个问题本身就问错了。因为一场好的演讲,开场根本就不应该着急说话。

这位演讲家,曾经为5位美国总统写过演讲稿,他认为,演讲的第一条原则是停顿。上台后不要说话,先登台站定,然后盯着台下半分钟,跟观众的目光一一对视。

这么做是让现场安静下来,并让观众的注意力集中到你身上,它还会让整个演讲产生一种庄重感。

贝尼托·华雷斯曾经5次出任墨西哥总统。根据休姆斯的说法,此人身高1.52米,相貌十分丑陋。可以想象一下,这个形象在演讲台上其实是不占优势的。但是,他特别擅长使用沉默的开场。每次开口前,他都会用一分钟环视现场,凝视观众。就在这一分钟里,人群变得鸦雀无声。

这就是开场的第一个技巧停顿,并且运用沉默的力量锁定全场的注意力。全场安静,现在你可以开口了。那么,第一句话说什么呢?我猜,你听到最多的开场,不是问好就是感谢。比如,"各位来宾,晚上好,很荣幸站在这里,首先我想感谢这场大会的主办方。"

但是,休姆斯一再强调,开场千万不要问好,不要表达感谢。因为,只要你这么开场,观众就会产生一种强烈的套路感。更重要的是,当你这么说的时候,会产生一种讨好现场观众和主办方的感觉,你的姿态会不自觉地低下来。要知道,演讲的时间何其宝贵,第一句话一旦让观众的注意力跑掉,或者一开口没有赢得观众的尊重,后面再想挽回就难了。

丘吉尔曾经说过,取悦他人的开场,是最愚蠢的开场。休姆斯认为,开口第一句话,要能镇住全场。你必须一开口,就说出一句让所有人都产生强烈共识的话。

比如,你可以说出一个在场人都认同的主张。19世纪美国废奴运动的领袖弗雷德里克·道格拉斯,在一个独立日的演讲上,他是这么开场的。他说:"不好意思,我不懂为什么你们会邀请我。我和我所代表的人民,没有任何理由来庆祝今天这个日子。"这句话一出口,就带着很强的主张。它背后有一句潜台词——黑人一度是被压迫的,而我坚定地站在黑人这边。

再比如,你可以说出一个大家都没有注意到的事实。1963年马丁·路德·金在林肯纪念堂的台阶上发表演讲的第一句话是:"100年前,一位伟大的美国人签署了《解放宣言》。今天,我们正站在他雕像的身影下集会。"这是一个被很多人忽视的事实,一旦说出来,能让在场的人立刻产生一种共识感。

此外,你还可以用一个极其自信的愿景开场。比如,曾经有一位纸张公司的首席执行官,其开场的第一句话是:"我看到的前景是,我们将要创造公司年度销量最大的历史,除非我们自己搞砸它。"这个开场方式,不能说它有多高明。但至少一开口,气势就上来了。要知道,所谓演讲——演在前,讲在后。

当然,这不是说不能在演讲中表达谢意,而是不要把它当成开场。假如你想表达感谢,可以把它们穿插在中间。换句话说,你可以把感谢当成广告,在中间插播一下。

你要记住,演讲的目标是让所有人跟你同频共振。因此,你必须一开口,就唤醒大家的共识。

看恐怖片能增强我们的记忆力吗

□库逸轩

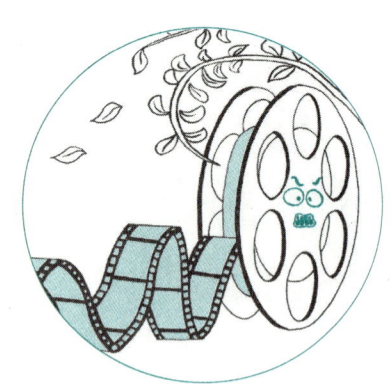

记忆是稍纵即逝的，我们需要不断地复习以巩固它。为什么当你老的时候，还能想起小时候学习的知识呢？实际上，这是大脑中一个神奇的结构——海马体在发挥作用，海马体决定了短时记忆到长时记忆的巩固过程。

现在大家都追求"活在当下"。在历史上，确实有这样一个人，只活在"当下"。

20世纪50年代，有一个叫亨利·莫里森的病人。亨利从小就患有癫痫，发病的时候会口吐白沫、双手抽搐，这是会危及生命的。医生找到他脑中引发癫痫的位置，并将其切除，这个地方就是海马体。

切掉海马体后，医生发现，亨利的智力还是正常的，甚至超过普通人的平均智商水平。医生让亨利回忆小时候的事情，例如回忆某一年美国总统是谁，他都清楚地记得。但是亨利没办法形成新的记忆，他认不出给他开刀的医生和护士。

20世纪90年代，也有一个非常著名的病人，叫S.M.。她因为类磷脂蛋白沉积症丢失了部分脑区。她缺失的脑区叫作杏仁核，是一块小小的区域，位于海马体的前端。

丢失了这块脑区之后，相比正常人，她变得无所畏惧。很多人喜欢看恐怖片的原因是挑战自我，但S.M.不一样，她看到恐怖片会觉得有趣、好奇、兴奋，却没有绝大多数人会感受到的害怕。

缺失恐惧也给她造成很大的困扰，因为她根本不会感到害怕，在几次面对危险时，她都无所畏惧，为此，她差一点儿丧命。

在基本的情绪分类里，负性情绪比正性情绪多得多。当然，不同的情绪都有它的驱动力，都是我们在生活中不可或缺的。

那么，情绪是如何影响记忆的呢？简单来说就是我们刚才讲到的两个区域——海马体和杏仁核的交互作用。

举个例子，大部分人看恐怖片时会留下深刻的印象，看纪录片时却没有太多印象，为什么？研究者做了一个实验，让被试者看一部新的影片，然后检测他能记住多少。

结果发现，在先放恐怖片再放纪录片的测试过程中，被试者对两部影片的记忆精度相差不大。先放纪录片再放恐怖片时，被试者对两部影片的记忆精度都比较低。

先放恐怖片，被试者的情绪被调动了，相对地，记忆就会变好。

为什么这样的情绪唤起会造成记忆增强呢？研究发现，看恐怖片时，被试者产生的负性情绪增强了杏仁核对海马体的作用，所以让记忆变得更加深刻。

其实，不管是正性情绪还是负性情绪，都可以提高杏仁核的活性。但是只有负性情绪可以让记忆的痕迹变得更深。

情绪会让一个人的记忆变得深刻、生动。我们每个人都应该学会做情绪的主人，去接纳那些看上去负性的情绪，也许它会给你带来正性的改变，可以让你在某些方面变得更强、更好。让我们每个人都成为情绪的调色师，把我们的记忆涂抹得更加生动和美好。

卡在时间里的亲人

□肖 遥

去年清明,家族几十年前的第一张合影被拍照传到亲戚群里。

这张照片,我经常在不同的场合看到:小学时,大人们郑重地翻开相册,我把小脏手藏在背后,惊讶地辨认出那个站在第一排东倒西歪的小家伙竟然是自己。

表妹静静结婚时,这张照片又被大家翻出来围观,夸还是婴儿的她就笑嘻嘻的很有镜头感。而最醒目的是站在中间的大舅,意气风发,眉目俊朗,这是大舅上大学临行前全家人的合影。大舅考上大学这件事一直是我们家族的小小传奇,恢复高考那年,他已经下乡十年了,原本是陪小姨考试,自己却考上了大学。

有的合影,是一场欢天喜地的庆祝,而有的合影,则是一场伤感的挽留。

几年前一大家人聚会后,有人小心翼翼地说咱们合个影吧。

我妈他们兄妹五个神色凝重地在阳台上站好,当时大舅虽然做完了手术,但还是日渐消瘦,这也许是他们最后的合影。拍照的表弟逗他们说"肥肉肥不肥",若有所思的他们反应过来,齐声说:"肥!"夕阳的金光打在他们脸上,至少那一刻,岁月静好,他们齐齐整整神采奕奕。

小时候一大家人聚会,每到合影的环节几个孩子就闹得鸡飞狗跳。

儿时的一张合影里,我的表情呆若木鸡,表弟则露出一副嫌弃的神情,另外几个姊妹也都噘嘴耷拉脸,就像吃得兴起却被拿走了食盆的猫。只有刚上幼儿园的静静,扎着一朵红纱巾绾成的大花,歪着脑袋看着镜头,乖巧可爱。

二十年后的聚会上,我们几个人重拍了那张合影。已经是幼儿教师的静静还是笑吟吟的,最有镜头感。

当时没人知道,那是静静过的最后一个春节。

初尝生离死别滋味的我们才意识到:有的人,只是从我们的生活里消失了,也许兜兜转转还能相遇。而有的人,却是从我们的时间里消失了,无法逆转。多希望这些卡在时间里的亲人,有朝一日,可以在另一重空间里与我们相遇。

不知和静静的事有没有关系,此后,我们几个人的性格都变了。

有人变得洞悉一切却沉默寡言,有人迅速成熟变得能说会道,有人心甘情愿沉溺于琐碎生活,有人不顾一切彰显个性……也许同辈的离开,唤醒了我们的自我意识,大家都在用各自的方式来对抗颠沛浮沉的命运之手,对世界的态度也强硬起来。

而如今,坚定或者说强大起来的我们,却不约而同变得柔软了,合影里的姐弟几人都像静静一样嘴角上扬,喜气洋洋。我们的下一代,依旧不耐烦地与大人们合影。那副不情不愿的表情似曾相识,我们不会苛责他们,就像《红楼梦》里的年轻人不理解老太太为何张罗让惜春把大观园画下来。

年长者明白,钟鸣鼎食也可能是过眼云烟,重要的是把眼下的花团锦簇留下来,哪怕是留在画上也好。

我们也终于明白长辈们不忍告诉我们的现实:合影不是给当时看的,而是回头张望时,能够看到有血缘关系的我们彼此陪伴时的慰藉依恋或相爱相杀,不得见时的牵肠挂肚。

即便沧海变成了桑田,也有照片上明亮的笑容,在提醒我们曾经快乐过,爱过。

炒一盘《诗经》里的青蔬

□王太生

古人吃过的菜，我们还在吃。一千年前，古人已经吃芹菜了。《诗经·鲁颂》中有一首《泮水》，开头写："思乐泮水，薄采其芹。"意思是想起泮河很愉快，走到水边摘芹菜。"采其芹"，是指水芹。

芹菜的吃法有很多。《遵生八笺》中说，"拌水芹须将菜入滚水焯熟，入清水漂着，临用时榨干，拌油方吃，菜色青翠不黑，又脆可口"，口感绝佳。

杜甫的《陪郑广文游何将军山林》中有"鲜鲫银丝脍，香芹碧涧羹"。这里的香芹碧涧羹，是用芹菜、芝麻、茴香、盐等制成的羹。六百年前，宋人林洪的《山家清供》介绍了这道菜的做法，"洗净，入汤焯过，取出，以苦酒研芝麻，入盐少许，与茴香渍之，可作菹。惟瀹而羹之者，既清而馨，犹碧涧然"，色香味俱全，让人想去一趟宋朝。

芹菜可以清炒，清代袁枚喜欢用芹菜和鸡进行搭配。《随园食单》中记载了鸡丝的做法："拆鸡为丝，加秋油、芥末、醋拌之。此杭州菜也。加笋加芹俱可。"

还有一种野鸡的做法："先用油灼拆丝，加酒、秋油、醋，同芹菜冷拌。"

我们还吃落葵。起初并不知道落葵就是紫角叶，它像一个低调的隐者，隐缩在庭院樊篱竹色一角。落葵是一种古老的蔬菜，秦汉古书《尔雅·释草》中就有它姗姗生长的影子，其叶近似圆形，肥厚而黏滑，咀嚼时有木耳的口感。汉乐府诗中，"青青园中葵，朝露待日晞"，说的就是落葵。

落葵有字面的儒雅和骨子里的民间本真。平民的叶蔬，在房前屋后的篱笆、围墙上缠绕，让一栅栏庭院的瓦舍栩栩生动。

盛夏的植物，在竹篱围墙上恣肆生长，用指尖去掐，一片片落入篮中。小时候，我不太喜欢紫角叶的清淡寡味，伏天缺菜，外婆用紫角叶做菜。比如，紫角叶豆腐汤，形似翡翠白玉。也做凉拌菜，沸水焯烫，捞出过冷水，沥干水分，加蒜蓉、酱油，叶色碧碧，口感肥厚。

胭脂豆，缀于落葵嫩绿叶茎上的珠果，呈紫黑色，星星点点。胭脂豆是不能吃的，小孩子拿在手里把玩，小手轻轻一捏，小珠果噗然而裂，紫色的汁液流了满手，就这样，一颗豆，在时光的挤压下悄然破裂。

破裂的胭脂豆，紫液四溢，可以饰美人面、点朱唇。胭脂豆淡雅、恬静，读起来有一股婉约宋词的味道，让人想到几个古代女子：芸娘、李清照、董小婉。胭脂与美妙的文字一起，浸濡出一种意境，描摹出中国文人心目中最中意的柔美女子形象。

回望那丛碧绿的古代青蔬，落葵从历史的墙缝里，逸出一枝青绿叶蔓，低调内敛，不占地方，活得敦实，长相朴素。至于胭脂豆，则在时光的深处轻盈滚动，它曾经搽抹过怎样俏丽动人的脸？胭脂豆不是花，但胭脂如花。

古人吃过的菜，我们还在吃。就像古人经历过的春夏秋冬、高山大河、酸甜苦辣、喜怒哀乐，我们还在经历，只是在不断重复前人经历过的一些事情。

也有些菜不再吃了，比如，荇菜青涩涩的，不适合现代人的口味，我们早已不吃，只在《诗经》里凉拌。

别吵到我的眼睛

□ 李轩畅

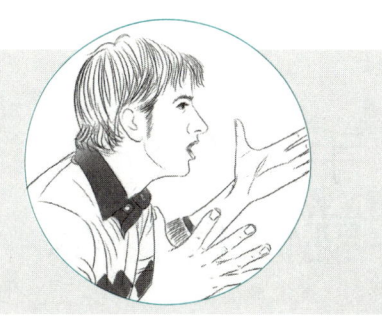

当有人对你说"你吵到我的眼睛了",你会觉得这是一句玩笑话,还是会把它当真呢?

众所周知,噪声会影响听觉。相关实验表明,噪声达到90分贝,就会对耳蜗造成一定影响,导致内耳的一些听觉细胞死亡。随着噪声分贝的加强,其给听觉系统造成的损害也会加强。

但是,为什么眼睛也会受到影响呢?因为人的眼睛和耳朵通过各种组织,尤其是神经组织连在一起。噪声在损伤听力的同时,还会对人类大脑的中枢神经造成消极影响,这种消极影响会通过神经系统传输到人的视觉器官——眼睛。

实验数据表明,当噪声达到95分贝时,近半数人会出现瞳孔放大的情况;当噪声达到115分贝时,人的眼球对光的敏感度和辨识度都会明显下降。这可是眼睛被"吵"到的实锤!当人们长期处在嘈杂的环境中时,就会出现眼花、流泪、眼痛的症状。

不仅如此,噪声对维生素的吸收,特别是与视力有关的维生素A的吸收和利用有很大的负面影响。眼球内具有感光作用的"视紫红质"的合成离不开维生素A,而噪声会干扰人体对维生素A的吸收与代谢,进而影响人的视力。

噪声对听力和视力的影响都很大。明白了这一点,下一次,我们可以对发出噪声的人说:"你吵到我的眼睛了。"这比直接让对方小声点儿来得有内涵多了。

乌龟和兔子

□ [美] 詹姆斯·瑟伯

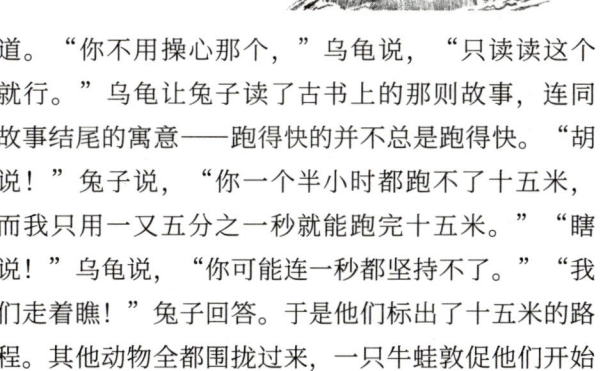

有一只博学的年轻乌龟,他在一本古书上读到一则乌龟在赛跑比赛中挫败兔子的故事。他也读了他能够找到的其他所有书,但是没有一本书里有兔子在比赛中挫败乌龟的记载。这只博学的乌龟自然而然地得出了他比兔子跑得快的结论,于是他动身前去寻找兔子。在漫无目的的寻找过程中,他遇到了许多想跟他赛跑的动物,他们是黄鼠狼、白鼬、达克斯猎犬、猪獾、短尾田鼠和地松鼠。然而,当乌龟问他们是否能比兔子跑得快的时候,他们全都回答:不能。"那么,我能。"乌龟说,"因此,我在你们身上浪费时间是毫无意义的。"说完,乌龟继续他的寻找之旅。

又过去了许多天,乌龟终于遇到了一只兔子,于是向他下了战书。"你要用什么来跑呢?"兔子问道。"你不用操心那个,"乌龟说,"只读读这个就行。"乌龟让兔子读了古书上的那则故事,连同故事结尾的寓意——跑得快的并不总是跑得快。"胡说!"兔子说,"你一个半小时都跑不了十五米,而我只用一又五分之一秒就能跑完十五米。""瞎说!"乌龟说,"你可能连一秒都坚持不了。""我们走着瞧!"兔子回答。于是他们标出了十五米的路程。其他动物全都围拢过来,一只牛蛙敦促他们开始比赛,一条猎狗开了一枪,比赛开始了。

等到兔子跑过终点线时,乌龟仅仅跑了将近五分之一米。

一把新扫帚也许扫得更干净,但是永远不要相信一把老锯子能锯得更好。

手里有柠檬，就做柠檬水

□［美］戴尔·卡耐基

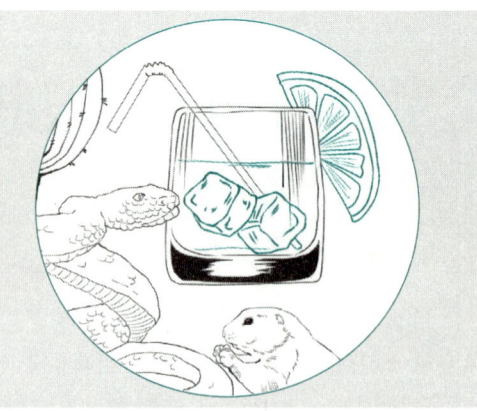

我曾专门拜访芝加哥大学校长罗伯·罗杰斯，向他请教怎样得到快乐。他对我说："罗森曾给我一个建议，我一直遵照这个建议做，那就是：你手里有柠檬的话，就做柠檬水吧。"

如果看看那些愚蠢的人，就会发现他们往往采取相反的做法。如果他们手里只有一个柠檬的话，就会不停抱怨："为何上天这么不公平，我的人生该如何继续下去？"然后就是无尽的谩骂与自怜。

而如果一个聪明人遇到同样的情况，则会说："我能从目前的情况中得到什么呢？我该怎么把这个柠檬做成柠檬水？"

著名心理学家阿尔弗雷德·阿德勒耗尽心血研究人类的行为和能力，他发现，人类最不可思议的能力，就是把原本不好的变成好的。

下面来讲一个很有教育意义的故事。这个故事是一个名叫瑟玛·汤普森的女人向我讲述的。

"我的丈夫在沙漠附近的陆军基地工作。我也搬去那里住了，以便能时常跟他见面。但是我对那个地方简直厌恶透了。

"沙漠的温度高得可怕，就算在仙人掌的阴影处，温度也高达51.7℃。那里只有不会说英文的印第安人和墨西哥人，我根本找不到人交流。风沙是这里最多的东西，时刻都在刮风，到处都是沙子。而我的丈夫又经常有任务要外出，我一个人躲在屋子里，痛苦极了。我向父母写信倾诉自己的痛苦，并表示自己想要回家。不久我收到了父亲的回信，上面写着两行给我带来极大改变的字：从监狱铁窗向外看，可以看到满地泥泞，也可以看到满天繁星。

"这两行字带给我很大震动，我决定发掘身边美好的事物，看看那满天繁星。之后我主动结交土著，见识到了他们的热情好客。当我表现出对他们的编织品和陶制品的喜爱时，他们放弃用那些东西赚钱的打算，而大方地送给了我。我细心地寻找美好的景色，观赏漂亮的仙人掌，观察有趣的土拨鼠，在夕阳下寻找300万年前的贝壳。

"我的生活改变了，沙漠的环境并没有变，是我自己变了。我成功地把让人沮丧的处境变成快乐的来源。这个我新认识的世界让我兴奋，我还写了一本名叫《阳光堡垒》的小说。

"我看向监狱外面，看到了满天繁星。"

汤普森不只看到了星星，还找到了希腊人代代相传的一条箴言：最美好的总是最难得的。现代的哈瑞·爱默生·福斯狄克进一步阐述了这句话："真正的快乐不是来自享受，而是来自胜利。"这种胜利是一种超越，它来自我们把柠檬做成柠檬水的能力。

我认识一位佛罗里达州的农民，他甚至把"有毒的柠檬"做成了柠檬水。

当买下现在的这片农场时，他后悔极了。这是一片贫瘠的土地，不能种植也不能用来养猪，里面最多的就是杨树和响尾蛇。

后来，这位农民转变思路，想到了一个极好的主意：把响尾蛇做成罐头。多么惊人的想法！前几年我还参观过他的农场，那里养着很多响尾蛇，每年有超过两万名游客前来参观响尾蛇。响尾蛇给他带来巨大的利益，蛇毒可以用来做蛇毒血清，蛇皮可以做成鞋子和皮包，蛇肉罐头畅销全世界。当打算寄一张当地的明信片出去时，我发现那个村子已经改名为响尾蛇村了。这是对这位把"有毒的柠檬"做成柠檬水的农民的最大褒奖。

知识晒成咸鱼干

□赵 周

每个人都说"干货",但大家的理解不见得一样。"干货"一词本是农牧业词语,现在这个词的含义有了很大的变化。

"罗辑思维"不断强调说自己把一本书加工成短视频,是拿出了书中的"干货"。这种做法在商业上如此成功,以致现在各种读书会和社群纷纷跟风。"干货"的呈现形式多样:短文、笔记、思维导图、PPT、短视频、在线音频。

"干货"这个词其实很贴切,把一本书的知识点提炼出来,不是把大图片压缩成小图片——压缩后的图片只是清晰度降低,仍能看出原貌——从书中摘抄出的要点无法看出原书全貌;也不是把湿衣服晾干,衣服和水原本不是一回事儿,但书中的"湿货"和"干货"浑然一体——而像是把鲜鱼晒成咸鱼干,脱水的同时破坏了细胞,转换了性质,改变了味道。

有人就是喜欢吃咸鱼干,这本是口味问题,不必讨论。但宣称"咸鱼干才是鱼的精华",这就是无稽之谈了。

"干货式学习"存在两个方面的误区:首先,"得到书的精华"就是学习,是成人学习的歧途;其次,"干货"也不是书的精华。学习能力的重要维度之一就是对照信息加工出上下文,加工成对自己有价值的知识。而从一本书中摘出"干货",其实是一个逆向的过程,是去掉上下文把知识"降解"为信息。如果是自己做这事,多少有助于记忆;但若把九蒸九晒过后的"干货"当宝贝收藏,痴迷于"干货式学习",那就是误入歧途了。何况很多人拿到咸鱼干并不吃,只是闻闻味道,随手藏进库房,和另外几万件都快放臭的咸鱼干堆在一起。时间久了他们又会焦虑,再去学习怎么把不同的咸鱼干分门别类,学习怎么整理笔记。实在整理不过来了,再学习怎么断舍离……

不要再把咸鱼干当宝了,成人学习不是晒干,而是转换。学习者可以清蒸全鱼,也可以只吃鱼头,尝过滋味后化为营养。把对自己有启发、有感触、有用途的知识贴上便笺,转化为自己的语言、自己的经验、自己的应用,得鱼忘筌,得饱忘鱼,不亦乐乎!

蘑 菇

□王 族

雨后二三日,宜采蘑菇。

人说原因有二:其一,蘑菇汲取雨水后会长大不少,且味道鲜嫩;其二,雨水冲刷果肉间泥沙,会干净不少。

一人将采摘的蘑菇放于室外晾晒,意欲晒成蘑菇干,入冬后炖羊肉。孰料几日后发现,那蘑菇居然接地气生根,复又生长起来。那人笑一下,任由蘑菇兀自生长,当年便长得硕大,是为一处风景。

黎明的沉思

□周 莹

黎明前，山川田野或者森林沟壑一片混沌。黎明后，所有的事物、动物和植物，都在晨光下展露出最美的模样。

每个人对黎明的认识和感受，都是有差异的。

生活在城市的人群，对黎明的概念，不是很强烈。长年累月居住在偏远乡村的人们，慢慢发现黎明其实有很多种：一年四季的黎明，是不一样的。春天的黎明是朝气蓬勃的温暖；夏天的黎明是激情饱满的热烈；秋天的黎明是繁荣昌盛的充实；冬天的黎明是丝丝入扣的寒凉。雨天的黎明和雪天的黎明，是有差别的；晴天的黎明和阴天的黎明，同样有着天壤之别；夏天的黎明很长，冬天的黎明却很短。

黎明与森林和山川，有着紧密的联系。黎明与城市和平原，韵味似乎寡淡了一些。仔细思考才悟出，黎明与树木花草，以及高山和峡谷的感情好像要深厚许多。

一个黎明和另一个黎明之间，隔着一条浅浅的河流。抬起脚，迈开腿，跨过去，就到了另一个黎明的身边。

黎明和黑夜，只是两个相对的时间概念而已。黑夜和白天，却夹杂在黎明之间。区别只是黎明的曙光，比白天的光明更加吸引憧憬自然美景的人心。

黎明的景象，曾经无数次出现在我的梦境里。每一次醒来的早晨，我的脑海里都会勾勒出一幅黎明的画面。晨曦的第一缕曙光，净化过我幼小的心灵，温暖过我瘦弱的肩膀，抚慰过我坚强的意志。那一缕从黑夜过滤而来的晨曦，让我倍感温馨和喜悦。

黎明是一道柔软的光芒，摄入人心，抵达肺腑，温暖肝脏，沐浴灵魂，清洗污垢。热爱黎明的光，从黎明时刻出发，踏上遥远的征途，是我站在铺满晨曦之光的森林深处，发出的心灵之声。

耐 心

□刘 瑜

生活像是一只骆驼无声无息地穿越撒哈拉沙漠，这场穿越中没有敌人，没有尽头的光明，只有倾听自己呼吸的耐心，只有把一只脚放下再把另一只脚抬起的耐心。积攒这种耐心的方式，是用感受来弥补事件的贫瘠。一个人感受的丰富性，而不是发生在他生活中事件的密度，决定他生活的质地；是一个人的眼睛，而不是他眼前的景色，决定他生活的色彩。所以，我希望这些日积月累下的给我力量的文字能够带着我一起去响应苏格拉底的号召，去实践这样的人生态度：不被审视的人生是不值得度过的。这句话的山寨版说法是：没有无聊的人生，只有无聊的人生态度。